소방기술사

최종요약서

소방기술사 **전병호**

MOAG

합격비책 활용하기

17개의 주요 챕터의 핵심 위주 정리 >>> 압축 정리, 빠른 회독, 암기 강화

방대한 소방기술사 내용을 17개의 주요 챕터로 정리했습니다.
압축 정리한 핵심 내용을 빠르게 다회독하면서 암기를 강화시켜 보세요.

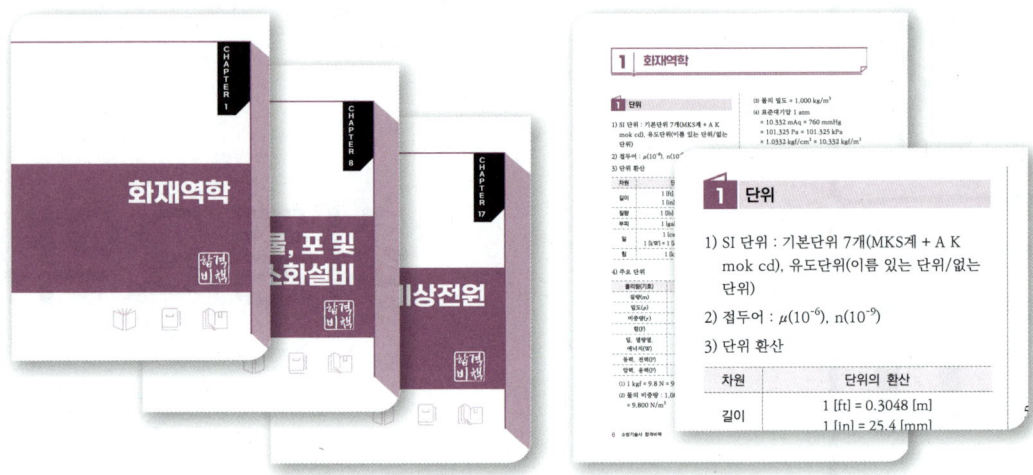

두문자 암기법 표시 >>> 시행착오 최소화

꼭 외워야 하는 중요 내용마다 두문자 암기법을 표시하였습니다.
시간은 단축하고, 머리에는 오래 남는 효율적인 암기법을 따라 가장 빠른 길로 학습해 보세요.

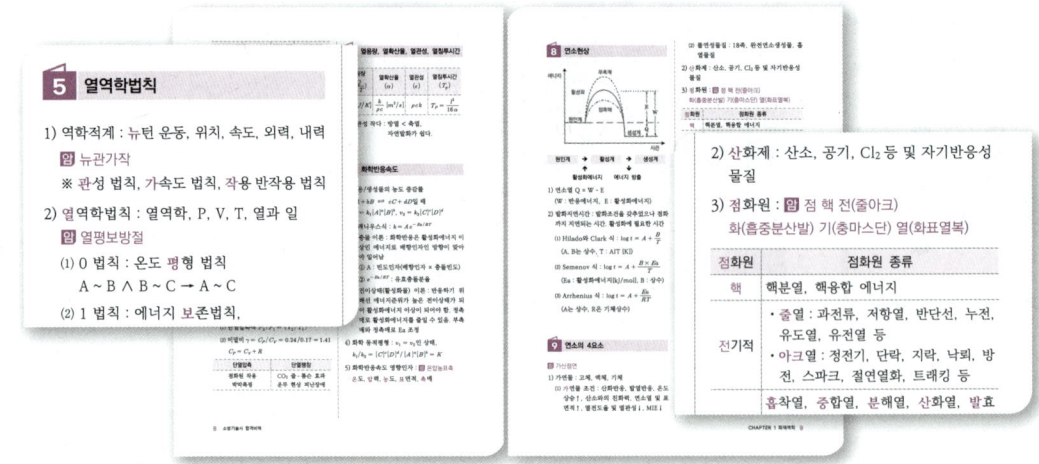

이 책의 목차

CHAPTER 1	화재역학	6
CHAPTER 2	화재성장	22
CHAPTER 3	건축법(건축방화)	26
CHAPTER 4	건축법(피난)	40
CHAPTER 5	소방관계법규	52
CHAPTER 6	폭발	76
CHAPTER 7	위험성평가	88
CHAPTER 8	위험물, 포, 분말소화설비	94
CHAPTER 9	제연공학	114
CHAPTER 10	가스계소화설비	132
CHAPTER 11	소방 유체역학	146
CHAPTER 12	소방기계	156
CHAPTER 13	수계소화설비	172
CHAPTER 14	소방전기이론	194
CHAPTER 15	자동화재탐지설비	208
CHAPTER 16	소방전기설비	224
CHAPTER 17	비상전원	232

부록

1. 화학식 모음 ······ 240
2. 건축물 종류 암기 TIP ······ 243

답안 작성 요령 ······ 246

화학식 모음, 암기팁 >>> 요령있는 암기를 위해

헷갈리는 화학식을 한꺼번에 모아 다시 한번 정리하고, 건축물 종류 암기팁을 제시하였습니다.
교재에 있는 암기법 외에 스스로 암기법을 찾아갈 수 있는 방법을 확인해 보세요.

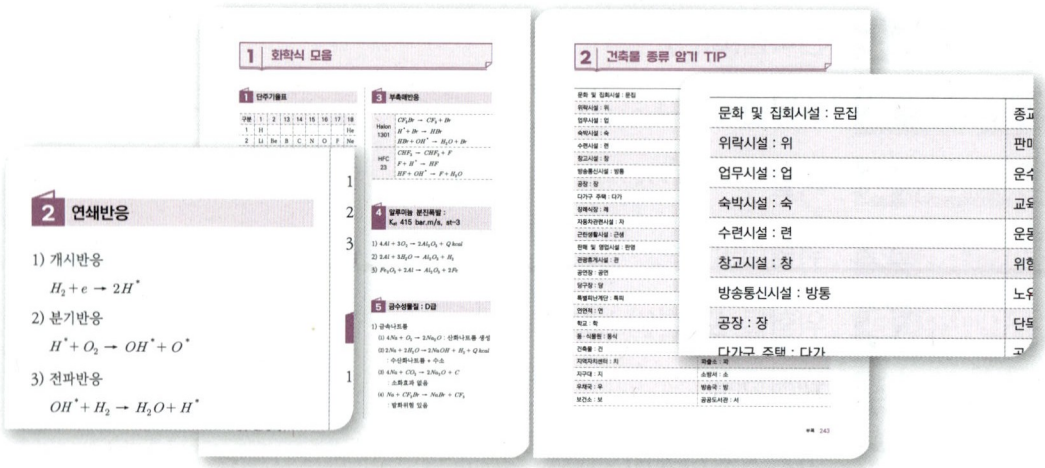

답안 작성 요령 >>> 첨삭이 어려운 분들을 위한 답안 작성 가이드

답안의 기본 레이아웃부터 꿀팁, Q&A까지 실전에서 꼭 필요한 정보들을 모았습니다.
별도의 첨삭이 어려운 분들도 자체적으로 답안을 첨삭하고 시험을 준비해 보세요.

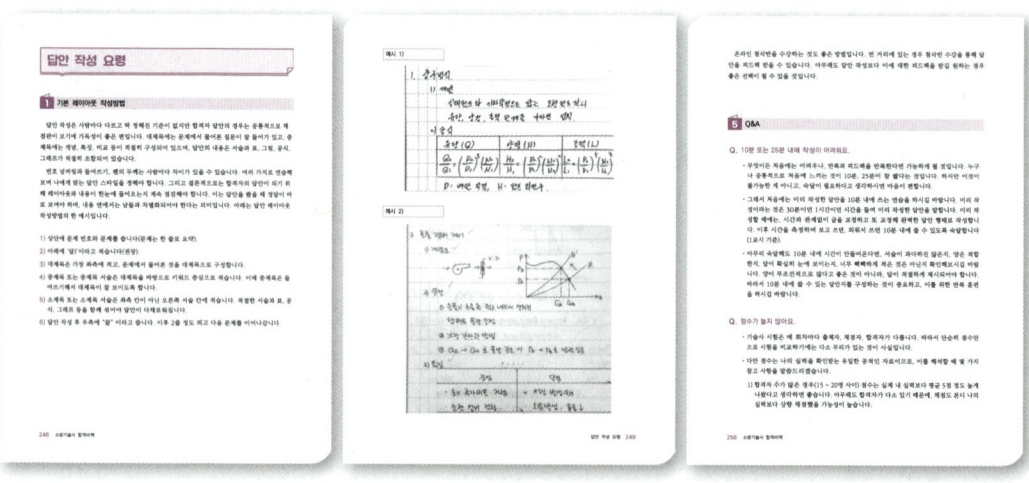

CHAPTER 1

화재역학

1 화재역학

1 단위

1) SI 단위 : 기본단위 7개(MKS계 + A K mok cd), 유도단위(이름 있는 단위/없는 단위)

2) 접두어 : $\mu(10^{-6})$, $n(10^{-9})$

3) 단위 환산

차원	단위의 환산
길이	1 [ft] = 0.3048 [m] 1 [in] = 25.4 [mm]
질량	1 [lb] = 0.4536 [kg]
부피	1 [gal] = 3.785 [ℓ]
일	1 [cal] = 4.184 [J] 1 [kW] = 1 [kJ/s] = 860 [kcal/hr]
힘	1 [kgf] = 9.8 [N]

4) 주요 단위

물리량(기호)	SI 단위
질량(m)	kg
밀도(ρ)	kg/m³
비중량(γ)	N/m³, kg/m³
힘(F)	N (kg·m/s²), kgf
일, 열량열, 에너지(W)	J (N·m)
동력, 전력(P)	W (J/s)
압력, 응력(P)	Pa (N/m²)

 ⑴ 1 kgf = 9.8 N = 9.8 kg·m/s²
 ⑵ 물의 비중량 : 1,000 kgf/m³
    = 9,800 N/m³
 ⑶ 물의 밀도 = 1,000 kg/m³
 ⑷ 표준대기압 1 atm
    = 10.332 mAq = 760 mmHg
    = 101,325 Pa = 101.325 kPa
    = 1.0332 kgf/cm² = 10,332 kgf/m²
    = 14.7 psi
 ⑸ 대략적인 압력환산
    1 MPa = 10 kgf/cm² = 100 mAq
    = 1,000 kPa = 1 mmAq = 10 Pa

5) $\dot{q}''$ 열유속, $\dot{m}$ 연소속도, $\dot{m}''$ 질량연소유속

q [J]	열량	m [kg]	질량
$\dot{q}$ [J/s]	열흐름률	$\dot{m}$ [kg/s]	연소속도
$\dot{q}''$ [J/s·m²]	열유속	$\dot{m}''$ [kg/s·m²]	질량연소유속

2 기초물리

1) 비중 : 물의 밀도 1,000 kg/m³ 기준

2) 증기밀도 : 공기 분자량 29 g/mol 기준 비교치

 ⑴ 대표 원자의 몰량(Molar Amount)

H	C	N	O	F	Cl	Ar	Br	Na
1	12	14	16	19	35.5	40	80	23

3) 끓는점(비점) : 외부압력 = 포화증기압이 되는 지점(00 압력에서 00 온도)

4) 비열, 현열, 잠열

비열 (kcal/kg·K)	물질 1 kg을 1℃ 올리기 위해 필요한 에너지
현열 (kcal/kg)	물질 1 kg을 상태변화 없이 온도변화(ΔT)에만 필요한 에너지
잠열 (kcal/kg)	물질 1 kg을 온도변화 없이 상태변화에만 필요한 에너지

⑴ 물의 용해잠열 80, 기화잠열 539

5) 상대온도, 절대온도
  ⑴ ℃ 온도 : 0 - 100 사이를 100등분한 것
  ⑵ ℉ 온도 : 32 - 212 사이를 180등분한 것
  ⑶ K 온도 : ℃ + 273
  ⑷ °R 온도 : ℉ + 460

6) 주기율표
  ⑴ 가로 : 주기, 원자껍질
  ⑵ 세로 : 족, 최외각 전자수
  ⑶ 1족 알칼리금속, 2족 알칼리토금속
  ⑷ 17족(할로겐원소) : 암 불염브요
  ⑸ 18족(비활성원소) : 암 헤네아크세레

구분	1	2	13	14	15	16	17	18
1	H							He
2	Li	Be	B	C	N	O	F	Ne
3	Na	Mg	Al	Si	P	S	Cl	Ar
4	K	Ca					Br	Kr
5							I	Xe
6								Rn

[단주기율표]

암 헤헤리베비키니 웃프네 나만알지 프스크아 크카

3 주요 화학법칙

1) 보일의 법칙 : $P_1 V_1 = P_2 V_2$, $P \propto 1/V$

2) 샤를의 법칙 : $\dfrac{V_1}{T_1} = \dfrac{V_2}{T_2}$,

   $V_2 = V_1\left(1 + \dfrac{\Delta T}{273}\right)$

3) 보일 - 샤를 법칙 : $\dfrac{P_1 \times V_1}{T_1} = \dfrac{P_2 \times V_2}{T_2}$

4) 아보가드로의 법칙 : $V \propto n$ (몰)

   0℃ 1 atm에서 22.4 L의 부피에는 기체의 분자 숫자가 원소와 관계없이 6.02×10^{23}개(몰 비 = 부피비 = 분자수 비)

5) 이상기체상태방정식

   $PV = \dfrac{W}{M}RT$, $\dfrac{W}{M} = n$

4 이상기체 운동론 5가지 가정
암 무인크탄운

실제 기체는 낮은 압력과 높은 온도에서만 해당

1) 끊임없이 무질서하게 불규칙적인 운동을 한다.
2) 분자 사이에는 인력이나 반발력이 작용하지 ×
3) 분자의 크기는 전체 부피에 비해 매우 작다.
4) 분자 사이의 충돌은 완전탄성충돌이다(손실 ×).
5) 분자의 평균 운동에너지는 절대 온도에만 비례

구분	이상기체	실제기체
분자의 부피	없다	있다
분자 간 인력, 반발력	없다	있다
이상기체 상태방정식 적용	가능	적용이 어려움
절대영도 부피	0	부피 있다

5 열역학법칙

1) 역학적계 : **뉴**턴 운동, 위치, 속도, 외력, 내력
   암 뉴관가작
   ※ **관**성 법칙, **가**속도 법칙, **작**용 반작용 법칙

2) **열**역학법칙 : 열역학, P, V, T, 열과 일
   암 열평보방절
   (1) 0 법칙 : 온도 **평**형 법칙
       A ~ B ∧ B ~ C → A ~ C
   (2) 1 법칙 : 에너지 **보**존법칙,
       열-일은 상호 변환
       Q = △E + W, W = P × △V(가역적)
   (3) 2 법칙 : 에너지 손실, 열 → 일로 변환 시 손실 발생(에너지 **방**향성 법칙)
       $S = \dfrac{dQ}{T} > 0$(비가역적, 방열됨)
   (4) 3 법칙 : **절**대온도 K ≠ 0

3) 등적, 등온, 등압, 단열팽창, 단열압축
   (1) 단열압축식 $P_2/P_1 = (T_2/T_1)^{(\gamma/\gamma-1)}$
   (2) 비열비 $\gamma = C_P/C_V = 0.24/0.17 = 1.41$
       $C_P = C_V + R$

단열압축	단열팽창
점화원 작용 박막폭굉	CO_2 줄-톰슨 효과 운무 현상 피난장애

6 열용량, 열확산율, 열관성, 열침투시간

열용량 $\left(\dfrac{Q}{\Delta T}\right)$	열확산율 (α)	열관성 (ϵ)	열침투시간 (T_p)
$mc\ [J/K]$	$\dfrac{k}{\rho c}\ [m^2/s]$	$\rho c k$	$T_P = \dfrac{l^2}{16\alpha}$

• 열관성 작다 : 방열 < 축열, 자연발화가 쉽다.

7 화학반응속도

1) 반응/생성물의 농도 증감률

2) $aA + bB \rightleftarrows cC + dD$ 일 때
   $v_1 = k_1[A]^a[B]^b$, $v_2 = k_2[C]^c[D]^d$

3) 아레니우스식 : $k = Ae^{-Ea/RT}$
   (1) 충돌 이론 : 화학반응은 활성화에너지 이상인 에너지로 배향인자인 방향이 맞아야 일어남
       ① A : 빈도인자(배향인자 × 충돌빈도)
       ② $e^{-Ea/RT}$: 유효충돌분율
   (2) 전이상태(활성화물) 이론 : 반응하기 위해선 에너지준위가 높은 전이상태가 되어 활성화에너지 이상이 되어야 함. 정촉매로 활성화에너지를 줄일 수 있음. 부촉매와 정촉매로 Ea 조정

4) 화학 동적평형 : $v_1 = v_2$인 상태,
   $k_1/k_2 = [C]^c[D]^d / [A]^a[B]^b = K$

5) 화학반응속도 영향인자 : **암** 온압농표촉
   온도, **압**력, **농**도, **표**면적, **촉**매

8 연소현상

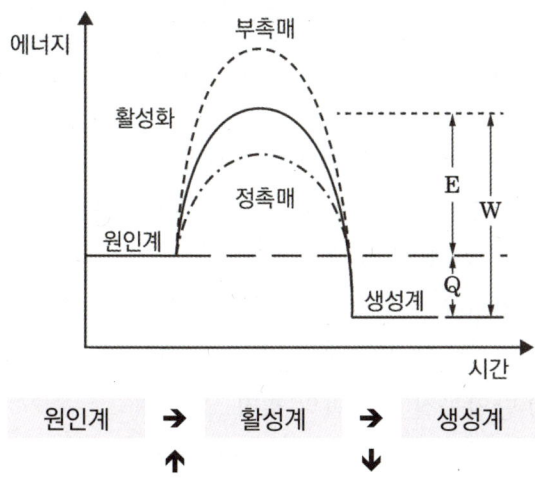

1) 연소열 Q = W - E
   (W : 반응에너지, E : 활성화에너지)
2) 발화지연시간 : 발화조건을 갖추었으나 점화까지 지연되는 시간. 활성화에 필요한 시간
   (1) Hilado와 Clark 식 : $\log t = A + \dfrac{B}{T}$
      (A, B는 상수, T : AIT [K])
   (2) Semenov 식 : $\log t = A + \dfrac{B \times Ea}{T}$
      (Ea : 활성화에너지[kJ/mol], B : 상수)
   (3) Arrhenius 식 : $\log t = A + \dfrac{Ea}{RT}$
      (A는 상수, R은 기체상수)

9 연소의 4요소

암 가산점연

1) 가연물 : 고체, 액체, 기체
   (1) **가**연물 조건 : 산화반응, 발열반응, 온도 상승↑, 산소와의 친화력, 연소열 및 표면적↑, 열전도율 및 열관성↓, MIE↓
   (2) 불연성물질 : 18족, 완전연소생성물, 흡열물질
2) **산**화제 : 산소, 공기, Cl_2 등 및 자기반응성 물질
3) **점**화원 : **암** 점 핵 전(줄아크)
   화(흡중분산발) 기(충마스단) 열(화표열복)

점화원	점화원 종류
핵	핵분열, 핵융합 에너지
전기적	• **줄**열 : 과전류, 저항열, 반단선, 누전, 유도열, 유전열 등 • **아크**열 : 정전기, 단락, 지락, 낙뢰, 방전, 스파크, 절연열화, 트래킹 등
화학적	**흡**착열, **중**합열, **분**해열, **산**화열, **발**효열, 자연발화열, 용해열, 연소열, 분해열 등
기계적	**충**격, **마**찰열, 충돌 **스**파크, **단**열압축 등
열적	**화**염, 가열(고온)**표**면, **열**방사, **복**사열, 적외선, 고온가스 등

4) **연**쇄반응(**암** 개분전결) : 수소라디칼의 지속적 분해
   (1) **개**시반응 : $H_2 + e \rightarrow 2H^*$
   (2) **분**기반응 : $H^* + O_2 \rightarrow OH^* + O^*$
   (3) **전**파반응 : $OH^* + H_2 \rightarrow H_2O + H^*$
       $O^* + H_2 \rightarrow OH + H^*$
       OH^* 전파반응 한 번 더 발생
   (4) 종**결**(종합)
       $H^* + O_2 + 3H_2 \rightarrow 2H_2O + 3H^*$
5) 부촉매반응 : 라디칼포착제의 억제 효과
   (1) 특징 : 억제 시 물이 발생해 금수성물질에는 사용 불가
   (2) 전기음성도 높은 F, Cl : 냉각은 우수, 억제 약함

(3) 전기음성도 낮은 Br, I : 억제 강하나 독성 있음

Halon 1301	$CF_3Br \rightarrow CF_3 + Br$ $H^* + Br \rightarrow HBr$ $HBr + OH^* \rightarrow H_2O + Br$
HFC 23	$CHF_3 \rightarrow CHF_2 + F$ $F + H^* \rightarrow HF$ $HF + OH^* \rightarrow F + H_2O$

10 연소선도

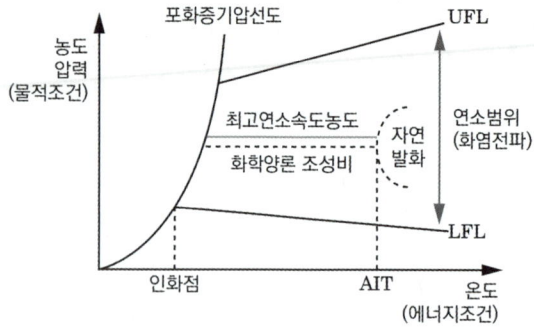

1) 인화점 적용 : 위험물 제4석유류 분류 기준

국내 위안법 (℃)	-20	21	70	200	250
	특수 인화물	제1류	제2류	제3류	제4류 동식물유

NFPA 30	(Flash Point °F vs Boiling Point °F) ⅢB (200), ⅢA (140), Ⅱ (100), IC (73), IA, IB

2) 점화원 크기 : MIE 이상
   영향인자 : 암 온압산화유연정
   (1) 온도, 압력, 산소량, 화학양론조성비, 유속, 연소속도, 정촉매(부촉매)

3) 연소범위 측정방법
   (1) 측정 : 전파법(용기 크기 5 cm × 1.5 m)
   (2) 영향인자 : 온도, 압력, 산소, 불활성가스, 심지, 에어로졸, 박막
   (3) 수치 : 메 5 ~ 15, 에 3 ~ 125, 프 21 ~ 95, 뷰 18 ~ 84, 아 25 ~ 백, 수 4 ~ 75

4) 단일물질 연소범위 추정
   (1) Jone's식 : LFL = 0.55 Cst,
                  UFL = 3.5 Cst
   (2) Cst(화학양론조성비)
   $$\frac{연료\,mol}{연료\,mol + 공기\,mol} = \frac{1}{1 + O_2\,mol/0.21} \times 100\,[\%]$$
   (3) Burgess Wheeler
       LFL × △Hc = 1,050 [kcal/mol]
   (4) Zabetakis UFL = $6.5\sqrt{LFL}$

5) 혼합물질 추정방법 - 르샤틀리에 법칙

LFL[%]	UFL[%]
$\dfrac{C_1 + C_2 + C_3 + \cdots}{\dfrac{C_1}{L_1} + \dfrac{C_2}{L_2} + \dfrac{C_3}{L_3} + \cdots}$	$\dfrac{C_1 + C_2 + C_3 + \cdots}{\dfrac{C_1}{U_1} + \dfrac{C_2}{U_2} + \dfrac{C_3}{U_3} + \cdots}$

   (1) C : 각각의 가연성가스의 체적 비율[%]
   (2) $L \cdot U$: 각각의 연소하한계·상한계[%]

6) 온도에 따른 연소범위 계산식
   (1) $LFL_t = L_{25} \times \left[1 - 0.75\dfrac{(t-25)}{\Delta H_c}\right][\%]$
   (2) $UFL_t = U_{25} \times \left[1 + 0.75\dfrac{(t-25)}{\Delta H_c}\right][\%]$
   (3) $L_{25} \cdot U_{25}$: 25 ℃에서 하한계·상한계

(4) $\triangle H_c$: 가연성혼합기의 유효연소열

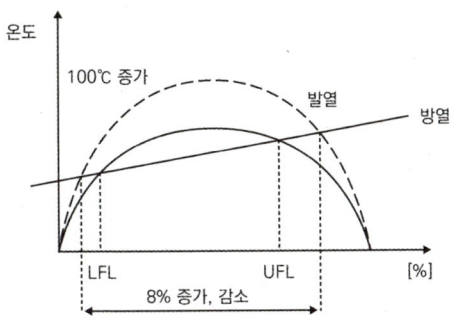

7) 위험도 H = (UFL - LFL) / LFL

11 산소, 공기 공급량과 관련된 용어 정리

1) 이론산소량 : 메테인 1 mol 완전연소 시 산소 2 mol 필요
$$CH_4 + 2O_2 \rightarrow CO_2 + 2H_2O$$

2) 이론공기량 : O_2 mol ÷ 0.21
(메테인은 9.5 mol : 메테인 1 mol 완전연소 시 공기 9.5 mol이 필요)

3) 과잉공기 = $\dfrac{공급 공기량 - 이론공기량}{이론공기량} \times 100$

4) 몰분율 = $\dfrac{개별성분의 몰수}{전체성분의 몰수}$

5) 연공비 = $\dfrac{연료\ 질량}{공기\ 질량}$

   공연비 = $\dfrac{공기\ 질량}{연료\ 질량}$

6) 당량비(∅) = $\dfrac{실제\ 연공비(F/A)}{이론\ 연공비(F/A)_{st}}$

당량비	내용
$\phi > 1$	공기 부족 : 과농혼합기, 불완전연소, 환기지배형 화재
$\phi = 1$	양론 혼합 : 완전 연소, 최대연소속도
$\phi < 1$	공기 과잉 : 희박혼합기, 비정상연소, 연료 지배형 화재

구분	∅ < 1	∅ > 1
화재	연료지배형	환기지배형
수율 변화	1로 일정	CO > 1, CO_2 < 1
연소 속도	빠름 $\dot{m} = \dot{q}''/L$	느림 $R = 5.5 A\sqrt{H}$
방출 열량	연료특성에 영향 $\dot{Q} = \dot{m} \times \Delta H_C$	개구부에 영향 $\dot{Q} = 1,500 A\sqrt{H}$
화재 성상	성장기, 감쇠기	최성기, 환기지배형 성장기
위험성	플래시오버	롤오버, 백드래프트
화재 저항	방염, 방화구조	내화구조, 방화구획

12 MOC(LOC), LOI, 퍼징, OB

1) 비교표

구분	MOC(LOC)	LOI	OB
정의	예혼합연소에서 기체의 화염전파에 필요한 최소한의 산소농도	확산연소에서 화염확산에 필요한 최소한의 산소농도	어떤 물질 100 g 연소 시 필요한 산소의 과부족량
대상	가연성가스	섬유 등 고분자 물질	폭발성 물질
목적	불활성화를 위한 농도 확인	고분자물질의 불연, 난연성 지표 여부	물질별 폭발위력 판단
계산	$LFL \times \dfrac{O_2\ mol}{연료\ mol}$	$\dfrac{O_2}{O_2 + N_2} \times 100$	$\dfrac{O_2}{M} \times 100$
위험	작을수록 위험(OB는 0에 가까울수록)		

2) MOC 적용

구분	MOC	설계 시	비고
가연성가스	약 10 %	약 6 %	설계 시 MOC보다 4 % 낮게 유지
분진	약 8 %	약 4 %	

(1) 퍼징 : 가스용접, 탱크 세척 또는 불활성화 시
(2) 가스 사용량 : 사이폰 < 진공 < 스위프 < 압력퍼지

3) 물질별 LOI

연소방지 연소도료	난연테이프	CPVC
30 %	28 %	60 %

· 연소장 50 mm 이상, 3분 이상 계속 시 농도

4) OB의 특성

범위	폭발력	대표물질
0	가장 큼	나이트로글라이콜
0 ~ ±45	대	-나이트로글리세린
±45 ~ ±90	중	피크린산
±90 ~ ±135	소	-나이트로에테인 -나이트로프로페인

(1) 산소 과잉 : 양수로 표현, 가연성가스 부족
(2) 산소 부족 : 음수로 표현, 가연성가스 과잉

13 전도, 대류 복사(단위 : W/m²)

전도	$\dot{q}'' = \dfrac{k}{L}\Delta T$	푸리에 법칙
대류	$\dot{q}'' = h \times (T_1 - T_2)$	뉴턴의 냉각법칙
복사	흑체 면열원: $E = \sigma T^4$	스테판 볼츠만 법칙
	회색물체 면열원: $\dot{q}'' = \varepsilon \Phi \sigma T^4$	
	점열원: $\dot{q}'' = X_r \dot{Q}/4\pi R^2$	

1) 여러 물질을 관통하는 전도열유속 식

$$\dot{q}'' = \frac{T_1 - T_4}{\left(\dfrac{1}{h_1} + \dfrac{L_1}{k_1} + \dfrac{L_2}{k_2} + \dfrac{1}{h_2}\right)} \ [W/m^2]$$

2) 방사율 : $\varepsilon = 1 - e^{-k\beta D}$
  키르히호프 열복사 법칙 : $\alpha(\varepsilon) + \gamma + \tau = 1$

3) 열전도율 : W/m·K   열흐름률 : W
  열관류율 : W/m²·K   열유속 : W/m²

14 화재성장의 3요소 : 점화, 연소속도, 화염확산

1) 점화 시간

L < 2 mm	L ≥ 2 mm
$t_{ig} = \rho c l \left(\dfrac{T_{ig} - T_\infty}{\dot{q}''}\right)$	$t_{ig} = C \rho c k \left(\dfrac{T_{ig} - T_\infty}{\dot{q}''}\right)^2$

(1) 열손실 없는 경우 C : $\pi/4$
(2) 열손실 있는 경우 C : 2/3

2) 연소속도(질량연소속도, Burning Rate)
(1) 성장기
  $\dot{m} = \dot{m}'' \times A = \dot{q}''/L \times A \ [kg/s]$
(2) 최성기 $R = (5.5 \sim 6.0) A \sqrt{H} \ [kg/s]$
(3) Pool Fire 연소속도 = 액면강하속도,
  증발속도 $y = \dot{m}''/\rho$, 연소시간 $t = h/y$

3) 화염확산

(1) 고체 화염확산 $v = \delta/t_{ig}$, 산림화재와 접목
- 영향인자 : 바람, 경사, 물질 특성

(2) 액체 화염확산 : 경질유 vs 중질유
- 영향인자 : 밀도, 비점, 점성, 표면장력, 넘침 등

15 자연발화(Spontaneous Combustion)

1) 발화의 종류 : 인화(열면발화), 자연발화

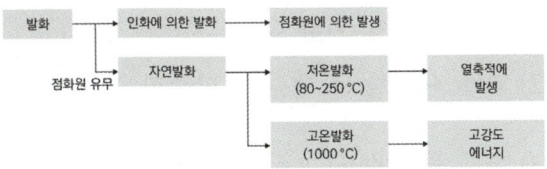

2) 자연발화 구분 : 고온발화, 저온발화

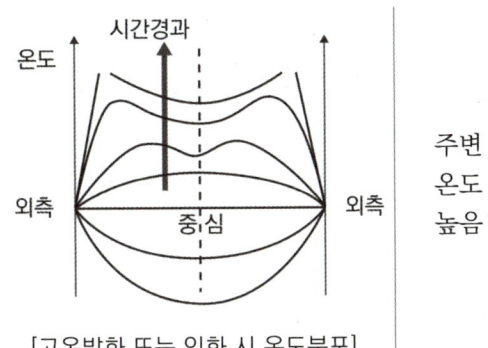

[고온발화 또는 인화 시 온도분포]

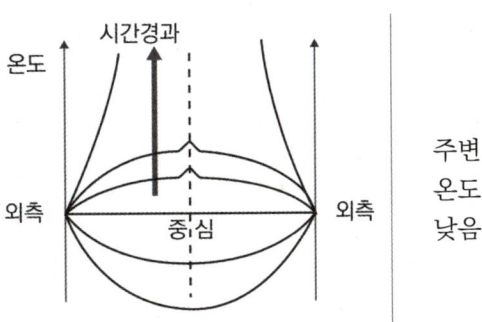

[저온발화 시 온도분포]

3) 자연발화 조건 : 열관성이 작아지는 조건
(방열 < 축열 조건)

열축적	열전도율	낮으면 용이
	열용량	낮으면 온도상승 빨라 용이
	단열성	물질이 중첩될 경우 단열성, 보온성이 높아져 증가
	공기 이동	밀폐 시 증가 통풍 시 공기 방산으로 어려움
	다공성	다공성물질, 아이오딘이 높을 시 산화도 높아 산화열 증가
열의 발생	온도	상승 시 열이 증가
	발열량	클수록 열의 축적 증가
	수분	• 적절한 수분은 촉매역할을 하여 반응속도가 가속화 • 고온다습하면 자연발화 가능성 증가 쉬움
	표면적	클수록 산소와의 접촉이 용이해 열의 발생이 용이
	촉매	발열반응에 정촉매 작용하는 물질이 존재할 경우 반응 가속화

4) 자연발화 열원 : 암 흡중분산발
흡착열, **중**합열, **분**해열, **산**화열, **발**효열

5) 메커니즘
열축적 → 온도상승 → 반응가속
→ 발열 > 방열 → 저온출화

6) 방지대책 : 조건을 반대로 유지

16 화염의 연소속도(Burning Velocity)

1) 질량 연소속도(Burning Rate)와 다름
2) 정의 : 화염이 혼합기에 수직 입사하는 속도
공식 : $Su = U_o \sin \alpha$

3) 화염 전파속도 = 화염 연소속도 + 가스팽창속도
   Flame Speed = Su × ρ_u/ρ_b
   (u : 미연소가스, b : 연소가스)
4) 영향인자 : 당량비(1.0 ~1.1 최대), 온도, 압력, 불활성가스(N_2 < CO_2), 난류, 촉매
5) 측정 : 각도법, 면적법(Q = Av), 비정지화염법

17 열방출속도(HRR)

1) $\dot{Q} = \dot{m}\Delta H_C = \dot{m}''A\Delta H_C$
   $= (\dot{q}''/L)A\Delta H_C$
2) ΔH_C : 유효연소열(연소열 × 연소효율)
3) $\dot{q}''$: 순열유속 = 열유속 - 재복사에너지
4) 가연성비 : $\Delta H_C/L$
5) 액체가 고체보다 위험한 이유
   (1) 가연성비(HRP)는 액체가 큼
   (2) 누유 시 A 증가로 HRR 증가
   (3) 손괴의 정도($\dot{q}''$)는 고체가 큼
       이유 : 기화된 운무가 복사열 차단 효과
6) HRR 적용 : 화염의 높이, 화재 위험도 평가 등

18 화재성장속도

1) $\dot{Q} = \alpha t^2 = (1{,}055/t_g^2)t^2$, $\dot{Q} = \alpha(t-t_0)^2$
   t_0 : 훈소 등으로 성장지연

2) 4단계 구분(NFPA 92, NFPA 72)

화재	Ultra Fast	Fast	Mediun	Slow
t_g(92)	75	150	300	600
t_g(72)	-	< 150	150 - 400	> 400
물품	석유류	플라스틱	목재가구류	훈소류

19 화재플럼

1) 생성 원리 : 샤를의 법칙에 따른 부력 발생으로 상승 및 기류 유입
2) 가열 → 상승 → 냉각 → 단층화
3) 화재 플럼 속도 $v = \sqrt{\dfrac{2(\rho_a - \rho_s)gz}{\rho_s}}$

   (1) 플럼 온도 600 K, 실내온도 300 K, 1 m 지점의 속도 계산
   - 가솔린 $\dot{m}''$ 55, 기화가솔린 밀도 2,000 g/m³ 가정 시,
   → $v = \sqrt{\dfrac{2(600-300)9.8 \times 1m}{300}}$
   $= 4.4\,[m/s]$
   → 가솔린 증발속도 $v = \dot{m}''/\rho$ (3 cm/s)
   (2) 상승 화염은 플럼 속도가 지배한다.
4) 구조 : 암 연 - 간 - 부 플럼
   (1) **연속화염영역** :
      $L_f = 0.235\dot{Q}^{2/5} - 1.02D$
   (2) **간헐화염영역** : $f = 1.5/\sqrt{D}$
   (3) **부력플럼**영역 : $Gr = g\beta\Delta T L^3/\nu^2$
5) 구획 경계와의 상호작용
   (1) 열방출률의 보정(Confined Plume)
      벽 : 2배, 코너 : 4배

(2) Ceiling Jet Flow

(3) 수평화염

6) Alpert Correlation 식

   (1) $\frac{r}{h} > 0.18$인 경우

   $$T_g = 5.38 \frac{(\dot{Q}/\gamma)^{2/3}}{h} + T_\infty$$

   (2) $\frac{r}{h} \leq 0.18$인 경우

   $$T_g = 16.9 \frac{\dot{Q}^{2/3}}{h^{5/3}} + T_\infty$$

   (3) $\frac{r}{h} > 0.15$인 경우 $v = 0.2 \frac{\dot{Q}^{1/3} h^{1/2}}{\gamma^{5/6}}$

   (4) $\frac{r}{h} \leq 0.15$인 경우 $v = 0.96 \left(\frac{\dot{Q}}{h}\right)^{1/3}$

20 열분해생성물

암 열 연 가

1) **연기** : 0.01 ~ 10 μm, 훈소는 0.3 μm 이상

   (1) 영향 : **암** 시생심(시각적, 생리적, 심리적)

   (2) 위험성 : **암** 시화열유확(시계감소, 화염전환, 열적피해, 유독성, 확산성)

   (3) 인간 피난특성 고려 : **암** 귀지퇴추좌 + 패닉
   (**귀**소, **지**광, **퇴**피, **추**종, **좌**회 본능)

2) 연기농도 표시방법

   (1) 절대농도(중량농도법, 입자개수법)
   vs 상대농도(산란광법, 투과율법)

   (2) 투과율법 : Lambert-Beer 법칙

   $I = I_0 e^{-C_s L}$,

   감광계수 $C_S = (1/L) \ln(I_0/I)$

   C_s : 감광계수

   L : 연기 두께(경로길이)

   $C_S \times S \simeq K$(감광계수와 가시거리는 반비례하고, 그 곱은 일정)

K	반사판형 표지	발광형 표지
	2 ~ 4	5 ~ 10

C_S	S	비고
0.1	20 ~ 30	화재초기
0.3	5	경도 숙지자 지장
0.5	3	어두침침
1.0	1 ~ 2	앞 보이지 ×
10	0.2 ~ 0.5	유도등 ×, 최성기

   (3) 광학밀도(D_S)

   $D_S = \log(I_0/I)$

   (4) 단위길이당 광학밀도(D)

   $D = (1/L)\log(I_0/I)$

   (5) 비광학밀도(D_X)

   $D_X = (V/AL)\log(I_0/I)$

   (6) D와 C_S의 관계 : $D = C_S / 2.303$

3) **열** : 열응력 vs 화상

   (1) 열유속 값[kW/m²]

   통증 1, 화상 4, 점화 10, F/O 20

   (2) 1/2/3/4 - **암** 홍/수/괴/흑 화상

1도 화상	2도 화상	3도 화상	4도 화상
홍반성 화상	수포성 화상	괴사성 화상	흑색화상

4) 열 스트레스와 인내한계시간

   축열 > 방열 조건에서는 열 스트레스가 발생, 체온조절이 불가해 사망에 이르게 됨

노출온도(℃)	상대습도(%)	한계시간
49	10	10일
49	50	2시간
49	100	10분
100	0-100	10분

5) 가스 : 마취성(단순질식, 화학질식), 자극성 가스

   (1) 마취성 : CO, HCN, CO_2 등
       자극성 : HCl, H_2S, SO_2 등
   (2) Haber 법칙 : 흡입량 $w = C \times t$
   (3) LC_{50} : 기체 흡입 후 객체 50 % 사망 농도
   (4) LD_{50} : 액체 주입 후 객체 50 % 사망 농도
   (5) TLV-TWA : 주 40시간 측정한 산술 평균농도
       TLV-STEL : 1회 15분간 넘어선 안 되는 농도
       TLV-C : 절대 넘어선 안 되는 최대 농도
   (6) ERPG : 비상대응계획 수립지침으로, 독성 평가에 사용되어 대응을 수립함
       ERPG 1 / 2 / 3 - 1시간 동안 노출되어도 인지하지 × / 중상의 영향 × / 생명 위험 × 농도 구간

21 연소의 종류

1) 연소속도에 따라 : 정상 / 비정상 연소
2) 불꽃유무 : 유염 / 무염 연소
3) 산화정도 : 완전 / 불완전 연소
4) 연소물질 : **암** 기 확예 / 액 증분 / 고 증분표자

구분	내용
기체	**확**산연소, **예**혼합연소
액체	**증**발연소(액면, 심지, 분무), **분**해연소
고체	**증**발연소, **분**해연소, **표**면연소, **자**기연소

5) 표면 VS 심부화재

구분	표면화재	심부화재
정의	불꽃을 발하는 고에너지 화재 (불꽃연소)	불꽃 없이 빛만 발생, 저에너지 화재 (작열연소, 표면연소, 훈소)
연소 요소	4요소 (연쇄반응 포함)	3요소 (연쇄반응 없음)
연소구분	불꽃(유염)연소	작열(무염)연소
종류	가솔린 액면화재, 열가소성수지류 등 분해연소, 증발연소	목탄, 코크스, 솜뭉치, 볏짚, 알루미늄, 마그네슘, 나트륨 등
소화원리	표면 질식, 냉각	심부질식, 냉각 (Soaking time 유지)
상태	고체, 액체, 기체	고체
NFPA 구분	Halon 1301 5 % 농도로 10분 이내 소화	Halon 1301 5 % 농도로 10분 이상

6) 확산화염(연소), 예혼합화염(연소), 분출화염
   (1) 확산화염

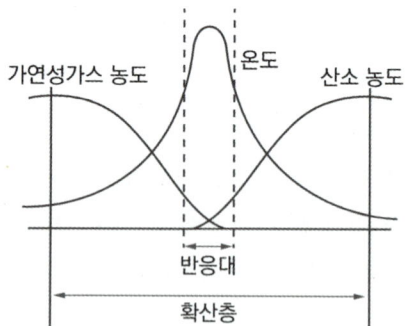

(2) 예혼합화염

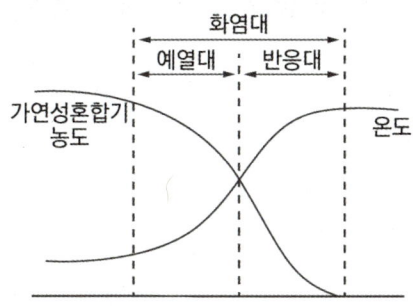

(3) 분출화염 : 난류 확산화염으로 분출속도 빠름

7) 훈소(심부화재, 무염연소, 작열연소)
  (1) 메커니즘 : 암 흡-분-배 (혼-연 Pass)
     흡열 - 분해 - 배출 (혼합 - 연소 없음)
  (2) 특징 : 저산소 화재, 반응속도 느림(0.001 ~ 0.01 cm/s), 발연량 많음(CO 수율↑), 독성물질 다량 발생, 연기 입자 큼, 연기의 단층화, 설계농도유지시간 필요

구분	내용
감지대책	정온식, 광전식, ASD, CO 감지기
소화대책	Wetting Agent, 조기반응형 또는 개방형 헤드 냉각소화, 긴 Soaking time 유지

8) 표면연소와 훈소 비교

구분	표면연소	훈소
불꽃연소 전환	불꽃연소 전환 ×	조건부 전환
가연성 증기	발생하지 않음	발생
발생 원인	가연물 특성상 가연성 증기가 발생하지 않음	온도가 낮거나 산소가 부족해 혼합기 형성 안됨
연기	발생하지 않음	다량 발생

구분	표면연소	훈소
가연물	목탄, 코크스 등 가연성 증기 발생하지 않는 가연물	종이, 나무 등 셀룰로오스가 포함된 물질
공통점	무염연소, 심부화재, 화학반응은 표면반응	

9) 이상 연소현상 : 암 선역블황 불소
  (1) 선화(Lifting), 역화(Back Fire), Blow-off/out, 황염(Yellow-tip), 불완전연소, 소음

22 플라스틱

1) 고분자화합물 : 분자량이 10,000 이상인 화합물
2) 중합반응
  (1) 첨가중합 : m(monomer) + m = polymer
     열가소성 수지 생성
  (2) 축합중합 : 첨가와 동일하나 물 생성
     열경화성 수지 생성
3) 비교

구분	열가소성	열경화성
개념	열 접촉 시 유동, 식으며 다시 굳음 (물리적/가역적 변형)	열 접촉 시 경화 이후 성형이 불가 (화학적/비가역적)
변형 온도	70 ~ 170 ℃	110 ~ 300 ℃

구분	열가소성	열경화성
특성 및 위험성	독성가스, 가연성 증기 발생 착화, 열방출률, 연소속도 빠름, 열적 피해 큼, 화재확산률 큼	열분해 시 탄화물 생성으로 그을음 불완전연소로 독성 가스 및 CO 다량생성 비열적 피해 큼, 훈소 양상
종류	PVC, PE, PP, PS, ABS 등	페놀, 에폭시, 멜라민수지 등

23 목재화재

1) 구성 : 셀룰로오스, 헤미셀룰로오스, 리그닌
2) 연소 특성 : 암 200 – 280 – 500 ℃

온도	목재의 상태
200 ℃	수증기, CO_2 및 가연성가스발생
200 ~ 280 ℃	수증기의 발생이 줄며 흡열반응
280 ~ 500 ℃	발열반응(연소) 발생
500 ℃ 이상	격렬한 연소로 인해 목탄 생성

3) 영향인자 : 암 화표결함배밀기바

   화학적 조성, 비**표**면적, **결**(Gain) 방향, **함**수율, **배**치방향, **밀**도, **기**하학적 형상, **바**람의 영향

4) 다공성 목재 : 건조한 목재와 고온다습 조건에서 축열 시 자연발화

24 화재 종류별 소화약제 적응성

암 가 C할할 – 분 인중 – 액 산강포물 – 기 고마팽그

1) 약제 종류

   (1) **가스** : CO_2, **할**론, **할**로겐화합물/불활성 기체

   (2) **분말** : **인**산염류, **중**탄산염류

   (3) **액체** : **산**알칼리, **강**화액, **포**, **물**침윤

   (4) **기타** : **고**체에어로졸, **마**른모래, **팽**창질석, **그** 밖

2) 화재 종류 : A(일반), B(유류), C(전기), D(금속), K(주방)

3) 적응성 암기팁

   (1) A급 : C중그 - (이중그 빼고 모두 적응성)

   (2) B급 : 그 -

   (3) C급 : 액체 * (적응성 인정품만), 마팽그 -

   (4) K급 : 중강포물그 *, 나머지 -

   (5) D급 : 마팽 O, 중그 * (마그네슘 칩을 저장하는 장소 근처 보행거리 20 m 이내 1대 설치)

25 K급 화재 특성

1) 가연물 특성

구분	유류화재(B급)	주방화재(K급)
특징	자 > 비 = 인 자연발화점이 높음	비 > 자 = 인 자연발화점이 낮아 인화점과 비슷
소화	착화 시 화염을 제거하면 소화	화염 제거해도 유온이 자연발화점 이상, 재발화 발생
	질식소화 가능	반드시 냉각소화 병행
약제	포, 가스계	Wet Chemical, 강화액(K급)

2) K급 소화약제 요건 : 충분한 냉각성능 + Splash 방지

  (1) 상업용 소화시험 : 1분 이내 소화, 5분 이내 재연되지 않아야 함

  (2) 상업용 Splash 시험 : Splash 미발생, 액적 크기 5 mm 이내

모아바 www.moa-ba.com
모아소방전기학원 www.moate.co.kr

CHAPTER 2

화재성장

2 화재성장

1 구획실 화재 성장단계 (암 점성플최감)

점화 → 성장기 → 플래시오버 → 최성기 → 감쇠기

1) 그래프

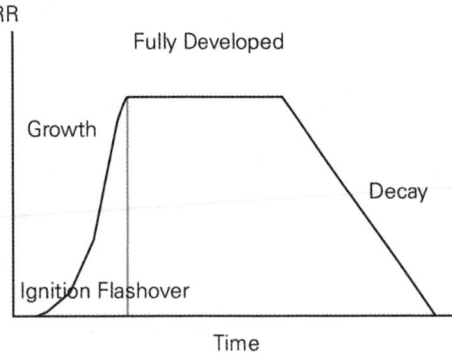

2) 화재 성장의 3가지 단계

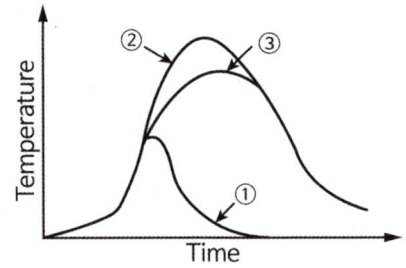

(1) 자체 소화되는 경우의 화재 성장 곡선 (No. 1 곡선)
(2) 플래시오버에 따른 화재 성장 곡선 (No. 2 곡선)
(3) 플래시오버 없이 전실화재로 천이한 경우의 화재 성장 곡선 (No. 3 곡선)

3) 성장기 VS 최성기

구분	성장기	최성기
열방출률($\dot{Q}$)	$\dot{m}'' \times A \times \Delta H_C$	$1{,}500 A \sqrt{H}$
연소속도($\dot{m}$)	$\dot{q}''/L$	$(5.5\sim6.0) A \sqrt{H}$
당량비	$\phi < 1$	$\phi > 1$
화재형태	연료지배형	환기지배형
영향인자	재료 물성	환기파라미터
화재저항	방화구조	내화구조
대책	피난, 살수 (Active)	방화, 내화 (Passive)
위험인자	Flash Over	Back Draft

2 화재가혹도, 화재하중, 화재강도

화재가혹도	=	화재하중	×	화재강도
화재의 크기		지속시간 계속시간인자 양적 개념	×	최고온도 화재온도인자 질적 개념
주수율 ($l/m^2 \cdot min$)		주수시간 (min)	×	주수량 (l/m^2)

화재가혹도	↔	화재저항
가연물의 양 : 화재하중 열방출률 : 화재강도 화재 위험도를 정량화	↔	내화구조, 방화구획 ADD > RDD ASET > RSET 저항 > 가혹도
성능위주 내화설계(구조안전성) 성능위주 소방설계(ASET > RSET)		

1) 화재하중 : 총 가연물의 방출열량 [MJ]
   = 가연물 총 질량 [kg] × 연소열 [MJ/kg]
   (1) 화재하중 밀도 : 화재하중/바닥면적 [MJ/m^2]
   (2) 화재하중 목재등가밀도 : 화재하중을 목재 단위면적당 질량으로 환산한 값 [kg/m^2]

화재하중 등가 목재밀도 w [kg/m^2]	지속시간 t [min]
$\dfrac{\Sigma(G_t \cdot H_t)}{4,500 A_f}$	$\dfrac{w \times A_f}{(5.5 \sim 6.0) A \sqrt{H}}$
$\dfrac{\text{구획실 총 발열량}}{\text{목재 단위열량} \times \text{면적}}$	$\dfrac{\text{목재의 총 저장량}}{\text{환기지배형 연소속도}}$

2) 화재하중의 종류

내용물(Contents) 화재하중	가구, 이동식 가연물의 화재하중
고정(Fixed) 화재하중	마감재, 단열재, 배관, 전선 등 고정된 화재하중
분산형(Distributed) 화재하중	전체 화재하중의 값
국지적(Localized) 화재하중	특정 구간에서의 평균보다 심각한 화재하중의 값

3) 화재하중의 설정 이유 : 화재저항 중 건축부재 내화시간을 계산하기 위함

구분	화재하중 목재밀도(kg/m^2)	내화시간
주택, 아파트	35 ~ 60(50)	1.0 ~ 1.5 시간
사무실	30 ~ 150(100)	1.5 ~ 3.0 시간
창고	200 ~ 1,000(200)	3.0 ~ 4.0 시간

4) 화재강도 : 🟪 연비공단
   (1) **연**소열, **비**표면적, **공**기공급량, 실의 **단**열성
   (2) 비표면적 관계식 : $S = \dfrac{\phi}{\rho d}$

3 환기 파라미터 $A\sqrt{H}$

최고온도인자 (화재강도)	계속시간인자 (화재하중)
$\dfrac{A\sqrt{H}}{A_T}$	$\dfrac{A_f}{A\sqrt{H}}$

4 Flame Over(Roll Over)

1) 환기지배형 성장기에서 발생
2) 충분한 미연소가스 존재, 공기는 부족
3) Flash Over 전 선행하나 반드시는 아님
4) 이후 반드시 Flash Over가 일어나는 것도 아님

5 Flash Over

1) 정의 : 단시간 내에 급격히 열방출속도가 증가하여 복사열로 인해 실내의 가연물 전 표면이 불로 덮이는 과도기적 현상
2) 메커니즘

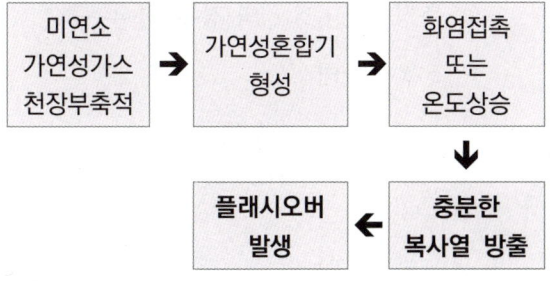

3) 조건 : 🟪 20, 500-600, 40, 10 %, 150
   (1) 바닥면 복사열 수열량 20 ~ 25 KW/m^2
   (2) Ceiling Jet Flow 온도는 500 ~ 600 ℃
   (3) 연소속도가 40 g/s 이상일 때 발생

(4) 산소농도가 10 % 정도일 때 발생
(5) CO_2/CO = 150 정도일 때 발생

4) 플래시오버 영향인자 : 암 플내온천개구연화
 (1) **내**장재의 열전도율, 두께
 (2) **온**도상승률
 (3) **천**장제트 흐름
 (4) **개**구부의 크기와 형태
 (5) **구**획실 구조
 (6) **연**료의 열방출률
 (7) **화**원의 위치, 크기

5) F.O를 일으키는 열방출률 계산식
 (1) Thomas : $\dot{Q}_f = 7.8 A_T + 378 A \sqrt{H}$
 (2) MacCaffrey : $\dot{Q}_f = 610 (h_k A_T A \sqrt{H})$
 (3) Babrauskas : $\dot{Q}_f = 750 A \sqrt{H}$

6) 화재실의 온도 식
 (1) $T = 6.85 \left(\dfrac{\dot{Q}^2}{h_k A_T A \sqrt{H}} \right)^{1/3} + T_\infty$
 (2) T_∞ : 상온, 20 ℃
 (3) h_k : 열손실계수, 유효열전달계수
  ① 측정시간 t ≤ t_p(열침투시간)의 경우
   $h_k = (\dfrac{\rho c k}{t})^{1/2}$: 비정상상태
  ② 측정시간 t > t_p의 경우 $h_k = \dfrac{k}{L}$
   : 정상상태
 (4) $t_p = \dfrac{L^2}{4\alpha}$, $\alpha = \dfrac{k}{\rho c}$

6 Back Draft

1) 정의 : 환기지배형 감쇠기에서 신선공기 유입 시실 내에 축적되어 있던 가연성가스가 폭발적으로 연소하여 실외로 분출되는 현상

2) 메커니즘
 (1) 최성기 화재에서 공기가 소진된 상태
 (2) 다량의 가연가연성가스가 충만된 고온의 상태로 유지되다가 공기와 접촉하여 발생

3) 중력유동 : 문 개방 시 신선공기가 아래로, 연기가 바깥으로 유동하는 현상

4) Back Draft 지표 : 화재가 숨쉼(개구부 유동이 불규칙하게 변하고 공기가 빠르게 내부로 진입함), 연소는 줄어들고 연기가 많아진 것 같아 보임

5) 대책 : 암 폭격소환
 폭발력의 억제, **격**리, **소**화, **환**기

CHAPTER 3

건축법
(건축방화)

3 건축법(건축방화)

1 특정소방대상물 vs 건축용도

1) 비교

구분	특정소방대상물	건축용도
법령	소방시설법 시행령	건축법 시행령
목적	소방시설 설치 검토	건축법 적용 검토
주택	법규 미해당	법규 해당

2) 공동주택
  (1) 아파트 등 : 주택 층 수 5개 층 이상
  (2) 기숙사
  (3) 연립주택, 다세대주택

연립주택	다세대주택
주택으로 쓰이는 층 수가 4층 이상	
1개동 바닥면적 660 m² 초과	1개동 바닥면적 660 m² 이하

→ 주택 전용 간이SP + 연동형 단독경보형 감지기 설치

3) 지하구
  (1) 공동구
  (2) 전통가냉집(전력·통신, 가스·냉난방 집합 수용)
    ① 전력구 / 통신구 방식으로 설치된 것이나
    ② 폭 × 높이 × 길이 1.8 × 2.0 × 50 m 이상인 것

4) 복합건축물
  (1) 둘 이상의 특정소방대상물이 한 건물 내
  (2) 근판업숙위 + 주택의 용도로 사용 시
5) 별개의 특정소방대상물 : 내화구조 벽/바닥 구획
6) 하나의 특정소방대상물 : 암 내통벽 6 10 피 지컨
  (1) 내화구조 통로(벽 6 m / 벽 × 10 m 이상 제외)
  (2) 피트 연결, 지하구, 컨베이어 벨트 연결 시
  (3) 면제조건 : 양쪽 방화셔터/방화문 또는 개방형 SP/드렌처 설치 시

내화구조

2 표준시간 가열온도 곡선

1) 내화구조 : 인정구조와 시험구조로 구분
  (1) 인정구조 : 시방서 시공에 따라 내화구조로 인정
  (2) 시험구조 : 별도 시험을 통해 증명
2) 시험구조의 시험 : 표준시간-가열온도 곡선 적용
3) 그 외 방화문, 방화댐퍼, 방화셔터 등의 내화시험도 시험구조에 해당

4) 식 : $T = T_o + 345\log(8t+1)$

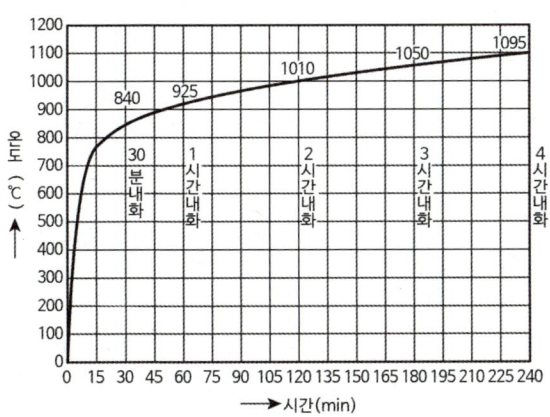

[표준시간 가열온도곡선]

5) 시험방법
   (1) 크기 : 벽 3 × 3, 기둥 3, 보 4, 바닥 3 × 4 m
   (2) 장치 : 수직/수평/기둥 가열로
   (3) 종류 : 재하, 비재하 시험
   (4) 평가 : 차열성, 차염성, 구조안전성, 0.5 ~ 3 hr 내화성능 평가

6) 한계 : 건축물 개별특성과 다름 → 성능위주 내화설계 필요

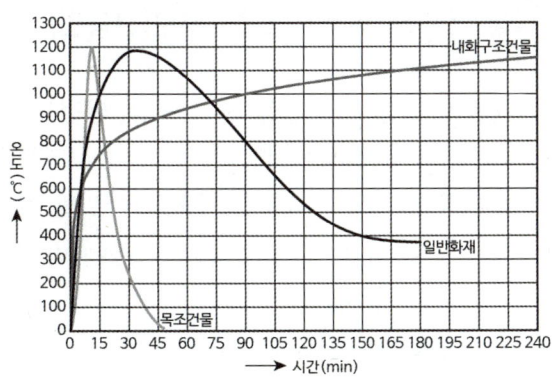

[목조건물, 일반화재, 내화구조 곡선]

3 구조안전의 확인

1) 하중 : 암 재설지풍자토
   적재 · 적설하중, 지진, 풍압, 자중, 토압
2) 구조 : 암 지주내기바보
   지붕틀, 주기둥, 내력벽, 기둥, 바닥, 보
3) 예외 : 암 사기, 최바, 작보, 차양, 옥계 제외
   사이기둥, 최하층 바닥, 작은 보, 차양, 옥외계단
4) 설계자 확인 : 암 2 200 13 처9 기10 특중문공단
   (1) 2층 (목구조 3층) 이상
   (2) 연면적 200 m² (목구조 500 m²) 이상
   (3) 높이 13 m 이상
   (4) 처마높이 9 m 이상
   (5) 기둥-기둥 사이 10 m 이상
   (6) 특수구조, 중요도 높은 건물, 문화유산
   (7) 공동주택, 단독주택
5) 구조기술사 협력 확인 : 암 6 3필 특중다준구
   (1) 6층 이상
   (2) 3층 이상 필로티
   (3) 특수구조, 중요도 높은 건물
   (4) 다중이용, 준다중이용 건축물
   (5) 구조안전확인 대상건축물

4 내화구조 : 화재에 견디는 구조

1) 종류 : 인정구조와 시험구조
2) 벽/바닥 : 철콘/철근콘 10 cm, 조적 19(7) cm(비내력벽)

3) 시방위주 내화설계 절차

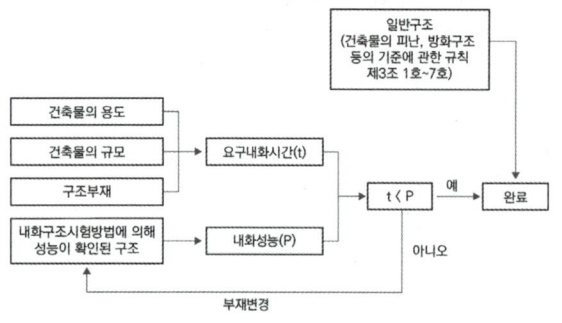

4) 성능위주 내화설계 절차

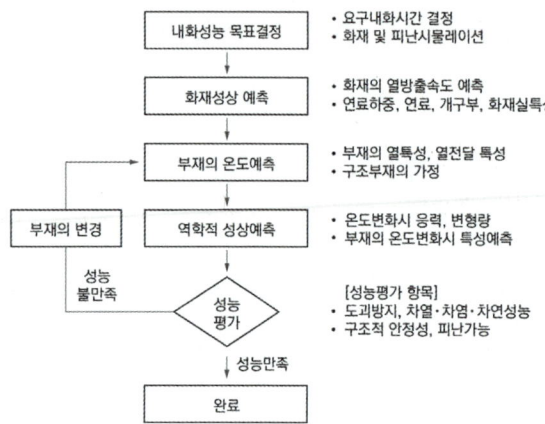

5 방화구조 : 화염의 확산을 막는 구조

1) 10,000 m² 넘는 목조건축물 기준
   (1) 처마, 연소할 우려가 있는 부분을 방화구조
   (2) 지붕은 불연재
   (3) 1,000 m²마다 방화벽 구획

구분	콘크리트 건축물	목조건축물
구조	내화구조	방화구조
1,000 m²마다	방화구획	방화벽

2) 방화구조 설치기준 : 🔑 철2 석시시타 2.5 심 2

재료	인정기준
철망 모르타르 바름두께	2 cm 이상
석고판 위에 **시**멘트모르타르 또는 회반죽을 바른 것 두께 합계	2.5 cm 이상
시멘트모르**타**르위에 타일을 붙인 것 두께 합계	
심벽에 흙으로 맞벽치기한 것	그대로 인정
한국산업표준의 방화 **2**급 이상	그대로 인정

3) 방화구조 vs 내화구조

내화구조	방화구조
화재에 견딤	화염확산 막음
최성기 화재저항	성장기 화재저항
차열성, 차염성, 구조내력, 재사용성	차열성, 차염성
도괴 방지 목적	피난 목적

6 연소할 우려가 있는 부분(건축법)

1) 인접 대지경계선, 건물 사이 중심, 인접도로 사이 1층 3 m 이내, 2층 5 m 이내인 것
   (1) 적용 → 목조건축물은 방화구조로 할 것
      → 방화지구는 드렌처, 방화커버 등 할 것

2) 연소우려 구조(화재예방법) : 옥외소화전 검토 시 적용

3) 연소우려 개구부(SP NFTC) : 헤드, 드렌처 설치 시 적용

7 방화벽

1) 대상 : 건축물의 연면적 1,000 m² 초과 시 1,000 m²마다 구획
   단, 주요구조가 내화구조 또는 불연재이거나 방화벽 구획이 불가한 창고는 제외
2) 설치기준 : 암 홀내 50 60 2.5
   (1) **내**화구조로서 **홀**로 설 수 있는 구조일 것
   (2) 건축물의 외벽면·지붕면부터 **50 cm** 이상 돌출
   (3) 문 설치 시 **60분+** 또는 60분 방화문
   (4) 출입문의 너비 및 높이는 각각 **2.5 m** 이하
   (5) 방화벽의 구조는 「방화구획 설치기준」을 준용

8 내화공법

암 타미뿜도건불냉

- **타**설, **미**장, **뿜**칠, **도**장, **건**식 **불**연재 취부, **수냉**강관공법(Heat Sink)

9 폭렬

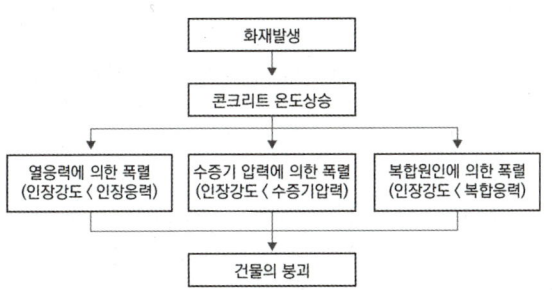

재료에 의한 폭렬 특성

강재(Steel) → 화재(온도↑) → 좌굴(인장강도, 항복강도, 탄성계수 저하)

콘크리트 → 화재(온도↑) → 박리, 중성화, 다공화(압축강도저하)

1) 폭렬 시 문제점 : 강재 좌굴, Conc' 박리·중성화, 고강도 콘크리트의 경우 더 위험
2) 온도 따른 강재 변화 기준

온도	탄성계수	인장강도
350 ℃	1/3 감소	10 % 증가
500 ℃	1/2 감소	50 % 감소
650 ℃	2/3 감소	75 % 감소

3) 콘크리트 색상 변화(암 그을음 핑회담용)
   (1) 300 ℃ 이하 : 그을음
   (2) 300 ~ 600 ℃ : 분홍색(핑크색)
   (3) 600 ~ 900 ℃ : 밝은 회색
   (4) 900 ~ 1,200 ℃ : 담황색
   (5) 1,200 ℃ 이상 : 용융
4) 중성화 : 수산화칼슘($Ca(OH)_2$)의 강알칼리성 소실로 내식성 감소, 강재 부식 진행
   (1) 이산화탄소에 의한 중성화(경년 변화)
   $Ca(OH)_2 + CO_2 \rightarrow CaCO_3 + H_2O$
   (2) 화재로 인한 중성화
   $Ca(OH)_2 \rightarrow CaO + H_2O$
5) 대책
   (1) 내화피복에 의한 콘크리트 내부 온도상승 방지
   (2) 섬유 강화 콘크리트를 이용한 수증기 배출
   (3) 콘크리트 비산방지(메탈리스, 메쉬근 등)
   (4) 표층부의 재료 치환

(5) 열용량이 큰 골재를 사용
(6) 철근 간격을 조밀하게 하여 인장강도 강화
(7) 성능위주 내화설계

마감재료

10 마감재 대상(건축법 시행령)

1) 내부 : [암] 내 – 다중공 2근생 발방통 문집종판 의교노련 업숙위례 5층 500 장창위험자 다중

대상건축물
단독주택 中 다중·다가구주택, 공동주택
2종 근생 中 공연·종집·껨·원·독·당·다생
발전시설, 방송통신시설
문집, 종, 판, 의, 교(학·원), 노, 련, 업(오피), 숙, 위, 례
5층 이상 층 바닥면적 합계 500 m² 이상
공장, 창고시설, 위험물 저장·처리 시설, 자동차 관련 시설 용도
다중이용업의 용도로 쓰는 건축물

2) 외벽 : [암] 외 – 상12근생 문집종판위 2천, 장 6 m), 공창위험 의교노련 3층 9 m 1필주

대상건축물
상업지역(근린상업지역 제외)
(1) 1·2종 근생, 문집, 종, 판, 위 바합 2,000 m²
(2) 공장용도 건축물 (화재위험 적은 공장 제외) 6 m 이내에 위치한 건축물
의, 교, 노, 련
3층 이상 or 높이 9 m 이상으로 그 부분
1층 전부·일부 필로티 주차장인 경우 그 부분

3) 외벽에 설치하는 창호 = 외벽 마감재 기준으로, 대지경계선 1.5 m 이내에 창문 설치 시
(1) 창문 60 cm 이내 스프링클러 설치 또는
(2) 비차열 20분 이상 방화유리창호 설치

11 마감재 적용기준 (건축법 시행령, 건피방)

1) 내부마감재
(1) 복도, 통로, 계단, 반자 : 불연재 또는 준불연재 의무
(2) 복합자재의 경우 : 불연재 또는 준불연재
(3) 거실의 경우

다중공 2근생 발방통 5층 500 장창위험자 다중	문집종판 의교노련 업숙위례
불연재, 준불연재, 난연재	불연재, 준불연재

2) 외벽마감재

구분	기본	5층 이하 22 m 미만 상업지역, 공창위험
원칙	불연재, 준불연재	난연 허용
화재확산 방지구조 설치 시	난연재 가능 (매층 설치)	가연물 가능 (2층마다 설치)

단, 복합자재를 외벽에 설치 시에는 불연재, 준불연재만 허용

3) 불연재료의 정의
불에 타지 않는 성질을 가진 재료로서,
(1) 콘크리트, 석재, 유리 또는 시방두께 이상의 시멘트, 회

(2) 건품관 및 KS 기준에 따른 성능시험구조
(3) 그 외 국토부장관이 인정하는 재료
4) 준불연재료(난연재료)의 정의
불연재료에 준하는 성질을 가지는 재료로,
(불에 잘 타지 않는 성질을 가진 재료로서,)
건품관 및 KS 기준에 따른 성능시험구조

12 마감재 성능시험(건품관)

1) 불연재 : 불연성시험, 가스유해성시험
복합자재의 경우 복합자재 기준에 적합할 것
외벽 복합마감재는 외벽 복합마감재 기준에 적합

2) 준불연재 : 열방출시험, 가스유해성시험
복합자재의 경우 복합자재 기준에 적합할 것(그라스울, 미네랄울 심재는 면제)
외벽 복합마감재는 외벽 복합마감재 기준에 적합

3) 난연재 : 열방출시험, 가스유해성시험
외벽 복합마감재는 외벽 복합마감재 기준에 적합

KS 난연재료 시험기준		
구분	시험기준	평가방법
불연성 시험	750℃ × 20분 × 3회	최종 평형온도 20 K↓ 질량 감소율 30 %↓
열방출 시험	50 kW/m² × 준불연 10분 난연 5분 × 3회	총 방출열량 8 MJ/m²↓ 최대 열방출률 10초 이상 연속으로 200 W/m²↓ 방화상 유해한 균열, 구멍, 용융 × 일부 용융, 수축 두께 20 % 이하
가스 유해성	가열 6분 × 2회	8마리 쥐 평균 행동 정지시간 9분 이상

13 복합자재(강판 + 심재 + 강판)의 요건 (건피방)

1) 강판과 심재를 하나로 보아 실물모형시험
2) 강판의 조건
   (1) 두께 0.5 mm
   (2) 도장 2회
   (3) 도금량
      ① 용융 아연 도금 강판 : 180 g/m² 이상
      ② 그 외 : 90 g/m² 이상
3) 심재의 조건 : 불연·준불연 or 그라스울·미네랄울

14 복합자재의 실물모형시험 (건품관, KS 기준)

1) 시험목적 : 플래시오버의 발생 여부 확인
2) 시험 크기 : 3.6 × 2.4 × 2.4 m, 개구부 0.8 × 2 m
3) 시험방법 : 10분 100 kW, 10분 300 kW 가열, 이후 10분간 관찰
4) 판정기준(암 외불 650 25 신 개 화)
   (1) 개구부 외 결합부 등에서 외부로 불꽃이 발생 ×
   (2) 천정의 평균 온도가 650 ℃를 초과하지 ×
   (3) 바닥 복사 열량계의 열량 25 kW/m² 초과 ×
   (4) 바닥의 신문지 뭉치가 발화하지 ×
   (5) 화재 성장 단계에서 개구부로 화염 분출 ×
5) 면제 기준 : 복합자재를 구성하는 강판과 심재가 모두 불연재료인 경우

15 외벽에 2 이상인 재료 (외벽 복합마감재, 건피방)

1) 구성재료 전체를 하나로 보아 실물모형시험
2) 외벽마감재의 난연등급 따른 마감재 시험에 합격

16 외벽 복합 마감재료의 실물모형시험 (건품관, KS)

1) 시험목적 : 마감재 내외부 상부연소확산 확인
2) 시험체 크기 : 1.5 × 2.6 × 6.0 m, 개구부 2 × 2 m
   연료더미 1.5 × 1.0 × 1.0 m
3) 시험방법 : 30분 착화 및 2.5-3.5 MW 열량, 30분 소화 및 관찰
4) 판정기준
   (1) 시간 측정 시작 시간 : 레벨 1에서 온도가 200 K 이상 상승하여 30초 이상이 유지된 경우 첫 200 K에 도달했던 시간부터 측정
   (2) 외부(내부) 화재 확산 성능 평가 : 15분 이내에 레벨 2(개구부 상부 5 m 위)의 외부 열전대(내부는 내부 열전대)가 30초 동안 600 ℃를 초과하지 않을 것
   (3) 그 밖 : 24시간 이내 폭렬·용해·변경·박리 확인
5) 면제 기준 : 외벽 복합 마감자재를 구성하는 재료가 모두 불연재료인 경우

방화구획

17 방화구획 – 1(건축법 시행령)

1) 개념 : Passive 화재저항 시스템
2) 대상 : 암 주내불 연 1천 m² 이상
   주요구조부가 내화구조·불연재료로 된 건축물로서 연면적이 1,000 m² 이상인 경우
3) 구성
   (1) 벽, 바닥 : 내화구조
   (2) 개구부 : 방화문, 방화셔터
      ① 생산공장 품질 : 국토부 기준 적합하고
      ② 방화문 구분(30분 방화문, 60분 방화문, 60분+ 방화문)에 적합한 것
   (3) 냉난방, 환기 풍도 : 방화댐퍼
   (4) 배관, 덕트 등 틈새 : 내화채움구조
4) 완화 대상 : 암 시대방 최복 주단동 1 2 500

용도	내용
문화 및 집회시설, 종교시설, 운동시설 또는 장례식장의 용도로 쓰는 거실	시선 및 활동공간의 확보를 위하여 불가피한 부분
물품의 제조·가공·운반 등에 필요한 고정식 대형기기 또는 설비의 설치를 위하여 불가피한 부분	지하층의 외벽 한쪽 면(외벽 중 1/4 이상) 전체가 건물 밖으로 개방되어 보행과 자동차 진출입이 가능한 경우로 한정
계단실·복도·승강장·승강로로서 다른 부분과 방화구획된 부분	설비 배관 등이 바닥을 관통하는 부분은 제외
건축물의 최상층 또는 피난층으로서	대규모 회의장·강당·스카이라운지·로비 또는 피난안전구역 등의 용도로 쓰는 부분

용도	내용
복층형 공동주택	세대별 층간 바닥 부분
주요구조부가 내화구조 또는 불연재료로 된 주차장	
단독주택, **동**식물 관련 시설 또는 교정 및 군사시설로 쓰는 건축물	
건축물의 1, 2층 바닥면적 합계 500 m² 이하로 일부를 동일 용도로 사용하며, 다른 부분과 방화구획으로 구획된 부분	

※ 건축법 시행령 – 경계벽 등의 설치 기준

1) 아래 대상은 건피방 – '경계벽 등의 구조'에 따라 설치할 것

2) 대상 : 다가구주택, 공동주택 각 세대 간 경계벽, 기숙사의 침실, 의료시설의 병실, 학교의 교실, 숙박시설의 객실 간 경계벽, 산후조리원 임산부실, 신생아실 간 경계벽 등

3) 건피방 경계벽 등의 구조
   (1) 경계벽은 내화구조로 하고, 지붕 밑 또는 바로 위층의 바닥판까지 닿게 해야 한다.
   (2) 이때 소리 차단에 장애가 되지 않도록 아래 구조로 하여야 함
   철근콘크리트, 철골철근콘크리트 10 cm 이상(공동주택은 15 cm)
   무근콘크리트, 석조 10 cm 이상(공동주택은 20 cm)
   콘크리트블록 또는 벽돌 19 cm 이상 등

※ 건축법 시행령 – 방화문의 구분

구분	차염성능 (비차열)	차열성능 (차열)	설치위치
60분+	60 ~	30 ~	대피공간
60분	60 ~	-	방화구획 장소
30분	30 ~ 60	-	특피-부속실

18 방화구획 – 2(건피방)

1) 기준 : **암** 면(10층 1,000, 11층 200/500)
   층 필

구분	설치기준 및 설치대상
면적 구획	• **10층** 이하 : 1,000(3,000) m²마다 구획 • **11층** 이상 : 불연재 × 경우 200(600) m² 이내, 불연재인 경우 500(1,500) m² 이내로 구획 ※ ( ) : SP 또는 자동소화장치 설치 시
층별 구획	• 매 **층**마다 구획. 단, 지하 1층에서 지상으로 직접 연결되는 경사로는 제외

• **필**로티 주차장은 다른 부분과 구획

2) 설치기준

   (1) 방화문 : 항상 닫힌 상태를 유지하거나 화재로 인해 자동으로 닫히는 구조, 연기 또는 불꽃 감지(온도는 조건부 허용)

   (2) 내화채움구조 : 아래의 부분을 설치 장소의 구성부재 내화시간 이상의 내화채움구조로 메울 것
   ① 급수관·배전관 또는 그 밖의 관이나 전선 등이 방화구획을 관통하여 관통부가 생기는 경우
   ② 방화구획의 벽과 벽, 벽과 바닥, 바닥과 바닥 사이에 접합부가 생기는 경우
   ③ 방화구획과 외벽 사이에 접합부가 생기는 경우
   ④ 방화구획에 그 밖의 틈이 생기는 경우

   (3) 방화댐퍼 : 환기 및 냉난방 풍도 관통부, (반도체 풍도에 SP 시 예외), 연·불 감지(온도는 조건부), 건품관 따른 비차열·방연성능 확보할 것

   (4) 방화셔터 : 방화문 3 m 이내, 전동·수동 개폐, 연기·불꽃(1차 폐쇄) and 열(완전 폐쇄) 조합

(5) 하향식 피난구 : 구성(피난구, 덮개, 사다리, 경보시스템), 설치기준(암 덮 개 수 아 사 경 조)

덮개(일체형 포함) 비차열 1시간 내화성능
개구부 유효크기 60 cm 이상
수직거리 15 cm 이상(상하층 개구부)
아래층은 위층 열 수 없음
사다리는 50 cm까지 전개
개방 시 **경**보
조명은 예비전원

(6) 방화문 및 방화셔터는 생산공장 품질이 국토부 장관 고시 기준에 적합하고, 비차열 1시간 이상의 내화성능을 확보한 것일 것
(7) 창고 완화 시 추가설비
  ① 개구부 : NFSC 충족, 수막 형성, 화재확산방지설비 → 드렌처 설비
  ② 개구부 외 : NFSC 충족, 화재를 조기에 진화할 수 있도록 설계된 SP → ESFR

※ 그 외 법규상 방화구획 공간

구분	방화구획 대상
수직 관통 구획	• 방화구획 완화한 부분과 다른 부분의 구획 • 수직으로 연속되는 부분과 다른 부분(피난·특별피난 계단실, 승강로, 린넨슈트, 에스컬레이터 등)
소방 용도	• 감시제어반, 동력제어반, 수조 설치장소 • 가스계 저장용기실 • 비상전원 설치장소

※ 건축물 설비기준 규칙 - 개별난방설비 등의 기준
  1) 개별난방방식의 기준(공동주택, 오피스텔)
    (1) 보일러는 거실 외에 설치하고, 보일러실과 기타 부분은 내화구조 구획(문 제외)
    (2) 보일러실 상부 0.5 m² 환기창 설치 및 상하부에 각각 지름 10 cm 이상의 흡배기구를 외기에 접하여 설치(전기보일러 제외)
    (3) 보일러 가스가 거실로 들어갈 수 없는 구조로 할 것
    (4) 기름보일러는 기름 저장소와 보일러실 구분
    (5) 오피스텔은 난방구획을 방화구획으로 구획
    (6) 보일러 연도는 내화구조로 공동연도로 설치
  2) 중앙집중공급방식 + 가스보일러 난방설비
    (1) 상기 개별난방방식 기준보다도 가스 관련 법을 따를 것
    (2) 오피스텔은 난방구획을 방화구획으로 구획
  3) 허가권자는 개별 보일러 설치 대상에 CO 경보기 설치를 권장할 수 있음

19 방화문 성능기준 (건품관, 세부운영지침, KS)

1) 성능기준 및 구성(건품관)
  (1) 방화문 및 방화셔터는 생산공장 품질이 국토부 장관 고시 기준에 적합하고, 비차열 1시간 이상의 내화성능을 확보한 것일 것
  (2) 사용되는 감지기는 NFTC 203 충족
  (3) 차연성능, 개폐성능 등 성능기준은 국토부 세부운영지침 따름
  (4) 항상 닫혀있는 구조 또는 연·불에 의해 자동으로 닫히는 구조(불가피한 경우 온도 허용)

2) 국토부 세부운영지침, KS 기준
   (1) 내화시험

차열성	내화시험	• 평균 140 K↓ • 이면 최고 180 K↓ • 문 틀 360 K↓
차염성	면패드	• 착화되지 않을 것
	균열 게이지	• 6 mm 150 mm 이내 관통 • 25 mm 관통 ×
	화염전파	• 이면 10초↑ 화염전파 ×

※ 60분+ : 차열성 및 차염성 시험 모두 통과
※ 60분, 30분 : 면패드를 제외한 차염성 시험만 실시

(2) 차연시험 : 차압 25 Pa에서 누설량 0.9 CMM/m² 이하
(3) 문세트시험 : 암 문-비 개 내 연 반

비틀림강도 시험	연직하중강도 시험
개폐력 시험	반복개폐 시험
내충격 시험	

(4) 문을 여는 힘
   ① 개방 시 133 N 이하
      (도어클로저 60 N 이하)
   ② 완전개방 시 67 N 이하
      (도어클로저 37 N 이상)

20 자동방화셔터 성능기준 및 구성 (건품관)

1) 성능은 '비차열 1시간', 감지기는 NFTC 충족
2) 차연성능, 개폐성능 등은 국토부 세부운영지침 따름(중량셔터 차연성능, 개폐성능)
   (1) 차연시험 : 차압 25 Pa에서 누설량 0.9 CMM/m² 이하
3) 수직개폐 : 연·불 일부 폐쇄, 열 완전 폐쇄
4) 수평폐쇄 : 열·연·불로 완전 폐쇄
5) 자동방화셔터의 상부는 상층 바닥에 직접 닿도록 하여야 하며, 그렇지 않은 경우 방화구획 처리해 화재확산 방지

21 방화댐퍼 성능기준 및 구성(건품관)

1) 성능기준 : 비차열 1시간 내화성능, 방연성능
2) 성능시험 기준
   (1) 실제의 것과 동일한 구성·재료 및 크기 3 × 3 m 넘으면 3 × 3 m으로 시험
   (2) 시험체 양면에 대하여 각 1회씩 실시 다만 수평 설치 방화댐퍼의 내화시험은 화재노출면에 대해 2회 실시
   (3) 내화성능·방연성능 시험체는 동일구성·재료크기 : 내화성능은 가장 큰 크기, 방연성능은 가장 작은 크기로 제작
   (4) 시험성적서는 2년간 유효
3) 설치기준 : 암 미 검 구 기
   (1) 미끄럼부는 열팽창, 녹, 먼지 등에 의해 작동이 저해받지 않는 구조
   (2) 검사구·점검구는 방화댐퍼에 인접 설치
   (3) 구조체에 견고하게 부착, 화재 시 덕트가 탈락, 낙하해도 손상되지 않을 것
   (4) 배연기의 압력에 의해 방재상 해로운 진동 및 간격이 생기지 않는 구조
4) 방연성능 : 차압 20 Pa에서 누설량 5 CMM/m² 이하

22 하향식피난구 성능시험 및 성능기준 (건품관)

1) 성능시험
   (1) 내화시험 수평가열로에서 시험한 결과, 방화문 시험에서 정한 비차열 1시간 이상
   (2) 사다리 : 피난구 일체형은 합쳐서 내화시험 1시간. 별도형인 경우 사다리는 '형식승인기준'에 적합
   (3) 덮개 : 장변 중앙부 637 N/0.2 m²의 등분포하중을 가했을 때 중앙부 처짐량이 15 mm 이하
   (4) 시험성적서는 3년간 유효

23 사진 및 동영상 촬영 대상 건축물

1) 대상 및 시기

공동주택, 종합병원, 관광숙박시설 등 아래 규모의 건축물에 해당

대상	시기
다중이용 건축물	• 매 층마다 상부 슬래브 배근 시 • 매 층마다 주요구조부의 조립 시 • 방화구획 설치 공사(내화채움구조 및 방화댐퍼) 시공 시
특수구조 건축물	• 매 층마다 상부 슬래브 배근 시 • 매 층마다 주요구조부의 조립 시

3층 이상인 필로티형식 건축물	• 기초공사 시 철근배치 시
	• 필로티 층의 아래 공사인 경우
	  ① 기둥 또는 벽체 중 하나 공사 시
	  ② 보 또는 슬래브 중 하나 공사 시

2) 절차
   (1) 공사시공자는 촬영한 사진 및 동영상을 디지털파일 형태로 가공·처리하여 보관하고 공사감리자에게 제출
   (2) 공사감리자는 그 내용의 적정성을 검토한 후 건축주에게 감리중간보고서 및 감리완료보고서를 제출할 때 해당 사진 및 동영상을 함께 제출
   (3) 건축주는 허가권자에게 감리중간보고서 및 감리완료보고서를 제출할 때 해당 사진 및 동영상을 함께 제출

24 미국 방화벽

🗝 표방비칸 4321

구분	내화 성능	개구부	내용
표준방화벽	4시간 이상	없음	지붕 돌출
방화벽	3~4시간	있음	
비내력 방화벽	2~3시간	있음	반자도 구획
방화칸막이	1~2시간	있음	반자 미구획

25 방화구획과 방연구획

1) 정의
   (1) 방화구획 : 화재의 확산을 막기 위해 실 전체를 내화성능을 지닌 불연성 물체로 구획하는 것
   (2) 방연구획 : 연기의 확산을 막기 위해 천장 상단을 불연성 물체로 구획하는 것

2) 목적 및 효과 비교

방화구획	방연구획
• 중기 이후 화재의 크기를 제한 • 열적 피해 방지 • ASET 증가	• 초기 연기 확산 방지 • 비열적 피해 방지 • RSET 감소
• 효과적, 경제적인 방화대책 수립 • 화재하중 감소로 화재지속시간 감소 • 건축물 도괴방지 등	• 초기 피난 보조, 피난 가시도 개선 • ASET 증대, RSET 감소 • SP, 감지기, 제연의 효과적인 동작

3) 구성요소

구분	방화구획	방연구획
구성 요소	내화구조 바닥과 벽 방화문, 방화셔터 방화댐퍼, 내화채움구조	제연경계, Draft Curtain, 제연댐퍼 보, 벽, 셔터, 수막설비
국내 요구 조건	내화성능 0.5 ~ 3 hr 문, 셔터, 댐퍼는 비차열 1시간 차연성능 25 Pa, 0.9 CMM/m²	문, 셔터는 차연성능만 존재 댐퍼의 방연성능 20 Pa, 5 CMM 국내 법규 미비

4) NFPA, IBC 기준

(1) 방화벽

표준방화벽은 개구부 불가, 지붕 위로 돌출. 내화시간 최소 1 ~ 4 hr 이상

(2) 방화댐퍼

① 내화도 3 hr 미만 구획장소는 최소 1.5 hr 이상 내화성능

② 내화도 3 hr 이상 구획장소는 최소 3 hr 이상 내화성능

(3) 방연댐퍼

Class Ⅰ ~ Ⅲ로 1,000 ~ 3,000 pa의 고차압을 요구

(4) 병동 50인 이상 층은 2 이상의 거실로 방연구획

상층 연소확대

26 코안다 효과(벽부착 효과)와 요코이 곡선

1) 코안다 효과 : 유체가 만곡면을 따라 흐를 때 유동의 축방향인 직선방향으로 흐르지 않고 표면이나 곡면(경계층)에 부착하여 흐르려는 경향

2) 메커니즘

옥외로 화염 분출 → 부력에 의해 화염 상승 → 벽면 부근에 공기인입이 적어져 정압 하강 → 화염이 벽면에 부착되어 상승

3) 요코이 곡선 : 코안다 효과를 개구종횡비로 해석

(1) 개구종횡비 $n = \dfrac{2W}{H}$

(2) n > 1 : 화염에 영향을 주기 시작

(3) n > 3 : 화염 중심이 벽면을 향함

(4) n > 6 : 분출화염이 벽면에 부착

4) 대책 : 캔틸레버, 스팬드럴, 외벽 SP, 방화유리

27 커튼월 구조의 수직 연소확대

1) 현상 : Poke Through(내벽), Leap Frog (외벽)

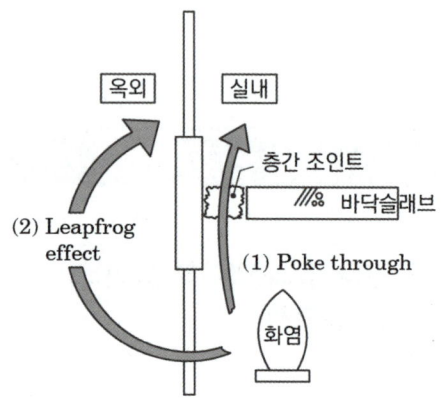

2) 원리 : 유리와 유리, 유리와 콘크리트의 열 팽창 차이
3) 개선안 : 표준형 아닌 커튼월 스프링클러 설치

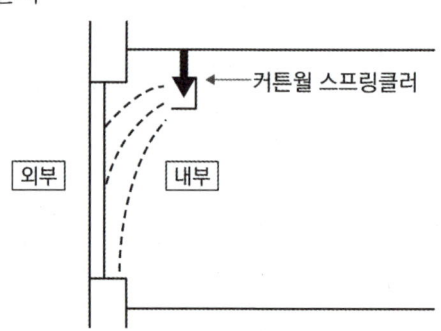

28 유소

1) 정의 : 하나의 건물 화재에서 타 건물로의 연소 확대
2) 원인 : 접촉, 복사열, 비화
3) 대책 : 방화지구 지정
   (1) 안전한 인동거리 확보
   (2) 건물 외벽 불연화
   (3) 드렌처설비 설치
   (4) 방화벽 설치

29 방화지구

1) 주요구조, 외벽 : 내화구조
2) 지붕 공작물 or 3 m 이상 공작물 : 주요 불연재
3) 지붕 : 내화 or 불연재
4) 연소할 우려가 있는 부분
   (1) 문 : 60분+, 60분 방화문
   (2) 창문 : 드렌처설비
   (3) 내화구조 또는 불연재 벽, 담장 등 내화설비
   (4) 환기구멍 : 불연 방화커버 또는 그물눈 2 mm

CHAPTER 4

건축법(피난)

4. 건축법(피난)

거실/지하

1 대피공간

1) 설치 : 암 아 4
   아파트 4층 이상인 층의 각 세대가 2개 이상의 직통계단을 사용할 수 없는 경우

2) 면제 : 암 경피하동
   (1) 인접 세대 경계벽이 파괴 쉬운 경량구조인 경우
   (2) 발코니의 경계벽에 피난구 설치 시
   (3) 발코니의 바닥에 하향식 피난구를 설치 시
   (4) 대피공간과 동일한 성능으로 인정 고시된 경우

3) 구조 : 건축법 시행령 및 발코니 구조변경 기준

구분	대피공간의 구조
구조	• 거실 각 부분에서 접근 용이, 표지 설치 • 외부에서 구조활동을 할 수 있는 장소에 설치 • 60분+ 방화문 설치 • 대피공간을 향해 열리는 밖여닫이
구획	• 내화구조 벽으로 구획(내화성능 1시간 이상)
마감재료	• 내부마감재료는 준불연 또는 불연재료
개방	• 대피공간은 외기에 개방되는 구조 • 창호 설치 시 폭·높이 0.7 × 1.0 m 이상, 창틀 제외 • 외부의 도움을 받는 경우 장애가 없는 구조
조명	• 휴대용 손전등 또는 예비전원 조명 설치

공간	• 보일러실, 창고, 대피장애 되는 공간 불가
	• 에어컨 실외기 등 냉방설비 배기장치는 가능
	  (1) 냉방설비의 배기장치를 불연재료로 구획
	  (2) 구획 면적은 대피공간 면적 산정 시 제외

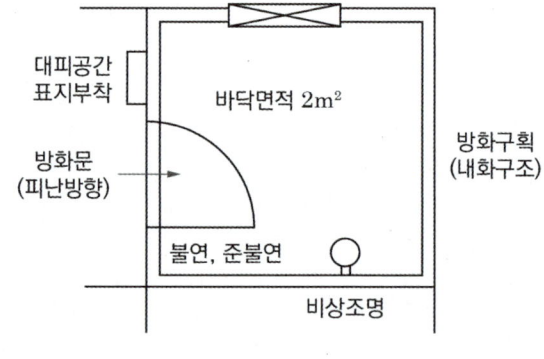

2 하향식 피난구, 내림식 사다리, 승강식 피난기구

1) 하향식피난구, 승강식 피난기 설치기준

공통	· 유효 개구부 직경 60 cm 이상 · 착지점과 하강구 수직 15 cm 이격 · 덮개 개방 시 관리실 경보 · 예비전원 비상조명등 설치
건피방 (더욱 디테일)	· 덮개는 비차열 1시간 이상 · 쳐짐량 기준 있음 · 사다리는 바닥 50 cm 이하로 전개 · 아래층에서 위층 열 수 없는 구조
소방법 (소방 관련 사항)	· 설치층 ~ 피난층 연계 구조 · 제어반에서 작동 확인 가능 · 승강식 피난기는 성능인증 받을 것
대피실 (소방법만 있음)	· 면적은 전용 2 m², 공용 3 m² 이상 · 60분 이상 방화문 설치, 표지 설치 · 대피실 출입문 개방 시 경보

2) 건축법에 따른 하향식 피난구 설치 시 면제
   ⑴ 건축법 : 대피공간 면제
   ⑵ 소방법 : 피난기구 면제, 대피실 면제
   ⑶ 공동주택 NFTC : 세대를 대피실로 간주

3 발코니 구조변경 기준
   - 대피공간 외 나머지 3가지

발코니 확장해 SP 범위에 들지 않는 거실로 사용 시

1) 방화판, 방화유리창 : 90 cm, 불연재, 틈이 없도록 내화충전 마감, 유리는 비차열 30분

2) 난간 : 높이 1.2 m, 살 간격 10 cm, 1.2 m 이상 방화유리 설치 시 면제

3) 내부마감 : 자탐 따른 감지기 설치, 난연재 이상

4 소방관 진입창

1) 설치대상 : 2층 이상 11층 이하 건축물에 적용

2) 제외대상 : 대피공간 또는 비상용승강기를 설치한 아파트, 지상으로 통하는 출입구가 있어 소방관 진입에 문제가 없는 경우

3) 설치기준
   ⑴ 크기 : 0.9 × 1.0 m 이상
   ⑵ 표시 : 가운데 지름 20 cm 이상 역삼각형을 야간에도 볼 수 있도록 붉은색 반사표지 + 한쪽 모서리에 지름 3 cm 원형 타격지점 부착
   ⑶ 높이 : 하단부가 바닥에서 0.8 m 이하. 난간이 설치된 노대 등에 설치 시 1.2 m 이하
   ⑷ 추가 : 층마다 1개, 40 m 이내마다 추가
   ⑸ 위치 : 소방대 진입 유리한 공터에 면함
   ⑹ 유리
      ① 플로트판 유리 두께 6 mm 이하
      ② 강화유리 또는 배강도유리 5 mm 이하
      ③ ① 또는 ② 유리인 이중유리
      ④ ① 또는 ② 유리인 삼중유리. 비산방지 필름 부착 시 필름두께 50 μm 이하

5 관람실 공연장의 출구 (바 300 m² ↑ 기준)

1) 거실 출구는 2개소 이상, 개소당 1.5 m 이상
2) 출구폭 합계는 바닥면적 100 m²당 0.6 m 이상 접하도록 할 것

6 지하층의 구조

1) 지하층 정의 : h ≧ H × 1/2
2) 지하층의 구조 : 암 비통급환피 / 거바 바 거 바 바 / 50 300 천 천

구조	설치대상
비상탈출구 환기통	거실 바닥면적 50 m² 이상인 층
급수전	바닥면적 300 m² 이상인 층
환기설비	거실 바닥 1,000 m² 이상인 층
피난계단 또는 특별피난계단	바닥 1,000 m² 이상인 층

3) 비상탈출구 : 암 크출 이사 연통 금조

구분	설치기준
크기	0.75 × 1.5 m 이상
출입문	피난방향으로 열림, 항상 열 수 있는 구조, 내·외부 비상탈출구 표시
이격	출입구로부터 3 m 이상
사다리	바닥에서 아랫부분까지 높이 1.2 m 이상 경우에 발판 너비 20 cm 이상 사다리 설치
연결	피난층·지상으로 통하는 복도·직통계단 직접 접하거나, 통로 등으로 연결 설치

구분	설치기준
통로	유효너비 0.75 m 이상, 마감재료는 불연재료
금지	진입부분·피난통로에 통행 지장 물건 방치 또는 시설물 설치 금지
조명	비상탈출구 유도등, 피난통로의 비상조명 소방법령에 맞게 설치

4) 지하층을 거실로 사용할 수 없는 경우
 (1) 단독주택, 공동주택 등 대통령령으로 정하는 건축물의 지하층에는 거실을 설치할 수 없다.
 (2) 다만 아래 사항을 고려하여 조례로 정하는 경우 설치 가능
  ① 침수위험 정도를 비롯한 지역적 특성
  ② 피난 및 대피 가능성
  ③ 그 밖에 주거의 안전과 관련된 사항

복도/통로

7 복도의 너비

1) 기본

장소	양옆 거실(m)	기타(m)
유·초·중·고등학교	2.4	1.8
공·오, 의바 200 m² 이상	1.8	1.2
거바 200 m² 이상	1.5	1.2

2) 추가

공연장, 집회장, 관람실, 전시장 등	복도 너비(m)
500 m² 이하	1.5 이상
500 - 1,000 m²	1.8 이상
1,000 m² 이상	2.4 이상

3) 관람실 공연장의 복도 기준
   (1) 300 m² 이상 거실 : 좌, 우, 뒤 3면이 복도에 면함
   (2) 300 m² 미만 거실 : 앞, 뒤 2면이 복도에 면함

계단/승강기

8 직통계단

1) 보행거리 일반(m) : 암 기본, 주내불, 공16, 일, 반디패장 유/무 – 30, 40, 50, 75, 100

구분		보행거리
일반 건축물(기본)		30 m 이하
주요 구조부· 내화 구조· 불연 재료	공동주택의 16층 이상 층	40 m 이하
	일반건축물	50 m 이하
	반도체 디스플레이패널 공장 (자동식 소화설비 설치 시) 유인화	75 m 이하
	무인화	100 m 이하

2) 2개소 이상 설치하는 경우 : 암 200 문집종 주례, 지하 / 300 공연종집, 공오피 / 400 그 외 3층 이상

대상건축물	해당층 바닥면적 합계
2종 근생 中 공연·종집·문집(전동식제)·종, 위락 中 주·례 지하층	200 m² 이상
2종 근생 中 공연·종집은 각각의 면적 적용	각각 300 m² 이상

대상건축물	해당층 바닥면적 합계
단독주택 中 다중주택·다가구주택, 1종 근생 중 정신과의원, 2종 근생 중 껨(300 m² 이상)·원·독, 판, 수, 의. 교중 원, 노 중(아동, 노인, 장애시설), 련 중 유스 또는 숙	3층 이상이고 200 m² 이상
공동주택, 업 中 오피스텔 용도로 쓰는 층	300 m² 이상
그 밖의 층 3층 이상	400 m² 이상

3) 2개소 이상 설치 시 기준
   (1) 장변 대각선 1/2 이상 이격(S/P 설치 시 1/3)
   (2) 각 계단별 복도 및 통로 설치

4) NFPA와의 차이점
   (1) 500명 2개, 500-1000 3개, 1000 초과 4개
   (2) 보행거리 : 60 m(S/P ○), 45 m(S/P ×)
   (3) Common Path, Dead End(15 m, 6 m)

9 피난계단 vs 특별피난계단

1) 설치대상 및 면제기준

구분	피난계단	특별피난계단
설치	5층 이상 지하 2층 이하	11층 이상 지하 3층 이하
면제	주·내·불 5층 이상 바합 200 m² ↓ 또는 200 m²마다 방화구획 시	갓복도식 APT, 400 m² 이하 층은 제외

2) 공통점 : 암 방 마 조 문 연 이 폐

구분	설치기준
방화구획	• 창문 등 제외 내화구조 벽으로 구획
마감재	• 불연재료
조명	• 예비전원 조명설비
출입문	• 유효 폭 0.9 m 이상, 피난 방향 개방 • 거실 면한 문 : 60분+, 60분 방화문
연결	• 지상이나 피난층까지 직접 연결
이격	• 창문과 옥내 다른 부분의 창문 등에서 2 m 이상 이격 (1 m^2 이하 망입유리 붙박이창은 면제)
자동폐쇄	• 언제나 닫힌상태 유지 또는 연·불 감지로 자동 닫힘(불가 시 온도 감지)

3) 차이점 : 암 부 / 내 / 문

구분	피난계단	특별피난계단
부속실	-	• 노대 or 3 m^2 이상의 부속실 • 부속실엔 1 m^2 이상 창문 or 배연설비 설치
내부창	설치 가능 (붙박이창 망입유리 1 m^2 이하)	• 노대·부속실 ~ 옥내는 불가 • 노대·부속실 ~ 계단은 가능(붙박이창 망입유리 1 m^2 이하)
문	60분+, 60분 방화문	• 노대 or 부속실 : 60분+, 60 • 계단실 : 60분+, 60분, 30분

※ 돌음계단 구조로는 불가
※ 옥상광장 설치 시 옥상으로도 연결 및 피난 방향으로 개방, 피난 이용에 장애 없어야 함

10 비상용 vs 피난용 승강기

1) 설치목적, 설치대상, 설치대수, 면제기준

구분	비상용 승강기	피난용 승강기
목적	소방대의 활동	재실자의 피난
법령	설비기준규칙 10조	건피방 30조
설치	• 지상 31 m 이상 • 공동주택 10층 이상	30층 이상 고층건축물
대수	• $N = \dfrac{A-1,500}{3,000} + 1$ • A : 31 m 이상 층 중 최대바닥면적	상용승강기 중 1대 이상
면제	• 31 m 넘는 층이 (1) 거실이 아니거나 (2) 바합 500 m^2 이하거나 (3) 4층 이하로 바 200 m^2(불연재는 500)마다 방화구획	없음

2) 설치기준 : 승강장, 승강로, 기계실, 예비전원

(1) 승강장 공통점

구분	비상용	피난용
공통	다른 부분과 벽, 바닥 내화구조 구획	
	각 층 내부와 연결	
	벽, 천장 등 마감재료는 불연재	
	면적 = N × 6 m^2 이상	
	표지 설치	

(2) 승강장 차이점 : 암 장 – 30 경피항창

구분	비상용	피난용
차이	승강장 – 도로 공지 간 30 m 이내	없음
	특피 부속실과 겸용 가능	겸용 불가(별도 설치)
	피난층은 60분+, 60분 방화문 면제 가능	피난층도 면제 불가. 60분+, 60분 방화문
	자동폐쇄장치 사용 가능	항상 닫힌 상태 (자동폐쇄장치 불가)
	창문 또는 배연설비 설치	창문 불가. 배연 또는 제연설비 설치

(3) 승강로 : 암 로 – 배

구분	비상용	피난용
공통	다른 부분과 내화구조 구획	
	각 층 ~ 피난로 단일구조	
차이	규정 없음	승강로 상부 배연설비 설치

(4) 기계실 : 암 기 – 방

구분	비상용	피난용
차이	규정 없음	다른 부분과 내화구획 출입구 방화문 설치

(5) 예비전원 : 암 예 – 용전열수

구분	비상용	피난용
차이	규정 없음	• 피승, 기계실, 승강장, CCTV용 예비전원 구비 • 용량 : 초고층 2 hr, 준초고층 1 hr • 상용·예비전원 및 수동·자동전환 설비 설치 • 전선관, 배선은 내열성 자재 및 방수 조치

피난층/옥상

11 피난안전구역 설치기준 (초고층 재난관리법, 초지복)

1) 설치대상(초고층 재난관리법)
   (1) 초고층 : 30개 층마다 1개소
   (2) 준초고층 : 전체층 1/2의 ± 5층 1개소
      ※ 예외 : 공동주택 120 cm, 그 외 150 cm 폭 이상 너비의 직통계단인 경우
   (3) 16 ~ 29층 이상 지하연계복합건축물 : 층별 거주밀도 1.5인/m^2 초과 시 해당 층 설치
   (4) 초고층건축물 등의 지하층이 문집판운수업숙유종요 중 하나 이상의 용도로 사용되는 경우 피난안전구역 또는 선큰 설치
      ※ 건축법 시행령 및 건피방에 따른 설치기준, 면적기준을 충족할 것

2) 피난안전구역의 규모(초고층 재난관리법)

구분	면적산정
초고층, 준초고층	(윗 층 재실자수 × 0.5) × 0.28 m^2
30 ~ 49층 지하연계복합건축물	
16 ~ 29층 지하연계복합건축물	1.5명/m^2 초과 층의 경우, 사용형태별 면적 합의 1/10 이상
지하층에 문집종판업숙유종요 중 하나 이상의 용도인 경우	하나의 용도 (수용인원 × 0.1) × 0.28 m^2
	둘 이상의 용도 (사용 형태별 수용인원 합 × 0.1) × 0.28 m^2

(1) 재실자수 산정 방법
　① A ÷ 재실자별 밀도(예 4.6) m²/인 = ○○인
　② 벤치형 좌석 : 좌석길이 ÷ 45.5 cm
　③ 고정 좌석 : 고정좌석 수 + 휠체어 공간 수

3) 건피방 피난안전구역 설치기준
　암 1특 / 배경통조급단면 2.1 / 승계불소

1개 층을 사용(타 용도와 내화구획)
특피는 피·안을 거쳐 상하층으로 가는 구조
구조 및 설비기준 • **배**연설비 설치 • 긴급연락용 **경**보·**통**신설비 • 예비전원 **조**명설비 • 식수공급용 **급**수전 • 아래층, 위층 **단**열재 설치 • **면**적은 별도 기준에 적합 • 높이 **2.1** m 이상 • 비**승**은 피안에서 승하차 할 수 있는 구조 • 피안으로 통하는 **계**단은 특피 구조일 것 • 마감재료는 **불**연재료 • 그 밖에 **소**방시설 및 설비 갖출 것

4) 소방시설(초지복) : **암** 소옥스 자탐 방열공인 선유조휴 제무

소화기구, 옥내소화전, 스프링클러
자동화재**탐**지설비
방열복, **공**기호흡기, **인**공소생기
피난유도**선**, **유**도등, 비상**조**명등, **휴**대용 비조
제연설비, **무**선통신보조설비

5) 설비(초지복) : 자동제세동기(AED), 방독면

방독면 수량	
초고층	위층 재실자 수 × 1/10 이상
지하연계복	수용인원 × 1/10 이상

6) NFTC 604(고층) 피난안전구역 소방시설 기준

제연	• 차압 50 Pa(SP 12.5 Pa) • 한 면 외기 개방 시 면제
피난유도선	• 광원점등식 60분 이상 • 계단실 출입구 ~ 피안 출구까지 • 계단 설치 시 계단참에 설치 • 표시부 너비 25 mm
비상조명등	• 바닥 조도 10 lx 이상
휴대용 비상조명등	초고층: 위층 재실자 × 1/10 이상 지하연계복: 수용인원 × 1/10 이상
인명구조	• 방열공인 각 2개 이상 • 공기호흡기 45분 이상 용량 • 50층 이상 시 산소통 10개 이상 • 쉽게 반출 가능 위치 설치 • 표지 설치

12 선큰

1) 설치대상
　(1) 건축법 시행령(하층과 피난층 사이의 개방공간) : 바합 3천 m² 이상인 공집관전 시장을 지하층에 설치하는 경우
　　→ 각 실에 있는 자가 옥외 계단 또는 경사로 등을 이용하여 피난층으로 대피할 수 있도록 천장이 개방된 외부 공간을 설치
　(2) 초고층 재난관리법 : 초지복 지하에 설치

2) 면적기준(초지복)

문집 판소 공집관	면적의 7 % 이상
그 밖	면적의 3 % 이상

3) 설치기준(초고층 재난관리법)
   (1) 너비 1.8 m 이상 직·계 or 경사로(12.5%↓) 설치
   (2) 100 m²마다 0.6 m 거실에 접하도록, 0.3 m 출입문의 너비에 접하도록 설치
   (3) 설비 : 암 역집차제
       ① 침수방지를 위해 **역**류방지기, **집**수정, **차**수판 설치
       ② 선큰과 거실이 접하는 부분에 **제**연설비 설치

13 옥상광장

1) 옥상광장, 옥상난간

구분	설치기준
옥상 광장	• 5층 이상인 층이 제2종 근생 中 연·종집·껨(바 300 m² 이상), 문집(전동식제), 종, 판, 위 중 주, 례 용도로 쓰는 경우
옥상 난간	• 옥상광장 또는 2층 이상 층에 있는 노대 • 높이 1.2 m 이상의 난간을 설치

2) 헬리포트, 인명구조공간, 대피공간
   옥상광장 설치대상으로, 11층 이상 바닥면적 합계 1만 m² 이상인 경우

평지붕	헬리포트 또는 인명구조공간 설치
경사지붕	경사지붕 아래 대피공간 설치

3) 헬리포트

구분	헬리포트 설치기준		
길이와 너비	• 각각 22 m 이상 • 옥상 작을 경우 15 m까지 감축 가능 • 주위 한계선 색상 : 백색, 너비 : 38 cm		
주변 장애물	• 중심부터 반경 12 m 이내에 이착륙 장애 없도록 할 것 건축물·공작물·조경·난간 설치금지		
중앙 부분	지름 8 m 이상 백색표지	"H"표지 선 너비	38 cm
		"O"표지 선 너비	60 cm
출입문	• 비상문 자동개폐장치 설치		

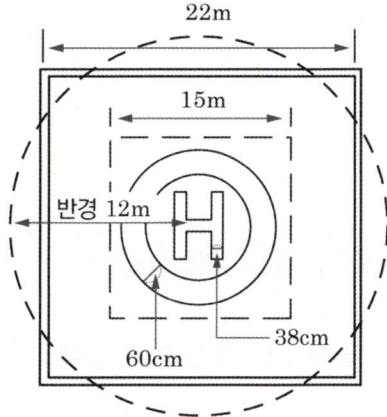

4) 인명구조공간 : 직경 10 m, 헬리포트 준용

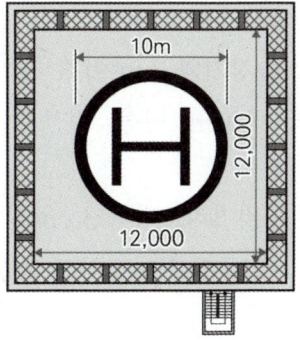

5) 대피공간 : 암 면구출내조연통

구분	경사지붕 대피공간 설치기준
면적	지붕 수평투영면적의 10분의 1 이상
구획	다른 부분과 내화구조의 바닥 및 벽 구획
출입구	유효너비 0.9 m 이상, 60분+ 또는 60분 방화문, 비상문 자동개폐장치 설치
내부마감	불연재료
조명	예비전원으로 작동되는 조명설비 설치
연결	특별피난계단 또는 피난계단과 연결
통신시설	관리사무소 등과 긴급 연락 가능할 것

※ 비상문자동개폐장치 설치대상
옥상광장, 헬리포트, 인명구조공간, 대피공간, 아파트 연면적 1천 m² 이상, 다중이용건축물

건물 출구

14 건축물 바깥쪽으로의 출구

1) 피난층 계단 - 출구 거리 : 직통계단과 동일
2) 피난층 거실 - 출구 거리 : 상기의 2배
3) 회전문 설치기준
    ⑴ 계단, 승강기와 2 m 이격
    ⑵ 문 폭 140 cm 이상, 회전 수 8 회/min 이하
    ⑶ 틈새 이격거리 : 바닥 3 cm, 측면 5 cm
    ⑷ 틈새는 고무펠트 마감하고 안전장치 구비

15 대지 안의 피난 및 소화에 필요한 통로

1) 너비

단독주택	0.9 m 이상
바 500 m² 이상 문집종위례	3 m 이상
그 밖	1.5 m 이상

2) 필로티 통로 2 m 이상인 경우 단차를 두거나 자동차 진입 억제용 말뚝 설치
3) 소방차 접근 통로 : 다중/준다중이용건축물, 11층 이상 건축물의 경우 필요

기타

16 종합방재실

1) 대상 : 초고층, 지하연계복합건축물
2) 설치기준 : 암 일백, 1피공, 이거소화
   ⑴ 종합방재실 개수 : 1개(100층 이상 시 추가)
   ⑵ 종합방재실 위치

구분	설치위치
1층 또는 피난층	• 특별피난계단 출입구부터 5 m 이내 설치 경우에는 지상 2층 또는 지하 1층 설치 • 공동주택인 경우에는 관리사무소 내에 설치한다.
이동용이	비상용 승강장, 피난 전용 승강장 및 특별피난계단으로 이동하기 쉬운 곳
거점역할	재난정보 수집 및 제공, 방재 활동의 거점 역할을 할 수 있는 곳

구분	설치위치
소방대 접근	소방대가 쉽게 도달할 수 있는 곳
화재 침수	화재 및 침수 등으로 인하여 피해를 입을 우려가 적은 곳

3) 구조, 면적 : 암 방부출통 2 / 3 / 4 / 7
   (1) 다른 부분과 **방**화구획(다른 제어실의 감시 위해 망입유리 붙박이창 설치 가능(두께 7 mm 이상, 면적 4 m² 미만)
   (2) 인력 대기 및 휴식 등을 위하여 종합방재실과 방화구획된 **부**속실 설치할 것
   (3) 면적은 20 m² 이상으로 할 것
   (4) 출입문에는 **출**입 제한 및 **통**제 장치 설치
   (5) 재난 발생 시 소방대원의 지휘 활동에 지장이 없도록 설치할 것
   상주인원 3명 이상

4) 설치기준 : 암 조급배, 상예전, 공조환, 전제저, 지풍속, 소UC

조명설비(예비전원 포함) 및 급수·배수설비
상용전원과 예비전원의 공급을 자동 또는 수동으로 전환하는 설비
급기·배기설비 및 냉방·난방 설비 (공조, 환기설비)
전력 공급 상황 확인 시스템
공기조화·냉난방·소방·승강기 설비의 감시 및 제어시스템
자료 저장 시스템, 소화 장비 보관함 및 무정전 전원공급장치
지진계 및 풍향·풍속계(초고층 건축물만)
소화설비, 무정전전원공급장치(UPS), 감시와 방범·보안을 위한 CCTV

17 NFPA 101, Life Safety Code

1) 인명안전 기본 요구사항 : 암 다안적피 경조 수관

다중안전장치	경보, 조명
안전장치 적절성	수직 개구부 방호
피난 접근로 (Means of Egress)	유지 관리

2) Means of Egress 구분
   (1) Exit Access : 거실, 복도, 출구, 통로
   (2) Exit : 계단, 피난용승강기, 피난로 출구 등
   (3) Exit Discharge : 건물 바깥쪽 출구, 공공도로

3) Exit Access 보호
   (1) 30명을 초과하는 인원을 수용할 수 있어야 함
   (2) 복도는 내화성능 1시간 이상의 비내력 방화벽으로 구획
   (3) 최소한 양방향 경로 설정

4) Exit 보호
   (1) 피난계단에 연결된 층수로 내화성능 결정
      ① 4층 이상 : 2시간 이상 내화성능
      ② 3층 이하 : 1시간 이상 내화성능
   (2) 마감재는 불연, 준불연재
      ① 천장, 벽체 : Class A or B
      ② 바닥마감 : Class II 이상

5) Exit Discharge 보호
   (1) 원칙적으로 피난통로는 옥외로 직결
   (2) 다음 조건 만족 시 1층 경유 가능
      ① 직통출구는 출구 바깥에서 잘 보여야 하며, 방해 없이 외부로 연결
      ② 피난층 전체는 자동식 SP로 방호. SP 없는 곳과는 방화구획

③ 피난층 전체는 피난통로에 필요한 내화성능으로 구획

6) 피난로의 설계

(1) 피난로의 개수

최소 2개	500명 이상 3개	1,000명 이상 4개

(2) 피난로의 배치 : 2개 이상의 피난구는 건물 장변 대각선 1/2 이상 이격

(3) 보행거리의 제한
- ① Common Path : 용도, 높이, 보일러실 경유 등에 따라 다양
- ② Dead End : SP 미설치 시 6 m 이내, SP 설치 시 15 m 이내

(4) 최대보행거리
SP 설치 시 60 m. 미설치 시 45 m 이내

(5) 피난로의 잠식
- ① 출입문 크기는 피난로 통로의 1/2 이상
- ② 장식품, 장애물의 폭을 제한

(6) 용량 계산
- ① 피난로의 너비 = 바닥면적 × 거주밀도 × 1인당 필요 폭(용량계수)
- ② 하부층은 상부층 누적인원의 수용량 이상

7) Exit Discharge : 다른 건물로 들어가는 구조 ×

CHAPTER 5

소방관계법규

5 소방관계법규

소방기본법

1 소방용수시설, 비상소화장치

1) 소방용수시설 : 소화전, 급수탑, 저수조
2) 비상소화장치 : 화재예방강화지구(화재경계지구) 및 소방차 진입이 곤란한 지역 등 초기 대응이 필요한 지역으로 시도지사가 지정 설치
3) 소방용수시설 급수 → 비상소화장치 사용
4) 소방용수시설 설치기준
   ⑴ 공통 : 소방대상물과의 수평거리
   ⑵ 주거, 상업, 공업지역 : 100 m 내
   ⑶ 그 외 : 140 m 내
   ⑷ 소화전 : 상수도와 연결, 지하/지상식
      호스 연결부 65 A
   ⑸ 급수탑 : 구경 100 A 이상,
      개폐밸브 높이는 1.5 ~ 1.7 m
   ⑹ 저수조 : 낙차 4.5 m 이하
      흡수부 수심 0.5 m 이상
      흡수관 투입구 D = 60 cm 이상
      자동급수구조, 펌프 접근 용이
      토사제거설비 갖출 것
5) 비상소화장치 설치기준
   ⑴ 표지 설치
      ① 지하 : 맨홀 뚜껑에 설치
      ② 지상 : 별도 지상식 표지 설치
   ⑵ 그 외 소방검정 호스, 관창, 함 설치

2 소방자동차 전용구역

1) 설치대상 : 100세대 이상 아파트, 3층 이상 기숙사(단일 동 + 편도 2차선 이상 도로에 접하면 제외)
2) 설치기준
   ⑴ 장소 : 동별 전면 또는 후면에 1개소 이상
      하나의 구역에 여러 동 겸용 가능
   ⑵ 노면 외곽 : 두께 30 cm 빗금무늬,
      50 cm 간격 설치
   ⑶ 색체 : 외곽은 황색, 문자는 백색

소방시설공사업법

3 성능위주설계 자격/인력

자격	기술인력
1. 전문 소방시설설계업 등록한 자 2. 전문 소방시설설계업 등록기준에 따른 기술인력을 갖춘 연구기관 또는 단체	소방기술사 2인 이상

4 시공

1) 착공신고 대상
   (1) 소방시설 신설 공사
       예외 : 겸용설비의 경우
   (2) 증설 공사(방호 / 경계 / 제연 / 살수 / 송수 / 회로)
   (3) 수신반, 소화펌프, 동력(감시)제어반 개설, 이전, 정비 공사(긴급한 경우 면제)

2) 완공검사
   (1) 감리자 지정 : 공사감리 결과보고서로 갈음
   (2) 아래의 경우 : 현장확인 대상
       ① 문집종판 노련숙 다중 등
       ② S/P 또는 물분무등 설치 시
       ③ 연 1만 m^2 이상 또는 11층 이상(APT 제외)
       ④ 지상 노출 가연성가스탱크 1천 TON 이상
   (3) 부분완공검사 : 소방대상물 일부분의 소방시설공사를 마친 경우로서 전체 시설이 준공되기 전에 부분적으로 사용할 필요가 있는 경우 신청 가능

5 감리

1) 감리 수행 업무
   (1) 법 : 암 설피방실
   (2) 합 : 암 설변용샵
   (3) 공사업자 시공 지도감독 + 성능시험

구분	수행업무
적법성 검토	• 소방시설등의 **설**치계획표의 적법성 검토 • **피**난시설 및 방화시설의 적법성 검토 • **실**내장식물의 불연화, **방**염 물품의 적법성 검토
적합성 검토	• 소방시설등 **설**계도서의 적합성 검토 • 소방시설등 설계 **변**경 사항의 적합성 검토 • 소방**용**품의 위치, 규격, 사용 자재 적합성 검토 • 공사업자의 시공 상세 도면(**샵**도면)의 적합성 검토
지도·감독	• 공사업자가 한 소방시설 등의 시공이 설계도서 및 NFSC에 맞는지에 대한 지도·감독
성능 시험	• 완공된 소방시설등의 성능시험

2) 감리원 세부 배치기준

책임	보조	현장기준
소방 기술사	초급	• 연면적 20만 m^2 이상 • 40층 이상(지하층포함)
특급	초급	• 연면적 3만 ~ 20만 m^2 미만 (아파트제외) • 16층 이상 40층 미만 (지하층포함)
고급	초급	• 물분무등 소화설비(호스릴방식 제외) 또는 제연 설비 설치 • 연면적 3만 ~ 20만 m^2 미만인 아파트공사
중급		• 연면적 5천 m^2 이상 3만 m^2 미만
초급		• 연면적 5천 m^2 미만 • 지하구의 공사 현장

⑴ 상주 공사감리 : 연면적 3만 m² 이상(APT 제외) 또는 지하층 포함 16층 + 500세대 이상인 APT
⑵ 일반 공사감리 : 상주 공사감리 외의 공사 주 1회 이상 배치, 5개 현장까지 가능 (총 합계 연 10만 m² 이하)
⑶ 1일 이상 현장 이탈 시
　① 감리일지 등에 기록 + 발주자 확인
　② 업무대행 배치
　　· 상주감리 : 책임감리 동등 이상 또는 해당 현장 보조감리원
　　· 일반감리 : 동등 이상, 주 2회 이상 업무 수행

3) 감리원 배치기간
⑴ 소방시설공사 착공일 ~ 완공검사증명서 발급일까지
⑵ 공사가 중단된 기간에 감리원을 배치하지 않을 수 있는 경우 암 민계중 예발천요
　① **민**원, **계**절적 요인으로 **중**단
　② **예**산, **발**주자 책임 사유, **천**재지변
　③ **요**발주자 요청

4) 감리 결과보고서
⑴ 소방시설 성능시험조사표
⑵ 착공 후 변경된 소방도서
⑶ 소방공사 감리일지
⑷ 건축 사용승인 신청서

6 분리도급

1) 원칙
⑴ 발주자는 소방시설 도급 시 해당 소방시설업자에게 도급하여야 한다.
⑵ 소방공사는 다른 업종의 공사와 분리도급

2) 예외 : 일괄도급 가능한 경우
⑴ 재난 발생으로 긴급하게 착공하는 공사
⑵ 국방 및 국가안보 기밀 유지 공사
⑶ 착공신고 예외대상인 공사
⑷ 연 1천 이하 특정소방대상물에 비경 설치 시
⑸ 관급공사의 대안입찰 또는 일괄입찰, 기술제안입찰인 경우
⑹ 문화재 및 재개발, 재건축으로 공사 성질상 분리도급이 곤란하다고 소방청장이 인정 시

3) 하도급이 가능한 경우(시공에만 해당)
⑴ 조건 : 소방시설공사업사업자가 주택건설사업, 건설업, 전기공사업, 정보통신공사업을 함께 하는 경우
⑵ 하도급 가능 공사 : ⑴의 업자가 소방시설공사와 해당 사업공사를 함께 도급받은 경우 도급받은 소방시설공사의 일부를 다른 공사업자에게 하도급할 수 있음
⑶ 제한 : 해당 하도급을 다시 하도급은 불가

소방시설법

7 건축허가 시 소방본부장, 서장 동의 대상

1) 동의대상
　신축, 증축, 개축, 재축, 이전, 용도변경, 대수선 시

2) 용도 및 면적기준 : 암 연4, 학 노련 정장의 1 2 3
　→ 연면적 400 m²
　　학교 100 m²

노유자 및 수련시설 200 m²
정신의료기관 및 장애인 의료재활시설 300 m²

3) 암 지무바 150 이상(공연장 100)
   → 지하층 무창층 바닥 150 m² 이상 층
   (공연장 100 m²)

4) 암 차주 200 기 20
   → 차고 주차장 바닥 200 m² 이상 층
   기계식 주차시설 20대 이상

5) 6층 이상 건축물

6) 항공기 관련 시설 등

7) 입원실 의원, 조산원, 산후조리원, 지하구, 전기저장시설, 위험물시설, 노인, 아동 관련 시설

8) 노유자시설(200 m² 미만, 노인 관련 시설, 한센)

9) 요양병원(의료재활시설 제외)

10) 공장, 창고 특수가연물 지정수량 750배 이상

11) 지상 노출 가스탱크 합계 100 TON 이상

8 성능위주설계

1) 정의 : 건축물 등의 재료, 공간, 이용자, 화재 특성 등을 종합적으로 고려하여 공학적 방법으로 화재 위험성을 평가하고 그 결과에 따라 화재안전성능이 확보될 수 있도록 특정소방대상물을 설계하는 것(ASET > RSET)

2) 대상 : 암 20만(APT ×), 지포30층 특정(APT ×), 50층 APT, 3만 철도공, 창고 10만 or B2F 이상으로 지바 3만, 영상 10개, 지하연계복, 수저터널 or 5천m 터널

⑴ 연면적 20만 m² 이상인 특정소방대상물 다만 공동주택 중 주택으로 쓰이는 층수가 5층 이상인 주택(아파트 등)은 제외한다.

⑵ 다음 각 목의 특정소방대상물

층수	높이(지상)	대상물	지하층
50층 이상	200 m 이상	아파트등	층수 제외
30층 이상	120 m 이상	그 외	층수 포함

⑶ 연면적 3만 m² 이상 철도, 도시철도 시설, 공항시설

⑷ 창고시설 중 연면적 10만 m² 이상인 것 또는 지하층의 층수가 2개 층 이상이고 지하층의 바닥면적 합계가 3만 m² 이상인 것

⑸ 하나의 건축물에 영화상영관이 10개 이상인 특정소방대상물

⑹ 지하연계 복합건축물인 특정소방대상물

⑺ 수저(水底)터널 또는 길이 5,000 m 이상인 터널

3) 변경신고 : 연면적, 층수, 높이가 변경 시 단, 건축허가 기준에 따른 경미한 사항의 변경 또는 신고 중 정하는 내용은 제외

4) 기술인력 : 기술사 2인 이상 또는 단체

5) 행정절차 : 심의 전 사전검토, 허가 전 신고
설계업자 ⇌ 소방서장 → 소방본부장에 요청 & 위원심의 → 소방서장에 통보 → 설계업자 통보

6) 설계절차 : 범표적성 시설개평

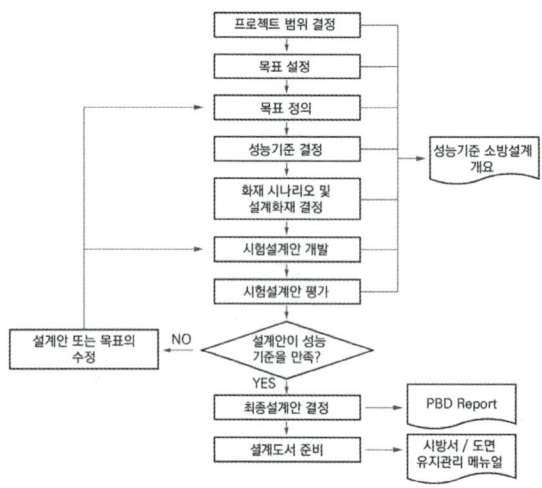

7) 성능위주설계 기준
   (1) 소방자동차 진입(통로) 동선 및 소방관 진입 경로 확보
   (2) 화재·피난 모의실험을 통한 화재위험성 및 피난안전성 검증
   (3) 건축물의 규모와 특성을 고려한 최적의 소방시설 설치
   (4) 소화수 공급시스템 최적화를 통한 화재피해 최소화 방안 마련
   (5) 특별피난계단을 포함한 피난경로의 안전성 확보
   (6) 건축물의 용도별 방화구획의 적정성
   (7) 침수 등 재난상황을 포함한 지하층 안전 확보 방안 마련

9 주택에 설치하는 소방시설 (주택용 소방시설)

1) 시설 : 소화기, 단독경보형 감지기
2) 대상 : 단독주택
3) 각 세대별 소화기 1대 + 실마다 단독경보형 감지기 1대

10 자동차에 설치 또는 비치하는 소화기

1) 차량용 소화기 비치 대상 : 5인승 이상 승용자동차 / 승합 / 화물 / 특수자동차
2) 비치 기준
   사용하기 쉬운 곳에 비치하며, 능력단위 및 설치 개수는 아래 이상
   (1) 승용차
      능력단위 1 단위(0.7 kg) 이상 소화기 1개 이상
   (2) 승합차

구분	규격, 수량	비치 위치
경형	1단위 1개	사용하기 쉬운 곳
소형 15인 이하	2단위(1.5 kg) 1개 또는 1단위 2개	11인 이상은 운전석 또는 조수석 나란한 좌석 주위에 1개 이상
중형 16~35인	2단위 2개	23인을 초과하면서 너비 2.3 m 초과는 운전석 부근에 60 × 20 cm 공간 확보하고 비치
대형 36인 이상	3단위(3.3 kg) 1개 + 2단위 1개	2층 대형승합은 위층에 능력단위 3 이상 소화기 1개 이상 추가 설치

   (3) 화물자동차

중형 이하	1단위 1개
대형 이상	2단위 1개 또는 1단위 2개

   (4) 지정수량 이상의 위험물 또는 고압가스를 운송하는 특수자동차 : 위험물안전관리법 시행규칙에 따른 수량 이상
      → 아래 중 선택하여 비치
      ① 무상의 강화액 8 L 이상 2개
      ② CO_2 3.2 kg 이상 2개

③ CF_2ClBr 2 L 이상 2개
④ CF_3Br 2 L 이상 2개
⑤ $C_2F_4Br_2$ 1 L 이상 2개
⑥ ABC 분말 3.3 kg 이상 2개

3) 소화기 능력단위

소화기 1단위는 소나무(73 × 73 cm) 90개 + 휘발유 1.5 L 연소 시 소화할 수 있는 능력을 말함

4) 차량용 소화기 기준

(1) 본체 용기 표면에 "자동차겸용" 표시
(2) 진동시험, 고온시험을 실시하여 내용물이 새거나 금가거나 파손 또는 현저한 변형이 생기지 아니하여야 함

11 증축, 용도변경 시 특례

1) 증축 : 기존 포함 전체에 대해 증축 당시 기준 적용
2) 예외
    (1) 기존과 방화구획 시
    (2) 화재 위험이 낮은 특정소방대상물 내부에 연면적 33 m^2 이하의 직원휴게실 증축하거나 캐노피를 설치하는 경우
3) 용도변경 : 용도변경 부분에 대해서만 당시의 기준 적용
4) 예외
    (1) 구조, 설비가 화재확대 요인이 적어지거나 피난 또는 진압이 쉬워지게 변경되는 경우
    (2) 고정된 가연성물질의 양이 줄어드는 경우

12 강화된 법령(대통령령·화재안전기준) 적용

소방 시설	소화기구, 비상경보설비, 자동화재탐지설비, 자동화재속보설비, 피난구조설비
특정소방 대상물	공동구, 지하구, 노유자시설, 의료시설

13 강화된 특정소방대상물의 소방시설 기준 적용

공동구, 지하구	소화기, 자동소화장치, 자동화재탐지설비, 통합감시시설, 유도등, 연소방지설비
노유자 시설	간이스프링클러설비, 자동화재탐지설비, 단독경보형 감지기
의료 시설	스프링클러설비, 간이스프링클러설비, 자동화재탐지설비, 자동화재속보설비

14 방염 : 가연물에 화염이 잘 생기지 않도록 처리

1) 이론 : 암 피가열화
   피복이론, 가스희석이론, 열역학적이론, 화학반응 이론
2) 설치대상 : 암 방-11, 문집, 종, 의, 교, 노, 련, 숙, 방통, 다, 근생 中(의, 체, 공, 종, 조, 산)
   (1) 근린생활시설 中 의원, 조산원, 산후조리원, 체력단련장, 공연장 및 종교집회장
   (2) 건축물의 옥내에 있는 시설로서 문화 및 집회시설, 종교시설, 운동시설 (수영장 제외)

(3) 의료시설

(4) 교육연구시설 중 합숙소

(5) 노유자시설

(6) 숙박이 가능한 수련시설

(7) 숙박시설

(8) 방송통신시설 中 방송국 및 촬영소

(9) 다중이용업소

(10) 층수가 11층 이상인 것(아파트 제외)

3) 방염물품

선처리 (제조·가공 공정)	암 커카벽2 전무합섬 암무영 가스 섬합소의
후처리 (벽·천장 부착)	암 종2상 합섬물 합판목 간 칸 흡방음재

(1) 선처리물품
 ① 창문에 설치하는 커튼류
   (블라인드 포함)
 ② 카펫
 ③ 벽지류 (두께가 2 mm 미만인 종이벽지 제외)
 ④ 전시용 합판·목재 또는 섬유판, 무대용 합판·목재 또는 섬유판
 ⑤ 암막·무대막 (영화상영관·가상체험 체육시설업의 스크린 포함)
 ⑥ 섬유류·합성수지류 등을 원료로 하여 제작된 소파·의자

(2) 후처리물품
 다만 가구류(옷장, 식탁, 의자 등)와 너비 10 cm 이하 반자돌림대와 내부마감재료 제외
 ① 종이류(두께 2 mm 이상)·합성수지류 또는 섬유류를 주원료로 한 물품
 ② 합판이나 목재
 ③ 공간 구획하기 위해 설치하는 간이 칸막이

④ 흡음을 위하여 설치하는 흡음재
   (흡음용 커튼 포함)
⑤ 방음을 위하여 설치하는 방음재
   (방음용 커튼 포함)

(3) 소방본서장 권장물품
 ① 다의노숙례에서 사용하는 침구류, 소파, 의자
 ② 천장, 벽에 부착하거나 설치하는 가구류

4) 성능기준 : 암 잔염신탄접발 20 30 50 20 3 400

구분	성능기준
잔염 시간	버너의 불꽃 제거 후 불꽃 올리며 연소상태 정지 때까지의 시간 20초 이내
잔신 시간	버너의 불꽃 제거 후 불꽃 올리지 않고 연소상태 정지 때까지 시간 30초 이내
탄화 면적	탄화 면적 50 cm² 이내, 탄화길이 20 cm 이내
접염 회수	불꽃에 완전히 녹을 때까지 접촉 횟수는 3회 이상
발연량	발연량 측정하는 경우 최대연기밀도는 400 이하

5) 물품별 세부기준

물품	잔염 시간	잔신 시간	탄화 면적	탄화 길이	접염 회수	최대 연기 밀도	내 세탁성
카펫	20	-	-	10	-	400 이하	○
얇은 포	3	5	30	20	3	200 이하	○
두꺼운 포	5	20	40	20	3	200 이하	○
합성 수지판	5	20	40	20	-	400 이하	-

물품	잔염시간	잔신시간	탄화면적	탄화길이	접염회수	최대연기밀도	내세탁성
합판 등	10	30	50	20	-	400 이하	-
소파, 의자	120	120	-	최대(7) 평균(5)	-	400 이하	-

6) 발연량

$$D_S = 132\log(100/T), \quad D_S = D_m - D_C$$

7) 개선안

시료 신뢰성, 내구연한, APT 의무 등

15 무창층

1) 설치기준

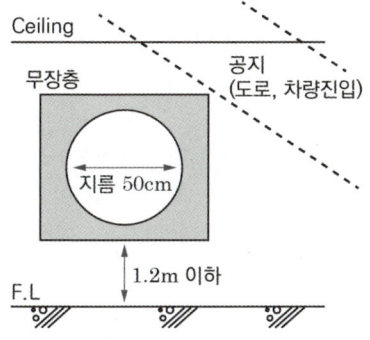

구분	세부내용
크기	개구부의 크기가 지름 50 cm 이상 원이 내접
높이	바닥면에서 개구부 밑 부분까지 1.2 m 이내
위치	도로, 차량이 진입할 수 있는 빈터를 향할 것 • 일반도로 4 m, 막다른 도로 2 m

구분	세부내용
장애물	쉽게 피난하도록 창살, 장애물 없도록 할 것
구조	내·외부에서 쉽게 부수거나 열 수 있을 것
유리	깨지기 쉬운 유리 • 일반유리 : 6 mm 이하 • 강화유리 : 5 mm 이하 • 복층유리 : 일반 6 mm, 강화 5 mm 이하

2) 소방시설 설치 무창층 바닥면적

 (1) 옥내소화전설비 : 600 m² 이상
 (2) 스프링클러설비 : 1,000 m² 이상
 (3) 비상경보설비 : 150 m² 이상
 (4) 비상조명설비 : 450 m² 이상
 (5) 제연설비 : 근생, 판, 수, 숙, 위, 의, 노, 창 바닥 1,000 m² 이상

16 형식승인, 성능인증, KFI 인정

구분	형식승인	성능인증
법적용	법정의무 (인증을 받아야 한다)	법정임의 (인증을 할 수 있다)
내용	소방법령에서 정하는 소방용품의 형상, 구조, 재질 성분 및 성능 등이 기준에 적합한지 여부를 검사하여 시험 및 승인	
시험시설	시험시설 기준에 맞는 시험시설	
제출시료	견본품	

구분	형식승인	성능인증
품명	소화기, 소화약제, 유도등, 비상조명등, 감지기, 발신기, 중계기, 수신기, 스프링클러헤드, 소화전, 완강기 등	축광표지, 예비전원, 비상콘센트설비, 표시등, 소화전함, 스프링클러설비 신축배관, 소방용 전선, 합성수지배관, 공기안전매트, 속보기 등

※ KFI 인정 : 자체 임의(법 적용 ×)
  소방감압밸브, 지진분리장치, 내진스토퍼 등

화재예방법

17 특수가연물

1) 종류 : **암** 면, 나껍대, 넝종사볏, 가고, 석목, 가액, 목나, 고플(발그), 200, 400, 1000, 3000, 10000, 2, 10, 20, 3000

품명		수량(이상)
면화류		200 kg
나무껍질 및 대팻밥		400 kg
넝마 및 종이부스러기, 사류, 볏짚류		1,000 kg
가연성 고체류		3,000 kg
석탄·목탄류		10,000 kg
가연성 액체류		2 m³
목재가공품 및 나무부스러기		10 m³
고무류·플라스틱류	발포시킨 것	20 m³
	그 밖의 것	3,000 kg

2) 저장 및 취급
  (1) 저장·취급하는 장소에는 품명·최대수량 및 화기취급 금지 표지 설치
  (2) 저장할 때 품명별로 구분하여 쌓을 것

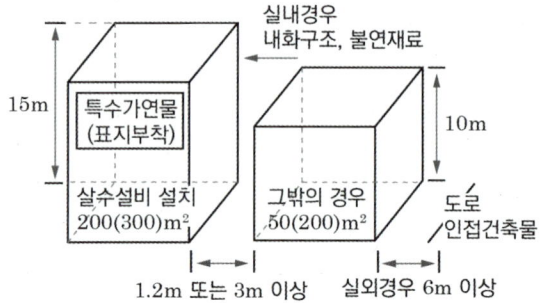

구분	살수설비 설치 (대형수동식소화기 설치)	그 밖의 경우
높이	15 m 이하	10 m 이하
쌓는 부분 바닥면적	200 m² 이하 (석탄·목탄류 300 m²)	50 m² 이하 (석탄·목탄류 200 m²)

(3) 실외와 실내에 쌓아 저장하는 경우

저장	내용
실외	(1) 쌓는 부분이 대지경계선, 도로 및 인접 건축물과 최소 6 m 이상 이격 (2) 쌓는 높이보다 0.9 m 이상 높은 내화구조 벽체 설치경우는 제외
실내	(1) 주요구조부는 내화구조·불연재료, 다른 특수가연물과 동일 공간보관 금지 (2) 내화구조의 벽으로 분리하는 경우는 제외

(4) 쌓는 부분 바닥면적 사이

저장	내용
실외	3 m 또는 쌓는 높이 중 큰 값 이상
실내	1.2 m 또는 쌓는 높이의 1/2 중 큰 값 이상

3) 특수가연물 표지

특수가연물	
화 기 엄 금 : 백문적바	
품 명	합성수지류
최대저장수량 (배수)	000톤(00배)
단위부피당 질량 (단위체적당 질량)	000 kg/m³
관리책임자 (직 책)	홍길동 팀장
연락처	02-0000-0000

⑴ 특수가연물 표지 : 직사각형 0.3 × 0.6 m 이상

⑵ 특수가연물 표지의 색상 : 바탕 백색, 문자 검정색

⑶ "화기엄금" 표시의 색상 : 바탕 붉은색, 문자 백색

18 하나 또는 별개 건축물

1) 하나의 소방대상물

⑴ 내화구조로 된 연결통로

구분	벽이 없는 구조	벽이 있는 구조
연결통로의 길이	길이 6 m 이하	길이 10 m 이하
연결통로에 벽 있을 경우	벽 높이가 천장 높이의 1/2 미만	벽 높이가 천장 높이의 1/2 이상

⑵ 내화구조가 아닌 연결통로로 연결된 경우

⑶ 컨베이어로 연결되거나 플랜트설비의 배관 등으로 연결되어 있는 경우

⑷ 지하보도, 지하상가, 지하가로 연결된 경우

⑸ 자동방화셔터 또는 60분+ 방화문이 설치되지 않은 피트로 연결된 경우

⑹ 지하구로 연결된 경우

2) 별개의 소방대상물

⑴ 개구부가 없는 내화구조의 바닥과 벽으로 구획되어 있는 경우

⑵ 연결통로·지하구와 소방대상물 양쪽에 다음에 적합한 경우

① 화재 시 경보설비·자동소화설비의 작동과 연동하여 자동닫힘 자동방화셔터·방화문 설치

② 화재 시 자동 방수되는 드렌처설비 또는 개방형 스프링클러헤드 설치된 경우

다중이용업소법

19 비상구

1) 공통기준

구분	성능기준
설치 위치	• 주 출입구 반대방향에 설치 • 비상구는 영업장 주출입구의 반대방향에 설치 • 주 출입구부터 대각선 및 가로·세로 중 가장 긴 길이의 1/2 이상 떨어진 위치
비상구 규격	• 가로·세로 75 × 150 cm 이상 • 비상구 문틀을 제외한 길이
비상구 구조	• 비상구는 구획된 실 또는 천장을 통하는 구조가 아닌 것 • 비상구는 다른 영업장·용도시설을 경유하는 구조 아닌 것 • 층별영업장은 다른 영업장·용도시설과 불연재료의 차단벽·칸막이로 분리
문여는 방향	• 피난방향으로 열리는 구조로 할 것
문의 재질	• 주요구조부가 내화구조인 경우 비상구와 주 출입문은 방화문으로 설치

2) 복층구조 영업장

  (1) 각 층마다 피난할 수 있는 비상구를 설치할 것

  (2) 비상구의 문은 방화문에 따른 재질로 설치

  (3) 문 방향은 실내에서 외부로 열리는 구조

  (4) 영업장의 위치·구조가 다음의 경우는 하나의 층에 비상구 설치

    ① 건축물의 주요 구조부를 훼손하는 경우

    ② 옹벽 또는 외벽이 유리로 설치된 경우 등

3) 영업장이 4층 이하인 경우

  (1) 피난 시에 유효한 발코니·부속실을 설치, 피난기구를 설치할 것

피난기구 설치장소	피난기구 설치장소의 규모 [단위 : 이상]
발코니	가로·세로 75 × 150 cm, 난간높이 100 cm, 활하중 5 kN/m², 면적 1.12 m²
부속실	가로·세로 75 × 150 cm, 면적 1.12 m²

  (2) 부속실 설치 시 입구문과 외부로 나가는 문은 비상구 규격으로 할 것

    다만 120 cm 이상의 난간 있는 경우 발판 등을 설치하고, 외부로 나가는 문은 가로·세로 75 × 100 cm 창호로 설치

  (3) 추락방지 대책

    ① 발코니·부속실 문 개방 시 경보음 울림 장치설치, 추락위험 표지를 문에 부착

    ② 부속실에서 외부로 나가는 문 안쪽에는 기둥·바닥·벽 등의 견고한 부분에 탈착 가능한 쇠사슬·안전로프 등을 바닥에서 120 cm 이상 높이에 가로로 설치(120 cm 이상 난간설치 시 제외)

20 영업장 내부 피난통로

1) 내부 피난통로의 폭은 120 cm 이상으로 할 것. 다만 양 옆 구획실 있는 경우 출입문이 피난통로방향으로 열리는 경우 150 cm 이상 설치

2) 구획실부터 추 출입구·비상구까지 내부피난통로구조가 세 번 이상 구부러지지 않도록 함

21 화재위험평가

1) 대상

  (1) 2,000 m² 지역 안에 다중이용업소가 50개 이상 밀집하여 있는 경우

  (2) 5층 이상인 건축물로서 다중이용업소가 10개 이상 있는 경우

  (3) 하나의 건축물에 다중이용업소 사용 영업장 바닥 합계가 1,000 m² 이상인 경우

2) 화재안전등급

등급	평가점수
A	80 이상
B	60 이상 79 이하
C	40 이상 59 이하
D	20 이상 39 이하
E	20 미만

  (1) D·E 등급 : 조치를 명함

  (2) A등급 : 화재안전조사 면제, 소방시설 일부 면제

초고층 재난관리법

22 정의

1) 초고층 건축물 : 50층 또는 높이 200 m 이상
2) 지하연계 복합건축물 : 지하부분이 지하역사 또는 지하도상가와 연결된 건축물로서 다음 각 목의 요건을 모두 갖춘 것
   (1) 층수가 11층 이상이거나 수용인원이 5천명 이상인 건축물
   (2) 건축물 안에 문집판운수 업숙유종요 용도의 시설이 하나 이상 있는 건축물
   (3) 제외 : 화재 발생 시 열과 연기의 배출이 쉬운 구조로 아래에 모두 해당 시
      ① 지하입구가 지하 연결통로 입구에서 10 m 이상 떨어져 있고 입구 사이 벽은 개구부가 없는 내화구조
      ② 지하입구와 지하 연결통로 입구 사이에 피난과 배연이 용이한 180 m² 이상의 공간 확보 (구조물 면적 제외)
      ③ 공간의 측면 또는 상부 개방 면적은 바닥면적의 1/2 이상
      ④ 공간의 옥외 피난 계단(경사로 포함) 유효 폭의 합은 1.8 m 이상
3) 총괄재난관리자 : 초고층 건축물등의 재난 및 안전관리 업무를 총괄하는 자
4) 초고층건축물등 : 초고층 + 지하연계복합

23 사전재난영향평가

1) 개념 : 초고층건축물등의 화재 및 자연재해, 테러 등 총괄적 재난에 대한 예방대책 수립

2) 대상
   (1) 초고층건축물등의 신축·증축·개축·재축·이전·대수선 시
   (2) 용도변경을 하는 경우로서
      ① 수용인원 증가로 초고층 건축물등이 되는 경우
      ② 초고층건축물등이 수용인원이 증가하는 경우
   (3) 그 외 필요하다 인정하여 고시하는 경우
3) 절차
   (1) 건축주는 시도지사에 평가 신청
   (2) 시도지사는 허가권자가 자치구청장인 경우 관할 구청장에게 통보
   (3) 시도지사는 사전재난영향성평가 위원회 심의를 거쳐 평가를 실시하고, 그 결과를 기간 내에 신청자 및 관할 구청장에게 통보
4) 심의사항
   (1) 종합방재실, 피난안전구역의 설치, 운영계획
   (2) 종합재난관리체제 구축, 운영계획
   (3) 피난시설의 설치 및 피난유도계획
   (4) 내진설계 및 계측설비 설치계획
   (5) 공간 구조 및 배치계획
   (6) 소화설비, 방화구획, 방연 배연 제연 계획, 발화 및 연소확대 방지계획
   (7) 방범, 보안, 테러대비 시설설치 및 관리계획
   (8) 지하공간 침수방지계획, 해일 대비, 대응계획
   (9) 대지 경사, 관계지역 전기, 통신, 가스 및 상하수도 매설 현황
5) 위원회 구성 : 위원장 1명, 부위원장 1명을 포함해 20명 이상 40명 이하의 위원

24 재난예방 및 피해경감계획의 수립, 시행

1) 초고층 건축물등의 관리주체는 재난예방 및 피해경감계획을 수립·시행하여야 한다.
2) 포함되어야 할 사항
   (1) 재난 및 안전관리협의회의 구성·운영에 관한 사항
   (2) 교육 및 훈련에 관한 사항
   (3) 종합방재실, 피난안전구역의 설치·운영에 관한 사항
   (4) 종합재난관리체제의 구축·운영에 관한 사항
   (5) 유해·위험물질의 관리 등에 관한 사항
   ※ 유해, 위험물질
   사람에게 유해하거나 화재 또는 폭발의 위험성이 있는 물질
   ① 유독물질, 허가물질, 제한물질, 금지물질 및 사고대비물질
   ② 위험물별 지정수량 이상의 위험물
   ③ 가연성가스 및 독성가스
   ④ 제조 등의 허가 대상 물질
   (6) 초기대응대의 구성·운영에 관한 사항
   (7) 대피 및 피난유도에 관한 사항
   (8) 재난에 취약한 사람을 위한 안전관리대책
   (9) 소방시설 설치·유지 및 피난계획
   (10) 전기·가스·기계·위험물 등에 대한 안전관리 계획
   (11) 초고층 건축물등의 층별·용도별 거주밀도 및 거주인원
   (12) 재난 및 안전관리협의회 구성·운영계획 등
3) 상기 계획 수립 시 작성 면제내용
   (1) 소방계획서
   (2) 비상대처계획
   (3) 다중이용시설 등의 위기상황 매뉴얼

특정용도의 화재안전기준

25 공동주택의 화재안전기준

1) 소화기구
   (1) 능력단위 : 바닥면적 100 m²마다 1단위 이상
   (2) 아파트 각 세대 및 공용부(승강장, 복도 등)마다 설치
   (3) 아파트 등의 주방에는 부속용도별로 추가하여야 할 소화기구를 설치하지 아니할 수 있다.
   (4) 아파트 등의 경우 소화기의 감소 규정을 적용 ✕
2) 주거용 자동소화장치
   아파트 등에는 열원(가스, 전기)의 종류에 적합한 것으로 설치하고, 열원 차단장치를 설치
3) 스프링클러설비
   (1) 기준개수 및 수원

기준개수	대상	수원
10개	• 아파트 등인 경우 • 세대 최대 헤드개수 < 기준개수인 경우 세대 최대 헤드개수 가능	기준개수 × 1.6 m³ 이상
30개	• 아파트 등의 각 동이 지하주차장으로 연결된 경우	

   (2) 합성수지배관 적용
   아파트등의 경우 화장실 반자 내부에는 소방용 합성수지배관으로 배관을 설치할 수 있다(배관 내부에 소화수가 채워진 상태유지 시).

(3) 방호구역

하나의 방호구역은 2개 층에 미치지 아니하도록 할 것(복층형 구조는 3개 층 이내 가능)

(4) 헤드 설치

구분	내용
수평거리	2.6 m 이하
외벽 창문	• 외벽에 설치된 창문에서 0.6 m 이내에 헤드 배치 • 헤드의 수평거리 내에 창문이 모두 포함 • 예외기준 드렌처설비 설치, 창문과 창문 사이의 수직부분이 내화구조로 90 cm 이상 이격, 방화판 또는 방화유리창 설치, 발코니가 설치
헤드형식	거실에는 조기반응형 스프링클러헤드를 설치
대피공간	대피공간에는 헤드를 제외 가능
소규모 공간	여건상 헤드와 장애물 사이에 60 cm 반경을 확보하지 못하거나 장애물 폭의 3배를 확보하지 못하는 경우에는 살수방해가 최소화되는 위치에 설치 가능(실외기실 등)

4) 자동화재탐지설비

구분	내용
감지기	• 아날로그방식의 감지기, 광전식 공기흡입형 감지기 또는 인정된 것 • 세대 내 거실에는 연기감지기를 설치 • 감지기 회로 단선 시 고장표시가 되며, 해당 회로에 설치된 감지기가 정상 작동될 수 있는 성능을 갖도록 할 것
발신기	복층형 구조인 경우 출입구가 없는 층에 발신기 제외가능

5) 피난기구

(1) 아파트 등의 경우 각 세대마다 설치할 것

(2) 피난기구를 설치하는 개구부는 서로 동일직선상이 아닌 위치에 있을 것(엇갈리게는 가능)

(3) 공기안전매트

① 관리주체의 구역마다 공기안전매트 1개 이상

② 다만 옥상으로 피난이 가능하거나 수평 또는 수직 방향의 인접세대로 피난할 수 있는 구조인 경우에는 추가로 설치하지 아니할 수 있다.

(4) 승강식 피난기 및 하향식 피난구용 내림식 사다리 방화구획된 장소(세대 내부)에 설치 시 해당 장소를 대피실로 간주하여 제외 가능

(5) 갓복도식 공동주택 또는 대피공간 면제기준에 해당 시 피난기구 제외 가능

6) 연결송수관설비

(1) 방수구

구분	내용
설치층	• 층마다 설치 • 다만 아파트 등의 1층과 2층(피난층, 직상층)에는 설치 제외 가능
설치 위치	• 아파트 등의 경우 계단의 출입구(계단 2 이상 시 1개 계단)으로부터 5 m 이내
수평 거리	• 50 m 이하
구형	• 쌍구형 적용(아파트는 단구형 가능)

(2) 펌프

층별 방수구 수량	펌프의 토출량	
	일반	계단식 아파트
3개 이하	2,400 lpm	1,200 lpm
4개	3,200 lpm	1,600 lpm
5개 이상	4,000 lpm	2,000 lpm

7) 기타 기준

구분	내용
옥내 소화전	• 호스릴 방식으로 설치할 것 • 복층형 구조인 경우에는 세대의 출입구가 설치된 층에만 방수구를 설치
비상 방송	• 확성기는 각 세대마다 설치할 것 • 아파트등의 경우 실내에 설치하는 확성기 음성입력은 2 W 이상
옥외 소화전	기동장치는 기동용수압개폐장치 또는 이와 동등 이상의 성능이 있는 것을 설치
유도등	• 일반 : 소형 피난구유도등 설치(세대는 유도등 제외) • 주차장 : 중형 피난구유도등 설치 • 옥상출입문 : 대형 피난구유도등 설치 • 내부구조가 단순하고 복도식이 아닌 층인 경우 아래사항은 미적용 가능 　① 피난구유도등의 면과 수직 추가 설치 　② 복도통로유도등을 입체형이나 바닥설치
비상 조명등	• 각 거실로부터 지상에 이르는 복도 계단 및 그 밖의 통로에 설치 • 공동주택의 세대 내에는 출입구 인근 통로에 1개 이상 설치
제연 설비	부속실을 단독 제연 시 승강장과 면하는 옥내 출입문만 개방한 상태로 방연풍속을 측정 할 수 있다.
비상 콘센트	• 설치위치 : 아파트 등의 경우 계단의 출입구(계단이 2 이상 있는 경우 그 중 1개의 계단)로부터 5 m 이내에 설치 • 수평거리 : 50 m 이하

26 창고시설의 화재안전기준

1) 스프링클러설비

(1) 방식 : 라지드롭형 스프링클러헤드를 습식으로 설치

(2) 건식스프링클러설비 가능한 경우
　① 냉동창고 또는 영하의 온도로 저장하는 냉장창고
　② 창고시설 내에 상시 근무자가 없어 난방을 하지 않는 창고시설

(3) 랙식 창고
　① 라지드롭형 SP헤드를 설치. 랙 높이 3 m 이하마다 설치(수평거리 15 cm 이상의 송기공간이 있는 랙식 창고에는 헤드를 송기공간에 설치 가능)
　② 천장 높이가 13.7 m 이하인 랙식 창고의 경우 ESFR 스프링클러를 설치 가능
　③ 적층식 랙을 설치하는 경우 적층식 랙의 면적은 방호구역 면적으로 포함

(4) 수원
　(1) 저수량 : 설치개수가 가장 많은 방호구역의 설치개수
　(30개 이상 30개) × 3.2 m³
　(랙식 창고는 9.6 m³ 이상)
　(2) ESFR 스프링클러설비 적용 시 ESFR 기준 적용

(5) 가압송수장치

구분	내용
방수압	0.1 Mpa 이상
방수량	160 L/min 이상으로서 기준개수의 모든 헤드로부터의 방수량을 충족시킬 수 있는 양 이상인 것
랙식 창고	ESFR 스프링클러설비를 설치하는 경우 화재조기진압용 스프링클러 화재안전 성능 및 기술기준에 따른다.

(1) 배관
　① 한쪽 가지배관에 설치되는 헤드의 개수는 4개 이하(반자로 인한 상하향식의 경우는 반자 아래에 4개)
　② ESFR 스프링클러설비를 설치하는 경우에는 그렇지 않다.

(2) 헤드
　① 라지드롭형 SP헤드를 설치 시 수평거리
　　• 특수가연물 저장 또는 취급 하는 창고는 1.7 m 이하
　　• 그 외 창고는 2.1 m 이하
　　• 내화구조로 된 경우 2.3 m 이하
　② ESFR 스프링클러설비 적용 시 ESFR 기준 적용
(3) 드렌처설비
　연소할 우려가 있는 개구부에 드렌처 설치
(4) 비상전원
　① 자가발전설비, 축전지설비, 전기저장장치
　② 일반 - 20분 이상, 랙식 창고 - 60분 이상

2) 비상방송설비
(1) 창고시설에서 발화한 때에는 전 층에 경보
(2) 감시상태 60분 작동 30분 이상 경보할 수 있는 축전지설비 또는 전기저장장치를 설치

3) 자동화재탐지설비

구분	내용
표시	• 감지기 작동 시 해당 감지기의 위치가 수신기에 표시
영상정보처리기기	• 영상정보처리기기를 설치하는 경우 수신기는 영상정보의 열람·재생 장소에 설치
스프링클러설비 대상 창고인 경우	• 아날로그방식의 감지기 또는 광전식 공기흡입형 감지기를 설치
경보	• 화재 시 전 층 경보
비상전원 방식	• 축전지설비, 전기저장장치
비상전원 용량	• 감시상태 60분간 지속 후 유효하게 30분 이상 경보

4) 유도등
(1) 피난구유도등과 거실통로유도등은 대형으로 설치
(2) 피난유도선은 연면적 15,000 m² 이상, 지하층 및 무창층인 경우
　① 광원점등방식으로 바닥으로부터 1 m 이하높이설치
　② 각 층 직통계단 출입구로부터 건물 내부 벽면으로 10 m 이상 설치
　③ 화재 시 점등되며 비상전원 30분 이상

5) 소화수조 및 저수조
저수량은 특정소방대상물의 연면적을 5,000 m²로 나누어 얻은 수에 20 m³를 곱한 양 이상

27 도로터널 화재안전기술기준

1) 옥내소화전

수원	• 설치개수 2개(4차로 이상 3개) × 40분
방수구	• 주행차로 우측 50 m 이내 간격 설치 • 양방향 편도 2차선 또는 일방향 4차로 이상은 양쪽 측벽에 각각 50 m 이내 간격으로 엇갈려서 설치
펌프	• 기준개수 2개, 4차로 이상은 3개 • 방수량 190 L/min • 방수압 0.35 Mpa
함	• 방수구 1개, 15 m 이상 소방호스 3본 이상, 방수노즐 비치 • 방수구 : 40 mm 구경의 단구형, 바닥에서 1.5 m 이하 높이에 설치
전원	• 비상전원 40분 용량 이상
기타	• 펌프 방식의 경우 예비펌프 설치

2) 물분무 소화설비

수원	• 1개 방수구역은 25 m 이상, • 3개 방수구역을 동시에 40분 이상 방수할 수 있는 용량
방수량	• 6 L/min·m² 이상
전원	• 비상전원 40분 용량 이상

3) 자동화재탐지설비
  (1) 터널에 설치할 수 있는 감지기
    ① 차동식 분포형 감지기
    ② 정온식 감지선형 감지기(아날로그 방식)
    ③ 중앙기술심의위원회에서 인정된 감지기
  (2) 감지기의 설치기준
    ① 감지기의 감열부 간의 이격거리 : 10 m 이하
    ② 감지기와 터널 좌, 우측 벽면과 이격거리 : 6.5 m 이하
    ③ 아치형 천장구조의 터널에 감지기 설치

1열	• 감열부 간의 이격거리를 10 m 이하 • 아치형 천장의 중앙 최상부에 설치
2열	• 감열부 간의 이격거리를 10 m 이하 • 감지기 간의 이격거리는 6.5 m 이하

    ④ 감지기를 천장 면에 설치하는 경우 : 감지기가 천장 면에 밀착되지 않도록 고정금구 등을 사용하여 설치
    ⑤ 그 외 형식승인, 시방서에 따라 설치
  (3) 경계구역
    ① 하나의 경계구역의 길이는 100 m 이하
    ② 경계구역과 방호구역은 일치시킬 것

4) 제연설비
  (1) 설계
    ① 설계화재강도 : 20 MW
    ② 연기발생률 : 80 m³/s
    ③ 배출량 : 발생된 연기와 혼합된 공기를 충분히 배출할 수 있는 용량 이상
    ④ 위험도분석 : 화재강도가 설계화재강도보다 높을 것으로 예상되는 경우 위험도분석을 통해 설계화재강도 설정
  (2) 설치기준
    ① 종류환기방식의 경우 제트팬의 소손을 고려하여 예비용 제트팬을 설치
    ② 횡류환기방식(또는 반횡류 환기방식) 및 대배기구 방식의 배연용 팬은 덕트의 길이에 따라서 노출온도가 달라질 수 있으므로 수치해석 등을 통해서 내열온도 등을 검토한 후에 적용
    ③ 대배기구의 개폐용 전동모터는 정전 등 전원이 차단되는 경우에도 조작상태를 유지
    ④ 화재에 노출이 우려되는 제연설비와 전원공급선 및 제트팬 사이의 전원 공급장치 등은 섭씨 250도의 온도에서 60분 이상 운전상태를 유지
  (3) 기동
    화재감지기 또는 수동조작스위치의 동작 등에 의하여 자동 및 수동으로 기동
  (4) 비상전원 : 60분 이상 작동

28 도로터널 방재·환기시설 설치 및 관리지침

1) 방재시설 설치계획
  (1) 연장등급 및 방재등급별 기준

방재 등급	터널 연장(L) 기준	위험도지수(X) 기준
1	3,000 m 이상 (L ≧ 3,000 m)	X > 29

방재등급	터널 연장(L) 기준	위험도지수(X) 기준
2	(1,000 ≦ L < 3,000 m)	19 < X ≦ 29
3	(500 ≦ L < 1,000 m)	14 < X ≦ 19
4	(L < 500)	X ≦ 14

※ 방음터널의 경우 3, 4등급의 연장등급은 500 m가 아닌 250 m

(2) 위험도지수 계산 시 고려사항
   ① 주행거리계(터널연장 × 교통량)
   ② 터널제원(종단경사, 터널높이, 곡선반경)
   ③ 대형차혼입률
   ④ 위험물의 수송에 대한 법적규제(대형차 통과대수, 위험물수송 시스템 등)
   ⑤ 정체정도(터널 내 합류, 터널전방 교차로 등)
   ⑥ 통행방식(대면통행, 일방통행)

2) 종류식 및 횡류식 제연설비의 비교

구분	횡류식 (또는 반횡류식)	종류식
연기 제어 개념	• 배연 (Exhaust Smoke)	• 제연 (Smoke Control)
적용 터널	• 대면통행 터널 • 장대터널	• 일방통행 터널 • 소규모 터널
용량 산정 고려 사항	• 연기발생량 및 연기의 확산을 억제하는 풍량에 의해서 배연량을 결정	• 임계풍속을 유지할 수 있도록 제트팬 설치 대수 결정

구분	횡류식 (또는 반횡류식)	종류식
성능 향상 방안	• 대배기구방식에 의한 집중배기 시스템 • 배기구의 개폐조절을 위한 전동댐퍼의 설치	• 일정 간격으로 수직갱 또는 배연용 덕트를 설치 • 구간 배연을 통해 연기의 배기능력 증대
특징	• 연기 및 열기류의 방향성 제어가 곤란 • 대규모 화재 시 성능 미달 우려	• 열기류의 유동방향 제어가 용이 • 터널 길이가 긴 경우 제어 실패 우려

3) 횡류식, 종류식 제연 시 고려사항
   (1) 횡류식의 배연용량 계산
      ① 설계화재강도 : 20 MW 이상
         연기발생량 : 80 m³/s 이상
      ② 차량별 설계화재강도 및 연기발생량

적용 차종	승용차	버스	트럭	탱크롤리
화재강도 [MW]	5 이하	20	30	100
연기 발생량 [m³/s]	20	60 ~ 80	80	200

   ③ 종류식 터널 내 임계풍속
      성층화(Stratification)를 유지하며 역류(Back Layering) 없이 연기를 제어하는 최소 풍속

$$V_{rc} = K_g F_{rc}^{-\frac{1}{3}} \left(\frac{gHQ}{\beta \rho_0 C_p A_r T_f} \right)^{\frac{1}{3}}$$

   g : 중력가속도 C_p : 정압비열
   β : 보정계수 T_f : 화점온도(K)
   Q : 화재강도[MW] A : 터널단면적
   K_g : 터널경사 보정계수(하향 구배일수록 증가)

H : 화점에서 터널 천장까지의 높이
 (혹은 대표직경)
ρ : 초기 공기밀도
F_{rc} : 임계 Froude 수(= 4.5)

영향인자	Back-Layering 발생
화재강도	화재강도가 클수록 발생
터널길이	길이가 길수록 발생
터널경사도	경사가 급할수록 발생
FAN 용량	팬용량이 작을 때 발생
바람의 방향	바람이 피난방향으로 불 때 발생

4) 터널 특성별 권장 제연방식

통행 방식	터널 길이	화재 시 적용 제연방식 및 방법
대면 통행 및 도시 지역	500 m 이하	• 자연환기에 의한 제연
	500 ~ 1,000 m 미만	• 기계환기에 의한 제연
	1,000 m 이상	• 횡류 또는 반횡류식 • 약 800 m 이내의 간격으로 집중배기 또는 구간배연이 가능한 시설을 설치 권장 • 2,000 m 이상은 대배기구 방식 권장
지방 지역 의 일방 통행	500 m 미만	• 자연환기에 의한 제연
	500 ~ 3,000 m 미만	• 위험도지수 등급 3등급 이하 : 자연환기방식 • 위험도지수 등급 2등급 이상 : 기계환기방식
	3,000 m 이상	• 집중배기방식이나 대배기구 방식 등 구간 배연시스템 권장

29 지하구 화재안전기술기준

1) 소화기구 및 자동소화장치
  (1) 소화기 중량은 7 kg 이하
  (2) 사람이 출입할 수 있는 출입구(환기구, 작업구를 포함한다) 부근에 5개 이상 설치
  (3) 바닥면으로부터 1.5 m 이하의 높이에 설치
  (4) 조명식 또는 반사식의 표지판을 부착
  (5) 지하구 내 발전실·변전실·송전실·변압기실·배전반실·통신기기실·전산기기실 등 바닥면적 300 m^2 미만인 곳 : 자동소화장치를 설치. 물분무등소화설비를 설치한 경우에는 면제
  (6) 제어반 또는 분전반마다 가스·분말·고체에어로졸 자동소화장치 또는 유효설치 방호체적 이내의 소공간용 소화용구를 설치
  (7) 케이블접속부(절연유를 포함한 접속부에 한한다)
    ① 가스·분말·고체에어로졸 자동소화장치
    ② 중앙소방기술심의위원회의 심의를 거쳐 소방청장이 인정하는 자동소화장치

2) 자동화재탐지설비
  (1) 감지기는 먼지·습기 등의 영향을 받지 않고 발화지점(1 m 단위)과 온도를 확인할 수 있는 것
  (2) 감지기와 천장 중심부 하단과의 수직거리는 30 cm 이내 또는 형식승인, 시방서에 따를 것
  (3) 발화지점이 수신기에 표시될 것
  (4) 감지기 제외 : 상수도용 또는 냉·난방용 설비만 존재하는 부분
  (5) 발신기, 지구음향장치 및 시각경보기 제외 가능

3) 유도등

사람이 출입할 수 있는 출입구(환기구, 작업구 등)에는 적합한 크기의 피난구유도등 설치

4) 연소방지설비

(1) 배관 : 배관용 탄소강관(KS D 3507) 또는 압력배관용 탄소강관(KS D 3562) 동 등 이상

(2) 급수배관은 전용으로 할 것

(3) 배관의 기준

① 연소방지 전용헤드 사용 시 가지배관 및 교차배관의 구경

개수(EA)	1	2	3	4～5	6
구경(mm)	25	32	40	50	65

② 개방형 S/P 헤드는 NFTC 103 규약식에 따름

③ 교차배관은 가지배관 높이 이하에 설치하고 최소구경이 40 mm 이상

④ 가지배관 행거는 헤드 설치지점 사이마다 1개 이상 및 헤드 간 거리가 3.5 m를 초과하는 경우 추가. 헤드와는 8 cm 이상 간격을 둘 것

⑤ 교차배관 행거는 가지배관 사이마다 1개 이상 및 가지배관 사이 거리가 4.5 m 초과하는 경우 추가

⑥ 수평주행배관에는 4.5 m 이내마다 행거 설치

⑦ 확관형 분기배관은 성능인증 제품으로 할 것

(4) 헤드의 기준

① 천장 또는 벽면에 설치

② 헤드 간의 수평거리
  - 연소방지설비 전용헤드 : 2 m 이하
  - 개방형스프링클러헤드 : 1.5 m 이하

③ 소방대 출입 가능한 환기구·작업구마다 지하구의 양쪽방향으로 살수헤드를 설정

④ 한쪽 방향의 살수구역의 길이는 3 m 이상. 다만 환기구 사이의 간격이 700 m 초과할 경우 추가 설치. 방화벽이 있는 경우 제외

⑤ 연소방지전용헤드는 성능인증 제품으로 할 것

(5) 송수구의 기준

① 소방차가 쉽게 접근할 수 있는 노출된 장소 및 눈에 띄기 쉬운 보도 또는 차도에 설치

② 송수구 : 구경 65 mm의 쌍구형

③ 송수구로부터 1 m 이내에 살수구역 안내표지설치

④ 높이 : 0.5 m 이상 1 m 이하

⑤ 물이 잘 빠질 수 있는 위치에 자동배수밸브(또는 직경 5 mm의 배수공) 설치

⑥ 송수구 배관에는 개폐밸브 설치 금지

⑦ 이물질을 막기 위한 마개를 씌울 것

(6) 연소방지재 기준

① 지하구 내 케이블·전선 등에 설치. 단, 난연성능 충족 시 제외 가능

② 연소방지재의 난연성능 시험
  - 점화원과 가까운 부분으로부터 시료(케이블)의 아래쪽 30 cm 지점부터 부착/설치
  - 점화는 시료 아래쪽에서 실시
  - 시료의 단면적은 325 mm^2

③ 시험성적서의 유효기간은 발급 후 3년

④ 연소방지재 설치장소
  - 분기구
  - 지하구의 인입부 또는 인출부
  - 절연유 순환펌프 등이 설치된 부분
  - 기타 화재발생 위험이 우려되는 부분

⑤ 설치 간격 : 최대 350 m마다 설치

(7) 방화벽의 기준
   ① 항상 닫혀 있거나 화재 시 자동으로 닫힐 것
   ② 내화구조로서 홀로 설 수 있는 구조
   ③ 출입문은 60분+ 방화문 또는 60분 방화문
   ④ 배관 등 관통 시 내화채움구조로 마감
   ⑤ 분기구 및 국사·변전소 등 건축물과 지하구가 연결되는 부위로부터 20 m 이내 설치
   ⑥ 자동폐쇄장치 사용 시 성능인증 제품일 것

(8) 무선통신보조설비의 기준
   옥외안테나는 방재실 인근과 공동구의 입구 및 연소방지설비의 송수구가 설치된 지상에 설치

(9) 통합감시시설
   ① 소방관서와 지하구의 통제실 간에 화재 등 소방활동과 관련된 정보를 상시 교환할 수 있는 정보통신망을 구축
   ② 정보, 무선통신망은 광케이블 또는 이와 유사한 성능을 가진 선로일 것
   ③ 수신기는 지하구의 통제실에 설치 및 정보가 119 상황실 정보통신장치에 표시되도록 할 것

(2) 용접·용단(금속·유리·플라스틱 따위를 녹여서 절단하는 일을 말한다) 등 불꽃을 발생시키거나 화기(火氣)를 취급하는 작업

(3) 알루미늄, 마그네슘 등을 취급하여 폭발성 부유분진(공기 중에 떠다니는 미세한 입자를 말한다)을 발생시킬 수 있는 작업

(4) 전열기구, 가열전선 등 열을 발생시키는 기구를 취급하는 작업

(5) 그 밖에 비슷한 작업으로 소방청장이 정하여 고시하는 작업

4) 임시소방시설 종류 및 규모

구분	내용
소화기	• 화재위험작업 현장
간이소화장치	• 연면적 3,000 m² 이상 • 지하층, 무창층 또는 4층 이상 바닥면적 600 m² 이상
비상경보장치	• 연면적 400 m² 이상 • 지하층 또는 무창층 바닥면적 150 m² 이상
가스누설경보기 간이피난유도선 비상조명등	• 지하층 무창층 바닥면적 150 m² 이상
방화포	• 용접·용단 작업이 진행되는 화재위험작업현장에 설치한다.

5) 임시소방시설 면제기준
   (1) 간이소화장치 : 대형소화기 6개를 설치하거나 송수관설비 방수구 or 옥내소화전설비 동작 시
   (2) 비상경보설비 : 비상방송 또는 자탐 동작 시
   (3) 간이피난유도선 : 피난유도선, 피난구유도등, 통로유도등, 비상조명등 동작 시

30 건설현장의 임시소방시설

1) 대상 : 화재위험작업을 실시하는 건축물의 신설, 증축, 용도변경 등 공사
2) 설치 시기 : 공사장의 화재위험작업 전
3) 화재위험작업 : 암 인꽃분열고
   (1) 인화성·가연성·폭발성물질을 취급하거나 가연성가스를 발생시키는 작업

31 건설현장 화재안전기준

1) 소화기 설치기준

구분	내용
소화약제	• NFPC 101에 따른 적응성 있는 소화기
배치	• 각 층 계단실마다 계단실 출입구 부근에 능력단위 3단위 이상, 2개 이상 설치 • 화재위험작업 작업종료 시까지 작업지점으로부터 5 m 이내에 소형소화기 2개 이상과 대형소화기 1개를 추가 배치
표지	• "소화기" 축광식 표지를 설치장소의 보기 쉬운 곳에 부착

2) 간이소화장치 설치기준

구분	내용
성능	• 수원 : 20분 이상 • 방수압력 : 0.1 MPa 이상 • 방수량 : 분량 65 L/min 이상
배치	• 화재위험작업 작업종료 시까지 작업지점으로부터 25 m 이내에 배치

3) 비상경보장치 설치기준

구분	내용
설치위치	• 각 층 직통계단의 출입구마다 설치
작동	• 발신기를 누를 시 해당 발신기의 경종이 작동(다른 장소 경종과 연동 가능)
음량	• 음량은 부착된 음향장치의 중심으로부터 1 m 떨어진 위치에서 100 dB 이상
위치표시등	• 발신기의 위치표시등은 함의 상부에 설치 • 불빛은 부착 면 15도 이상의 범위에서 10 m 이내까지 쉽게 식별하는 적색등
시각경보장치	• 시각경보장치는 발신기함 상부에 위치 • 바닥으로부터 2 m 이상 2.5 m 이하의 높이에 설치(각 부분에 유효하게 경보)
표지	• "비상경보장치" 표지 상단에 부착
비상전원	• 20분 이상 유효하게 작동할 수 있는 용량

4) 가스누설경보기 설치기준

(1) 가연성가스를 발생시키는 작업을 하는 지하층 또는 무창층 내부

(2) 가연성가스를 발생시키는 작업을 하는 부분으로부터 수평거리 10 m 이내에 바닥으로부터 0.3 m 이하인 위치에 탐지부 설치

(3) 내부에 구획된 실이 있는 경우 구획실마다 설치

5) 간이피난유도선 설치기준

구분	내용
설치위치	• 녹색 계열의 광원점등방식으로 해당 층의 직통계단마다 계단의 출입구로부터 건물 내부로 10 m상 길이로 설치
높이 방향	• 바닥으로부터 1 m 이하의 높이에 설치 • 피난유도선이 점멸하거나 화살표로 표시하는 등의 방법 • 작업장의 어느 위치라도 피난유도선을 통해 출입구로의 피난방향을 알 수 있게 설치
구획실	• 구획된 실 각 실로부터 가장 가까운 직통계단의 출입구까지 연속하여 설치
전원	• 공사 중에는 상시 점등되도록 하고, 비상전원의 용량은 20분 이상

6) 비상조명등 설치기준

구분	내용
설치 위치	• 지하층이나 무창층에서 피난층 또는 지상으로 통하는 직통계단의 계단실 내부에 각 층마다 설치
성능	• 비상조명등이 설치된 장소의 조도는 각 부분의 바닥에서 1 lx 이상
전원	• 비상전원은 20분 이상 (지하층과 지상 11층 이상의 층은 60분)
연동	• 비상경보장치가 작동할 경우 연동하여 점등되는 구조로 설치

7) 방화포 설치기준

용접·용단 작업 시 11 m 이내에 가연물이 있는 경우 해당 가연물을 방화포로 보호한다(비산방지조치를 한 경우에는 방화포 제외 가능).

8) 소방안전관리자의 업무 : 암 가불 경환 용포 위화

(1) 방수·도장·우레탄폼 성형 등 가연성가스 발생 작업과 용접·용단 및 불꽃이 발생하는 작업이 동시에 이루어지지 않도록 수시로 확인

(2) 가연성가스가 발생되는 작업을 할 경우에는 사전에 가스누설경보기의 정상작동 여부를 확인하고, 작업 중 또는 작업 후 가연성가스가 체류되지 않도록 충분한 환기 실시

(3) 용접·용단 작업 시 성능인증 받은 방화포가 기준에 따라 도포되었는지 확인

(4) 위험물 등이 있는 장소에서 화기 등을 취급하는 작업이 이루어지지 않도록 확인

CHAPTER 6

폭발

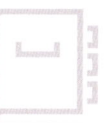

6 폭발

1 폭발 vs 화재

1) 폭발 : 밀폐계, 예혼합 연소, P 상승
2) 화재 : 개방계, 확산 연소

구분	가스화재	가스폭발
예혼합 여부	거의 없다	폭발범위 내에서 발생
에너지 방출속도	천천히 증가	급격히 증가
압력상승	없다	급격히 증가
기계적 파손	소음과 기계적 충격은 없다	소음과 기계적 충격이 크다
메커니즘	누출→착화 → 화재	누출 → 예혼합 → 착화→ 폭발

3) 점화원 : 암 화(산중분) 물(수보블레비) 전(내외) 핵
   (1) 화학적 : 산화폭발, 중합폭발, 분해폭발
   (2) 물리적 : 수증기폭발, 보일러 등 과열액체 증기폭발, BLEVE
   (3) 전기적
      ① 내적원인 : 절연파괴, 소호불량, 대전류, 서지
      ② 외적원인 : 주변화재로 합선, 외부 충격으로 아크, 낙뢰
   (4) 핵폭발 : 핵분열, 핵융합
4) 상태 : 기상 / 응상 폭발

2 물리적 폭발과 화학적 폭발

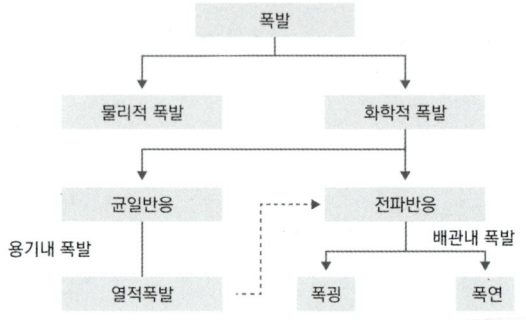

1) 물리적 폭발 : 암 열평

구분	폭발의 과정	폭발 예방대책
열이동형 폭발 (수증기 폭발)	비점이 낮은 액체가 고열물체에 접촉하여 급속히 증발하여 발생되는 폭발	• 작업대의 건조 • 물 침입방지 • 주수 • 파쇄설비의 안전 설계 • 저온 냉각 액화가스의 취급 철저
평형 파탄형 폭발 (BLEVE)	고압 액화가스 저장 용기가 파손되어 고압가스가 급속히 증발되어 발생되는 폭발	• 용기 파손 방지 • 압력 상승 방지 • 용기의 강도 유지 • 화재 시 용기 가열방지

2) 화학적 폭발 : 암 착누자반

구분	폭발의 과정	폭발 예방대책
착화 파괴형 폭발 (VCE)	용기 내 위험물이 착화되어 온도가 상승됨에 따라 압력이 급상승하여 파열되는 폭발	• 혼합가스의 농도 조성 • 불활성가스로 치환 • 발화원 관리

구분	폭발의 과정	폭발 예방대책
누설 착화형 폭발 (UVCE)	용기에서 위험물이 누출되어 착화, 폭발되는 것	• 밸브의 오조작 방지 • 발화원 관리 • 누설 시 감지경보 • 위험물질의 누설 방지
자연 발화형 폭발 (금수성 물질)	반응열이 축적되어 자연발화온도 이상이 되면서 발생되는 폭발	• 혼합위험 방지 • 자연발화성 대책 수립 • 온도의 측정 및 관리 • 분산, 냉각, 소각
반응 폭주형 폭발 (반응기 폭발)	반응 개시 후, 급격한 반응폭주에 의해 열이 축적되어 발생되는 폭발	• 조작설비(냉각, 교반) 설치 • 반응속도의 관리 • 반응폭주 시 조치 • 취급물질의 발열 반응 특성 조사

3) 전기적 폭발

  (1) 종류

    ① Pure Arc Explosion : 동선의 승화 폭발

    ② Pure Fuel Explosion : 점화원이 전기

    ③ Mixed Mode Explosion : 변압기, ESS 폭발

  (2) 원인

외부적 원인	내부적 원인
낙뢰, 고압선 접촉, 수손피해, 서지인입, 화재 등	선간단락, 절연열화, 누전, 스파크, 접지불량, 접촉불량 등

3 경질유와 중질유 비교

연료종류	경질유	중질유
전파구분	기상지배형 화염전파	액상지배형 화염전파
액온과 인화점	액온 > 인화점	액온 < 인화점
연소특징	온도가 증가하여 연소속도 증가 (C_{st}가 되면 일정함)	표면가열로 가연성 혼합기형성 (맥동적 화염전파)
연소속도	130 ~ 220 cm/s	1 ~ 12 cm/s
열전달	복사	대류
화염전파	예혼합형 전파	예열형 전파
증기압	4 psi 이상	2 psi 이하
저장탱크	FRT, IFRT	CRT
재해형태	BLEVE, VCE 발생가능성 있다.	Boilover, Slopover 발생가능성 있다.
성분	단일성분 (가솔린, 에탄올, 메탄올 등)	복합성분 (디젤, 중유, kerosene 케로신 등)

1) 경질유 : $v_{\max} = 2 \sim 3\, Su\, (\frac{\rho_l}{\rho_f})^{1/2}$

$$v = 0.076 \times \left(\frac{연소열}{증발잠열}\right)$$

화염속도 빠르다.

2) 중질유 : 확산속도가 느리다.

4 중질유의 보일오버, 슬롭오버, 프로스오버

구분	Boil over	Slop over	Froth over
발생 현상	유류화염의 방출	유류화염의 방출	유류의 비등 넘침
원인	하부의 물 고임	외부의 물 방사	하부의 물 고임(소량)
메커 니즘	고온층(Hot Zone)의 하부의 물 증발팽창	물의 비중이 높아 유류표면 또는 내부에서 폭발적 팽창	고점도 유류에 의한 하부의 물을 비등시킴
대책	하부의 물 수시 제거	물분무·포약제 방사	유류 주입 전 물 제거

- 중질유의 열파 하강속도 > 액면강하속도

5 가연성가스의 Flashing

1) Flahing(증발율)

$$\frac{q}{Q} = \frac{HT_1 - HT_2}{L}$$

HT_1 : 방출 전 액체의 엔탈피
HT_2 : 액체의 비등점 엔탈피
L : 증발잠열

2) 누출 시 증기운 형성 과정에 따른 가스의 분류

Class	종류	특징	위험성
Class I	LNG, 저온에테인	대기압에서 저온 액화된 가스	보통
Class II	LPG, 뷰테인	상온에서 가압하여 액화시킨 가스	Flashing 발생 위험
Class III	벤젠, 헥산	상온에서 가압하여 액화시킨 가스	보통
Class IV	액화 사이클로 헥산	고온에서 가압하여 액화시킨 가스	Flashing 발생 위험

6 DDT

1) 폭연 vs 폭굉 : 음속, 충격(Graph), 밀도, 대책

구분	폭연	폭굉
전파 속도	음속 이하 (0.1 ~ 10 m/s)	음속 이상 (1,000 ~ 3,500 m/s)
전파 에너지	연소파	충격파
온도	크게 증가	크게 증가
압력	약간 상승 (수 atm)	매우 상승 (16 ~ 20 atm)
밀도	감소	크게 상승

2) 조건 : L(배관길이) > 10D(배관직경), 직경 12 mm 이상, 난류 혼합기

3) 메커니즘 : 착화 → 연소 → 압축 → 폭연 중첩 → 충격파 → 단열압축 → 폭굉

4) DID(폭굉유도거리) 영향인자 : 난류(+), 유량(+), 온도(+)

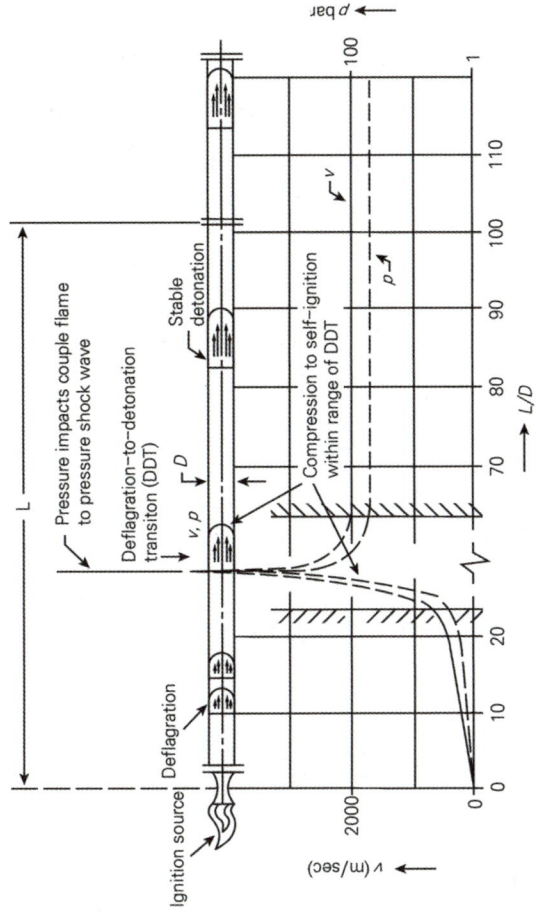

5) 박막폭굉 : 단열압축이 점화원

$$\frac{T_2}{T_1} = (\frac{P_2}{P_1})^{\gamma-1/\gamma}, \gamma : 비열비(0.23/0.17)$$

6) 랭킨 - 유고니어 곡선

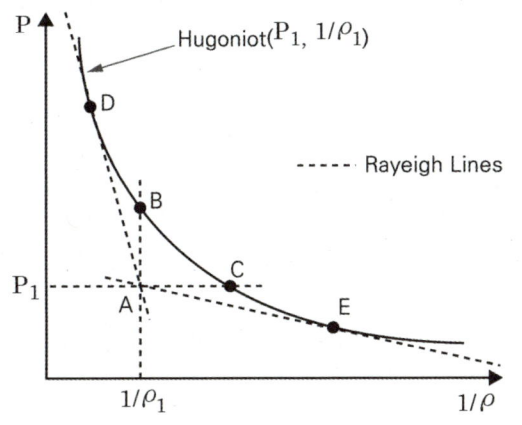

구분	특징
D점 이상	• D점 : 가장 이상적인 폭굉으로 (Upper C-J)점이라고 한다. • D점 초과 : 강한 폭굉
D ~ B	• 약한 폭굉 발생한다.
B ~ C	• 폭연과 폭굉이 발생하지 않는 영역 • 곡선의 상호관의 관계로 정의가 안 되는 영역
C ~ E	• 약한 폭연이 발생한다.
E점 이하	• E점은 Lower C-J (Chapman-Jouguet)점이라고 한다. • E점 미만 : 강한 폭연

7 BLEVE : 평형파탄형 폭발

1) 메커니즘 : 가열 → P 상승 → 연성파괴 → P 하강 → 기화 → P 급상승 → 취성파괴

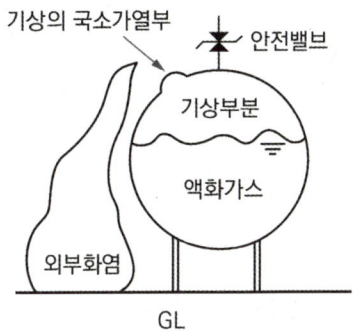

2) Cold vs Hot Bleve : Fire ball의 크기로 분류

3) 대책 : 살수, Venting

8 UVCE : 누설발화형 (VCE : 착화파괴형)

1) 메커니즘

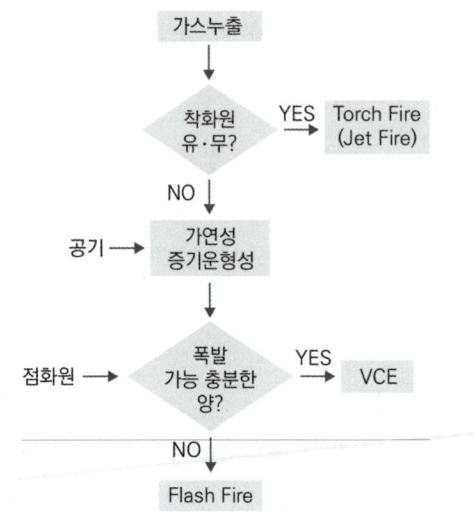

[VCE 및 Flash Fire 메커니즘]

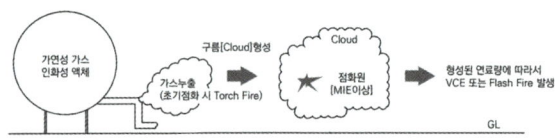

[UVCE와 Flash fire의 발생]

9 분진폭발(IEC 기준)

1) 분진 = 가연성 분진 + 가연성 부유물로 폭발 우려가 있는 것

2) 가연성 분진 : 지름 500 μm보다 작고
   가연성 부유물 : 지름 500 μm보다 크고 폭발 혼합물을 형성, 연소 발염 가능한 고체 입자

3) 가연성 분진
   (1) 도전성 분진(Conductive Dust) : 전기저항률이 10 $\Omega \cdot$m 이하인 가연성 분진
   (2) 비도전성 분진(Non-conductive Dust) : 전기저항률이 10 $\Omega \cdot$m 초과인 가연성 분진

4) 분진 그룹

그룹	분진 종류	위험도
ⅢA	가연성 부유물	중간
ⅢB	가연성 분진 중 비도전성 분진	위험
ⅢC	가연성 분진 중 도전성 분진	매우 위험

5) 5요소 : 가산점 + 교반 유동 + 밀폐/반밀폐

6) 종류(KEC 기준)

발화도	발화온도	폭연성 분진	가연성 분진 도전성	가연성 분진 비도전성
I1	270℃ 초과	마그네슘, 알루미늄 등	아연, 코크스 등	고무, 페놀수지 등
I2	200℃ ~ 270℃ 이하	알루미늄 수지	철, 석탄 등	코코아, 리그닌, 쌀겨 등
I3	150℃ ~ 200℃ 이하			황 등

7) 분진폭발 vs 가스폭발

구분	분진폭발	가스폭발
개념	분진의 분해 증기 폭발	예혼합가스 폭발
연소 형태	고체 연소 속도 느림	기체 연소 속도 느림
점화 에너지	큰 점화에너지 필요	작은 점화에너지 필요
연소 시간	길다	짧다
폭발 압력	초기에는 작고, 후반에는 크다.	한번에 크다.

구분	분진폭발	가스폭발
에너지 밀도	크다	작다
연쇄 폭발	2, 3차 폭발 발생	발생 안함
위험성	2, 3차 연쇄폭발 불완전연소이므로 다량의 CO 발생	외부로의 과압팽창 과다한 복사열 발생

8) 예방대책 : 물적조건 / 에너지조건

  (1) 물적조건 : 불활성화, 습식공법(부유성 억제), 분진의 퇴적, 비산 우려 부분 제거

  (2) 에너지조건 : 기계적 열원 제거, 정전기 제거, 열면의 제어, 훈소 여부 감시제어 등

10 알루미늄 분진폭발 : K_{st} 415 bar·m/s, st-3

1) $4Al + 3O_2 \rightarrow 2Al_2O_3 + Q\ kcal$

2) $2Al + 3H_2O \rightarrow Al_2O_3 + H_2$

3) $Fe_2O_3 + 2Al \rightarrow Al_2O_3 + 2Fe$

11 폭발지수 : 분진의 폭발지수

1) 폭발지수 = 발화 민감도 × 폭발 가혹도

  (암 지민가)

2) 민감도 = 피츠버그 MLA / 시료분진 MLA

  (1) M : MIE

  (2) L : LFL

  (3) A : AIT

3) 폭발가혹도 = 시료분진 P × v / 피츠버그 탄진 P × v

폭발등급	폭발 지수
약한 폭발	0.1 미만
중간 폭발	0.1 ~ 1.0
강한 폭발	1.0 ~ 10
매우 강한 폭발	10 초과

(1) 피츠버그 탄진 : 1.0

(2) 목분 : 5.0 이상

(3) 셀룰로오스 : 1.2 이상

12 폭연지수 : 분진 K_{st}, 가스 K_G

1) 공식 : $K = (\dfrac{dP}{dt})_{\max} \times V^{\frac{1}{3}}$

2) 위험등급

위험 등급	$P_{\max}$(bar)	K_{st} (bar·m/s)	폭발특성
St-1	10	≤ 200	약한 또는 중간 폭발
St-2	10	201 ~ 300	강한 폭발
St-3	12	> 300	매우 강한폭발

13 폭발방지대책

봉쇄(방폭벽), 차단(고속차단설비), 불꽃방지기, 폭발배출(파열판, 폭압방산공)

14 소염거리, 화염일주한계, 최대안전틈새

1) 소염거리 : 화염이 소멸되는 전극 간 최대 거리 (무염영역)

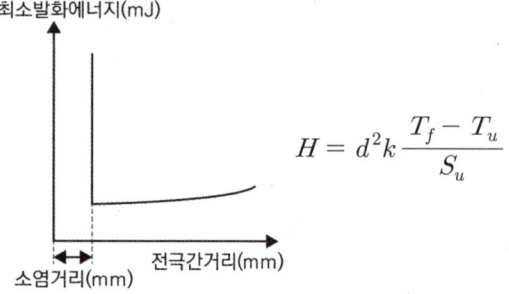

$$H = d^2 k \frac{T_f - T_u}{S_u}$$

2) 화염일주한계 : 소염거리를 IEC 표준실험으로 진행한 평판 간극의 한계거리

3) 최대안전틈새(MESG) : 화염일주한계를 내압방폭기기에 적용시킨 간극의 틈새거리

4) 관계성

   (1) MIE [mJ] = 0.06 × 소염거리^2 [mm^2]
   (2) 소염거리 = 0.65 × 소염경
   (3) MESG = 0.5 × 소염거리
   (4) 크기 : MESG < 소염거리 < 소염경

구분	소염거리	화염일주한계	최대안전틈새
적용	이론적 개념 화염방지기	표준화 개념	실제적 적용 내압방폭설비
크기	크다(전극 간 거리)	중간	작다

15 화염방지기

1) 설치대상

   (1) 인화점 60도 미만의 방출설비 or 배관
   (2) 인화점 60 ~ 100인데 저장온도 > 인화점
   (3) 인화점 38 ~ 60도는 인화방지망 가능

2) 종류 : 금속망형, 평행판형, 액봉식

3) 위치 : 관말단(외부 점화원 방지)
          관내(전파방지)

4) 소염 가능 속도 : $v = K \times \dfrac{L}{D^2}$

16 위험장소의 분류

구분	폭발 분위기	시간/확률
0종	정상작동 중 연속적, 장기적, 빈번	1,000 hr/yr 초과 10 % 이상
1종	정상작동 중 주기적, 빈번	10 ~ 1,000 hr/yr 초과 0.1 ~ 10 %
2종	정상작동 중 조성되지 않거나 짧음	1 ~ 10 hr/yr 초과 0.01 ~ 0.1 %

0종장소(Zone 0)

[0종 표기]

1종장소(Zone 1)

[1종 표기]

2종장소(Zone 2)

[2종 표기]

※ 분진은 20종, 21종, 22종으로 표기

17 방폭기기

암 안본내압유몰 eidpom

방폭 구조	안전 증대	본질 안전	내압	압력	유입	몰드
Ex 표시	e	i_a i_b	d	p	o	m
0종 장소		O (ia)				O (ma)
1종 장소	O	O	O	O	O	O
2종 장소	O	O	O	O	O	O

18 가스등급, MESG, MIC

폭발성가스의 분류	ⅡA	ⅡB	ⅡC
가스 종류	프로페인, 암모니아	에틸렌	수소 아세틸렌
화염일주한계 (내압방폭)	0.9 mm 이상	0.5 ~ 0.9 mm	0.5 mm 이하
MIC (본질안전방폭)	0.8 초과	0.45 ~ 0.8	0.45 미만

19 가스-기기 온도등급

온도등급	T_1	T_2	T_3	T_4	T_5	T_6
가스, 증기의 발화온도 (℃)	450 초과	300 초과	200 초과	135 초과	100 초과	85 초과
방폭 전기기기 최고표면 온도(℃)	450 이하	300 이하	200 이하	135 이하	100 이하	85 이하

20 IP XX

1) 방진(1 ~ 6) / 방수 등급(1 ~ 9)
2) 분진은 IP5X 이상
3) 방수는 1 ~ 6 물방울 / 7 ~ 8 침수 / 9 고압시험으로 구분

21 정전기

1) 메커니즘 : 대전 → 축전 → 방전
   (30 kV/cm 이상)
2) 역학현상 : 쿨롱 법칙 $F = k\dfrac{q_1 q_2}{r^2}[\text{N}]$ 에 의한 정전유도현상(대전현상)
3) 대전현상 종류 : **암** 마유충분교박 비적침
   마찰, **유**동, **충**돌, **분**출, **교**반, **박**리, **비**말, **적**하, **침**강 대전
4) 방전현상 종류 : **암** 코불연브글
   코로나, **불**꽃, **연**면, **브**러시, **글**로우 방전

5) 방지대책 : 접 접본대 차가유 제작정치 접이습 70

  접지, 본딩, 대전방지체, 차폐, 가습, 유속제한, 제전기, 작업자 보호장비, 정치시간, + (제조소 법규 : 접지, 이온화, 습도 70 % 유지)

6) 제전기 종류 : 자기방전, 전압인가, 방사선식
   원리 : 국소 코로나방전 및 중화반응

22 LPG, LNG, Roll Over

1) LPG
   (1) 원유 채굴, 정제과정에서 생산되는 기체 상의 탄화수소를 액화시켜 부피를 1/250 으로 압축
   (2) 프로페인(C_3H_8)과 뷰테인(C_4H_{10})으로 구성하며, LFL이 낮고 연소범위(약 2 ~ 9 %)는 좁다.
   (3) 무색·무취, 상온에서 기체이며, 상온에서 액화 저장한다.
   (4) 기체상태에서는 공기보다 무겁다. 기화 시 체적이 약 250배 팽창한다.
   (5) 10 ~ 15 ℃에서 약 6 ~ 7 kgf/cm²의 압력으로 액화
   (6) 화재 시 발열량이 휘발유의 2배 정도로 크다.

2) LNG
   (1) 가스유전의 천연가스를 대량수송 및 저장을 위해 -162 ℃로 냉각시켜 1/600으로 압축시킨 무색, 투명액체 가스
   (2) 메테인(CH_4)이 90 %, 에테인, 프로페인, 뷰테인 등으로 구성, 연소범위는 약 5 ~ 15 % 정도
   (3) 무색·무취 상온에서 기체이며, 가압저온 액화하여 저장(비점 -162 ℃)
   (4) 기체상태에서는 공기보다 가볍다. 기화 시 체적이 약 600배로 팽창한다.
   (5) 상온의 기체를 가압·저온으로 액화하여 주위온도보다 매우 낮다.
   (6) 화재 시 발열량이 휘발유의 2배 이상으로 매우 크다.

3) 비교

구분	LPG		LNG
주성분	C_3H_8 프로페인	C_4H_{10} 뷰테인	CH_4 메테인
비중	1.52	2.07	0.55
연소범위	2.1 ~ 9.5	1.8 ~ 8.4	5 ~ 15
임계온도(℃)	97	152	-82
저장방법	상온가압 액화		저온상압 액화
비중	기화 시 공기보다 무거움		기화 시 공기보다 가벼움

4) Roll Over
   (1) LNG 저장탱크의 상·하부의 밀도차에 의해서 발생하는 상하 반전(Roll over) 현상
   (2) 대량의 증발가스와 압력상승이 발생하여 증기압력이 증가

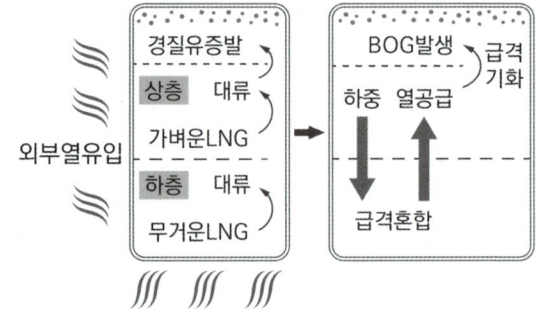

23 가스누설경보기

1) 종류 : 가연성가스 / 일산화탄소
   　　　분리형 / 단독형(탐지부 + 수신부)
2) 설치기준
   (1) 가연성가스 경보기
      ① 분리형 수신부 : [암] 상 구 1 70 0.8 ~ 1.5 연

구분	내용
위치	가스연소기 주위의 경보기의 **상**태 확인 및 유지 관리에 용이한 위치
구별	음향의 음량과 음색이 다른 기기의 소음 등과 명확히 **구**별
음향	수신부로부터 **1** m 떨어진 위치에서 음압이 **70** dB 이상
조작	수신부의 조작 스위치는 바닥으로부터의 높이가 **0.8 ~ 1.5** m 이하
기재	비상**연**락 번호 기재표 비치

   ② 분리형 탐지부 : [암] 8 4 1 0.3

구분	가벼운 가스	무거운 가스
위치	가스연소기의 중심으로부터 직선거리 **8** m	가스연소기의 중심으로부터 직선거리 **4** m
개수	1개 이상	
높이	천장으로부터 **0.3** m 이내	바닥으로부터 **0.3** m 이내

   ③ 단독형 : ① + ②
   (2) 일산화탄소 경보기 : 설치위치 천장 30 cm 이내
3) 설치 제외장소 : **출**구, **환**기구, **연**소폐가스, **유**통 원활 ×, **직**접 수증기 닿는 곳([암] 출환연유직)
4) 감지원리 : **접**촉연소식, **반**도체식, **적**외선식, **전**기화학식([암] 접반적전)

CHAPTER 6 폭발

CHAPTER 7

위험성평가

7 위험성평가

1 위험성평가

1) 사업장 또는 공정의 잠재적인 위험요인(Hazard)을 평가하여 위험성(Risk)으로 평가, 대책을 수립하는 것
2) Hazard : 평가 이전의 정성적 위험성
3) Risk : 평가를 통해 정량화된 위험성
4) Hazard의 평가 : 정성적 평가
   체크리스트법, What if법, HAZOP 등
5) Risk의 평가 : 정량적 평가
   ETA, FTA, CA, FREM 등
6) 대책 : 빈도(가능성) × 강도(중대성)의 값을 낮춤

2 사업장 위험성평가

1) 정의 : 사업주 스스로 유해 위험요인 파악, 이를 낮추기 위한 조치를 마련하고 실행하는 과정
2) 유해 위험요인 : 유해한 특징을 지닌 잠재적인 고유 속성. 변하지 않음
3) 위험성 : 가능성과 중대성으로 표현되는 값. 위험성 평가 시 감소
4) 평가 대상 : 유해 위험요인, 아차사고, 중대재해
5) 방법 : 빈도강도법, 체크리스트법, 위험성 수준 3단계 판단법, OPS법 등
6) 위험성평가 절차 : 암 위사유 결허 감기공
   사전준비 → 유해위험요인 파악 → 위험성 결정 → 허용가능 확인 → 감소대책 수립 → 기록, 공유(TBM)
7) 유해 위험요인 파악 방법
   사업장 순회점검, 근로자 제안, 설문조사, MSDS 활용, 체크리스트에 의한 방법 등
8) 감소대책 : 위험사항 제거 - 공학적 대책 - 관리적 대책 - 개인보호구 사용
9) 실시 시기
   (1) 최초평가 : 공사 후 1개월 이내
   (2) 수시평가 : 변경, 해체, 보수, 중대재해 발생 시
   (3) 정기평가 : 매년 평가
   (4) 상시평가 : 매월 1회 유해 위험요인 파악, 매주 안전관리자 간 회의, 매일 TBM을 통해 공유
   (5) 중대재해 발생 시 : 직접원인은 수시평가, 간접원인은 정기평가에 포함

3 HOZOP(Hazard and Operability)

1) 5명 이내의 전문가 집단을 통한 정성적 평가
2) 절차 : 시스템을 Study Node로 분할 → Node별 여러 변수 추출 → Guide Word 적용 → 발생하는 문제점과 원인 예측 → 대책 수립

3) Guide Word : OR, NOT, LESS, MORE, REVERSE 등
4) 전제조건 : Single Risk, 안전장치는 정상 작동

4 ETA(사건수 분석) / FTA(결함수 분석)

1) 시나리오별 확률을 계산하는 정량적 위험성 평가
2) 비교

ETA	FTA
사건수 분석방법	결함수 분석방법
귀납적, 추론적 분석	연역적, 경험적 분석
1가지 사건 → 10가지 결과 도출 〈원인에서 결과 도출〉	1가지 결과 → 10가지 원인 도출 〈결과에서 원인 도출〉
터널화재 정량화 방법에 적용	인과성 추론 명확 잠재 위험요인 제거 효과 탁월
확률 자료의 부족 (신뢰성 문제) 변수 누락 가능	복잡한 공정에는 적용 한계 Tree 작성항목 누락 가능성 전문가의 경험을 바탕으로 함

5 사고영향성평가(CA, CCA)

1) 공정지역에서의 정량적 위험성 평가
2) 누출원 모델링 → 대기확산/화재/폭발 모델링 → 사고영향 모델링(암 누대화폭사)
3) 누출원 모델링 : 기상, 응상, 2상계, 3상계 누출
4) 대기확산 모델링
   (1) 순간적인 Heavy gas
   (2) 연속적인 Heavy gas
   (3) Gas Jet, 2상계 Jet 등
5) 화재 모델링 : Pool fire, Jet Fire, 2D, 3D 화재
6) 폭발 모델링 : Bleve, UVCE, VCE, 증기폭발 등
7) 사고 영향 모델링(기준값)
   (1) 복사열 영향($5\ kW/m^2$)
   (2) 과압 영향 : (1 psi)
   (3) 독성 영향 : (ERPG-2)

6 폭발 피해 정량화기법

1) 폭발의 위력을 정량화하는 방법
2) TNT당량과 환산거리에 따른 과압 평가

   (1) $TNT당량 = \dfrac{\Delta H_C \times W_C}{1,120\,kcal/kg_{TNT}} \times \eta\ \ kg$

   (2) 환산거리 $Ze = \dfrac{R}{W_{TNT}^{\frac{1}{3}}}\ \ m/kg^{1/3}$

   (3) 과압 평가 암 유일, 지유10, 복주, 벽지, 공

과압		영향
kPa	psi	
0.2	0.03	유리창 일부 파손
2	0.3	지붕, 유리창 10 % 파손
6.9	1.0	복구 불가한 주택 일부 파손
15	2.0	주택 벽, 지붕 약간 파손
30	4.0	공장 건물 파손

3) TNO ME(TNO 멀티에너지)

  (1) 폭연 모델링으로 개발된 평가 Tool
  (2) 단순 TNT 폭발이 아닌 반구 형태의 폭연 모델링
  (3) TNT는 폭굉파, 폭연은 압력파 및 과압 한정
  (4) 에너지량 $E \simeq 3.5[mJ/m^3] \times V$

7 화재위험도평가모델(FREM)

1) 보험사에서 사용하는 화재위험 평가 프로그램
2) 고층건축물, 플랜트 등에 적용
3) 화재위험성(R) = $\dfrac{화재위험}{방호대책}$ = $\dfrac{잠 \times 활}{기 \times 내 \times 특}$

  (1) 잠재위험
  (2) 활성위험
  (3) 기본대책
  (4) 내화대책
  (5) 특별대책

4) 화재위험도 등급

화재위험도	위험도 등급
R < 1.2	낮음
1.2 ≦ R ≦ 1.4	보통
1.4 < R ≦ 3	약간 높음
3 < R ≦ 5	높음
5 < R	아주 높음

8 위험성 결정

1) 위험성 매트릭스
   5단계의 빈도 강도 곱을 색상으로 표현

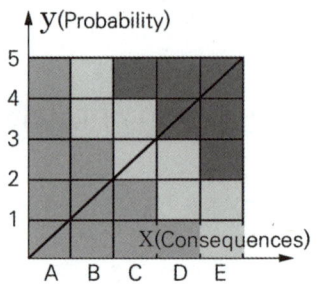

위험성 크기	점수	개선의 정도	허용 가능 여부
매우 높음	15 ~ 25	즉시 개선	허용 불가
높음	8 ~ 12	빨리 개선	
보통	4 ~ 6	정기계획 수립	허용 가능
낮음	1 ~ 3	현상 유지	

2) F-N Curve

  (1) ALARP

    As Low As Reasonably Practicable
    (허용 가능하나 가급적 낮게 유지돼야 함)

  (2) ALARP 상한 : 사회적 위험, $10^{-6}/year \times$ 10명

    ALARP 하한 : 개인적 위험, $10^{-4}/year \times$ 10명

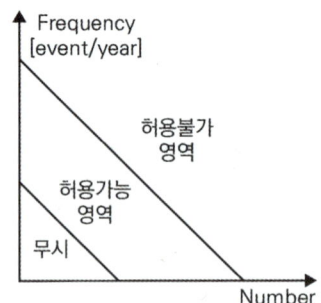

3) 위험등고선

   (1) 동일한 위험도 값을 면적으로 표현

   (2) 장외영향성평가, ERPG 등에 사용

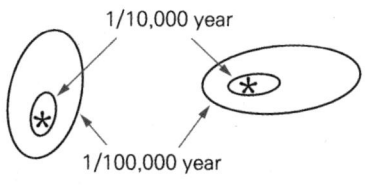

[Risk profile]

모아바 www.moa-ba.com
모아소방전기학원 www.moate.co.kr

CHAPTER 8

위험물, 포 및 분말소화설비

8 위험물, 포, 분말소화설비

1 탄화수소, 탄소화합물

1) 사슬모양

포화	불포화	
알케인	알켄	알카인
파라핀계	올레핀계	아세틸렌계
C_nH_{2n+2}	C_nH_{2n}	C_nH_{2n-2}

2) 고리모양

포화	불포화
사이클로알케인	아렌
나프텐계	
C_nH_{2n}	-

3) 탄소수 따른 명칭 : 암 메에프뷰펜헥헵옥노데
   예 메테인, 에테인, 프로페인, 뷰테인, 펜테인, 헥세인, 헵테인, 옥테인, 노테인, 데케인

4) 지환족 : 사이클로알케인
   지방족 : 알케인, 알켄, 알카인, 지환족
   방향족 : 아렌

2 위험물 규제

지정수량 이상	상시 취급 : 허가 필요
	일시취급 (90일) : 승인 필요
지정수량 미만	별도 조례 확인

3 정의

1) 위험물 : 인화 / 발화 / 성질 / 대통령령
2) 지정수량 : 규제 기준 최저 수량 단위
3) 제조소등 : **제**조소, **저**장소, **취**급소
   저장소 : 옥내/옥외, 탱크 - 암 옥내외지이간
   암(**옥내**, **옥외**, **지**하, **이**동, **간**이, **암**반)
   취급수 : 암 일주판이(**일반**, **주**거, **판매**, **이송**)
4) 기체, 액체, 액상

액체(기체)	액상
• STP 에서 액상(기상) • 섭씨 20℃ 초과~ 40℃ 이하에서 액상	120 mm 수직 시험관에 시료 55 mm 채우고 수평 시 30 mm 이동하는데 90초 이내

5) 수용성

수용성 (4류위험물)	NTP에서 물, 증류수 1 : 1 섞고 균일한 외관인 것
수용성 (유분리장치)	NTP에서 물 100 g 용해도 1 g 이상인 것. 미만인 경우 유분리장치 설치

6) 위험물 조건 분류 한계

철분	마그네슘	황
철의 분말로 53 μm 통과가 50 wt% 이상인 것	2 mm 채 통과 못하는 덩어리 및 직경 2 mm 이상 막대모양은 제외	순도 60 wt% 이상

4 위험물 분류 암기팁

1류 : 아염과무 / 브질아이 / 다과
2류 : 황화적황 / 철마금 / 인
3류 : 칼나알리 / 황린 / 알금토금유금화 / 금수소 인화칼슘 알루탄
4류 : 특아이디산 / 1 알 2 3 4 동
5류 : 질유 하이3 다이아나이트로소
6류 : 질과염과산

- 1산고 / 2가고 / 3자금 / 4인액 / 5자반 / 6산액

5 제1류 위험물 : 산화성 고체

1) 품명 및 지정수량

품명	지정수량
아염소산 염류, 염소산 염류, 과염소산 염류, 무기과산화물	50 kg
브로민산 염류, 질산 염류, 아이오딘산 염류	300 kg
다이크로뮴산 염류, 과망가니즈산 염류	1,000 kg

2) 성질 및 저장, 대책

정의	• 자신은 불연성이지만, 산소를 다량 함유한 강산화성 고체
공통 성질	• 불연성, 조연성, 조해성 • 반응성이 크고, 가열·충격·마찰에 분해폭발 • 무기과산화물은 물과 발열 및 산소 발생 • 비중은 1보다 크고, 수용성 위험물이 많음
저장 취급	• 가열, 충격, 마찰을 피한다. • 용기는 밀폐할 것(습기주의) • 물기 엄금(무기과산화물) • 제 2·3·4·5류 위험물과 혼재금지
소화 대책	• 다량의 물을 사용하여 냉각소화 • 무기과산화물은 건조사로 질식소화 • 질산 염류는 유독가스가 발생하므로 주의

6 제2류 위험물 : 가연성 고체

1) 품명 및 지정수량

품명	지정수량
황화인, 적린, 황	100 kg
철분, 마그네슘, 금속분	500 kg
인화성 고체	1,000 kg

2) 성질 및 저장, 대책

정의	• 낮은 온도에서 발화하기 쉬운 물질로, 산소를 함유하지 않은 강환원성물질
공통 성질	• 산화제 접촉 시 발화·폭발(1·6류 등) • 연소 시 연소열이 크고, 연소속도가 빠름 • 비중이 1보다 크고, 비수용성물질
저장 취급	• 가열·충격·마찰·점화원 접촉을 피한다. • 통풍이 잘되는 냉암소에 저장 • 물과 접촉을 피한다. (1) 황화인 : 물과 반응 (2) 철분·마그네슘·금속분 : 물과 발열 • 제 1·3·6류 위험물과 혼재금지
소화 대책	• 황화인 : CO_2, 건조사로 소화 • 적린·황 : 모래나 주수소화 • 철분·마그네슘·금속분 : 금속소화약제 및 건조사(물, CO_2, 포, 하론 등은 사용 불가)

7 제3류 위험물 : 자연발화성 및 금수성 물질

1) 품명 및 지정수량

품명	지정수량
칼륨, 나트륨, 알킬 알루미늄, 알킬 리튬	10 kg
황린	20 kg
알칼리금속(K, Na 제외), 알칼리토금속, 유기금속 화합물	50 kg
금속의 수소화물, 금속의 인화물, 칼슘·알루미늄의 탄화물	300 kg

2) 성질 및 저장, 대책

구분	내용
정의	• 공기노출 또는 물 접촉 시 발화하는 물질
공통 성질	• 물과 접촉 시 발열 및 가연성가스(H_2) 발생 • 공기 노출 시 자연발화 • 무기물이며 고체물질이다.
저장 취급	• 공기·수분·산과 접촉을 피한다. • 황린은 물속에 저장 • 칼륨·나트륨·알카리금속은 석유 속 저장(산소 없는 상태) • 알킬알루미늄 등은 밀폐시켜 공기접촉 차단 • 저장용기는 소량씩 나누어, 완전 밀폐 구조 • 제1·2·5·6류 위험물과 혼재금지
소화 대책	• 건조사, 팽창질석, 팽창진주암, 금속화재용 소화약제 등으로 소화(물 소화는 위험) • 황린 : 물 또는 강화액소화약제 소화 • CO_2와 반응하여 폭발위험이 있어 사용금지

8 제4류 위험물 : 인화성 액체

1) 품명 및 지정수량

품명		지정수량
특수인화물(아세트알데하이드, 이황화탄소, 다이에틸에터, 산화프로필렌)		50 L
제1석유류	비수용성	200 L
	수 용 성	400 L
알코올류		400 L
제2석유류	비수용성	1,000 L
	수 용 성	2,000 L
제3석유류	비수용성	2,000 L
	수 용 성	2,000 L
제4석유류		6,000 L
동·식물 유류		10,000 L

(1) 특수인화물 : 1기압에서 발화점 100 ℃ 이하 또는 인화점 -20 ℃ 이하이고 비점 40 ℃ 이하

🔑 휘벤톨/아 등경/포초 중크/글에 실기

구분	인화점 [1atm]	종류
제1 석유류	21 ℃ 미만	휘발유 벤젠, 톨루엔(비수) / 아세톤(수)
제2 석유류	21 ~ 70 ℃ 미만	등유, 경유(비수) / 포름산, 초산(수)
제3 석유류	70 ~ 200 ℃ 미만	중유, 크레오소트유(비수) / 글리세린, 에틸렌글라이콜(수)
제4 석유류	200 ~ 250 ℃ 미만	실린더유, 기어유

2) 성질 및 저장, 대책

정의	• 공기 접촉 시 가연성 혼합기를 형성하고, 상온에서 인화하기 쉬운 액체
공통 성질	• 인화점이 낮아 연소하기 용이 • 증기는 공기보다 무거움 • 액상은 물보다 가벼움 • 연소하한과 착화온도가 낮아 재연소 우려 • 전기부도체, 정전기 축적 쉬움
저장 취급	• 냉암소 보관, 누출방지 밀폐 저장 • 저장용기에 정전기 방지 조치 • 인화점 이상 가열 금지, 화기엄금
소화 대책	• 포, CO_2, 할로겐화합물 등으로 소화 • 수용성 액체는 알코올형포 또는 미세물 분무

9 제5류 위험물 : 자기반응성물질

1) 품명 및 지정수량

품명	지정수량
질산에스터류, 유기과산화물	1종 10 kg 2종 100 kg
하이드록실아민, 하이드록실아민염류 하이드라진 유도체	
다이아조 화합물, 아조 화합물, 나이트로 화합물, 나이트로소 화합물,	

2) 성질 및 저장, 대책

정의	• 함유된 산소에 의해서, 공기 없이도 스스로 연소·폭발하는 물질
공통 성질	• 가열·마찰·충격에 연소·폭발우려 있다. • 연소속도가 매우 빨라 폭발적이고, 물과의 반응 위험성은 적다.
저장 취급	• 가열·마찰·충격 주의, 관련 시설 및 설비는 방폭화 • 화기 엄금, 충격 주의 표시(운반용기) • 통풍이나 습기에 주의 하고, 소분저장, 용기밀폐
소화 대책	• 다량의 물로 냉각소화, 질식소화 효과 × • 소화 시 안전거리 유지

10 제6류 위험물 : 산화성 액체

1) 품명 및 지정수량

품명	지정수량
과염소산, 과산화수소, 질산	300 kg

2) 성질 및 저장, 대책

정의	• 자신은 불연성, 강산화성 액체
공통 성질	• 불연성, 조연성 • 부식성·유독성이 강한 산화성 액체 • 비중 1보다 크고, 수용성, 물과 만나면 발열 • 유기물 접촉 시 발열·발화 우려
저장 취급	• 증기는 유독하므로 취급 시 보호구착용 • 피부 접촉 시 즉시 세척 • 유기물·가연물·물과 접촉 주의 • 저장용기는 내산성이고, 밀폐 및 파손 시 누출 금지
소화 대책	• 물 소화 불가능, 유출 시 건조사나 중화제를 뿌려 중화시킨다. • 건조사, CO_2로 질식소화하고, 위급 시 대량의 물로 희석한다.

11 제조소 표지, 게시판, 주의사항

1) 공통 크기 : 60 × 30 cm
2) 표지 : 흑색문자 백색바탕
3) 주의사항(백색문자)

물기엄금(청색바탕) 암 1알과, 3금	1류 알칼리금속 과산화물 3류 금수성물질
화기주의(적색바탕) 암 2인고제	2류 인화성 고체 제외
화기엄금(적색바탕) 암 2인고, 3자발, 4, 5	2류 인화성 고체 3류 자연발화성물질 4,5류

4) 게시판(방화에 필요한 사항)

```
    ←─── 60cm 이상 ───→
   ┌──────────────────────┐  ↑
   │ 위험물의 류별   제4류           │  │
   │ 위험물의 품명   제1석유류(휘발유) │  │
   │ 저장최대수량   50kℓ            │ 30cm 이상
   │ 지정수량의 배수  250배          │  │
   │ 위험물안전관리자  ○○○         │  │
   └──────────────────────┘  ↓
```

암 유(별)품(명)최(대수량)배(수)관(리자성명)

12 운반 시 위험물 혼재기준

, 1/10 이하는 예외

13 금수성물질 : D급

1) 금속나트륨
   (1) $4Na + O_2 \rightarrow 2Na_2O$: 산화나트륨 생성
   (2) $2Na + 2H_2O \rightarrow 2NaOH + H_2 + Qkcal$
       : 수산화나트륨 + 수소
   (3) $4Na + CO_2 \rightarrow 2Na_2O + C$
       : 소화효과 없음
   (4) $Na + CF_3Br \rightarrow NaBr + CF_3$
       : 발화위험 있음
   (5) 강화액 소화약제 : 물과 이산화탄소 발생으로 폭발 위험
   (6) 할로겐화합물 소화약제 : 반응 시 물 발생으로 폭발 위험

2) 금속칼슘(Ca)

   암 칼탄인산 - 수아포수산

구분	화학 반응식	발생
칼슘	$Ca + 2H_2O \rightarrow Ca(OH)_2 + H_2$	수소
탄화칼슘	$CaC_2 + 2H_2O \rightarrow Ca(OH)_2 + C_2H_2 + Q\,kcal$	아세틸렌
인화칼슘	$Ca_3P_2 + 6H_2O \rightarrow 3Ca(OH)_2 + 2PH_3 + Q\,kcal$	포스핀
산화칼슘	$CaO + H_2O \rightarrow Ca(OH)_2 + Q\,kcal$	수산화칼슘

3) 소화대책
   (1) 금속소화약제 : MET-L-X, Na-X, G-1, TEC 분말로 2"(inch) 두께까지 완전히 덮음
   (2) 건조사, 팽창질석, 팽창진주암

14 금속화재의 위험성

1) 발열반응
2) 가연성가스 발생

반응식	발생
$2Na + 2H_2O \rightarrow 2NaOH + H_2$	수소 발생
$Mg + 2H_2O \rightarrow Mg(OH)_2 + H_2$	수소 발생
$2Mg + CO_2 \rightarrow 2MgO + C$	CO_2 소화 불가능(반응함)
$2Al + 3H_2O \rightarrow Al_2O_3 + 3H_2$	수소 발생
$4Al + 3CO_2 \rightarrow 2Al_2O_3 + 3C$	CO_2 소화 불가능(반응함)
$2Li + 2H_2O \rightarrow 2LiOH + H_2$	수소 발생
$Ti + 2H_2O \rightarrow TiO_2 + 2H_2$	수소 발생

3) 수증기 폭발
4) 물의 해리

$$H_2O + e\,(에너지) \rightarrow H_2 + \frac{1}{2}O_2$$

15 인화성 액체 정의, 분류

1) 위안법 : 상온·상압(20 ℃, 1기압)에서 액체상태로 불에 탈 수 있는 물질
2) 산안법
   (1) 표준압력(101.3 kPa)에서 인화점이 60 ℃ / 93 ℃ 이하
   (2) 고온·고압의 공정운전조건으로 인하여 화재·폭발위험이 있는 상태에서 취급되는 가연성물질

3) 국내 분류

품명	인화점 및 조건	품목
특수 인화물	-20 ℃ 미만	다이에틸에터, 이황화탄소, 산화프로필렌
제1 석유류	21 ℃ 미만	아세톤, 휘발유, B.T.X
제2 석유류	21 ~ 70 ℃ 미만	등유, 경유, 아세트산
제3 석유류	70 ~ 200 ℃ 미만	중유, 크레오소트유, 에틸렌글라이콜
제4 석유류	200 ~ 250 ℃ 미만	기어유, 실린더유, 윤활유
알코올류	포화1가로서함 유량 60 %	CH_3OH, C_2H_5OH, C_3H_7OH
동식물 유류	250 ℃ 미만	정어유, 들기름, 참기름, 올리브유

* 특수인화물 : 암 발인비 100, -20, 40 이하
  (발화점 100 ℃ 인화점 -20 ℃ 비점 40 ℃ 이하)

4) NFPA 30 - 발화성 액체

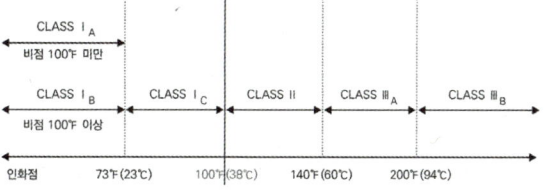

5) 인화성 '가스'
   (1) 산안법 : 인화 하한 13 % 이하 또는 상하한 차 12 % 이상으로 NTP에서 가스인 물질
   (2) 고압가스안전관리법 : 폭발 하한 10 % 이하 또는 상하한 차 20 % 이상

16 요오드가(아이오딘가)

1) 100 g 유지가 흡수하는 아이오딘의 g 수

구분	건성유	반건성유	불건성유
아이오딘가	130 이상	100 ~ 130	100 이하
안정도	적다	중간	크다
피막	단단	중간	없다
산화도	높다	중간	낮다

17 유기과산화물과 무기과산화물의 비교

과산화물 : H_2O_2의 수소가 다른 원소로 치환

구분	유기과산화물	무기과산화물
정의	과산화수소(H_2O_2)의 수소를 유기화합물로 치환한 물질로 과산화기(-O-O-)를 가진 유기화합물	과산화수소(H_2O_2)의 수소를 알칼리금속 또는 알칼리토금속으로 치환
탄소 함유	있음	없음
위험물 구분	5류(자기반응성)	1류(산화성 고체)
유독성	없다	없다
가연성	있다	없다
반응성	없다	있다
소화	물로 냉각소화	건조사에 의한 질식소화

18 유기과산화물의 특성

1) 이용 가능한 산소 함량(%)

$$16 \times \sum_{i}^{n}(n_i \times c_i / m_i)$$

n_i : 분자당 과산화산소그룹의 수
c_i : 유기과산화물 I의 농도
m_i : 유기과산화물 I의 분자량

2) 유기과산화물의 특성치

활성 산소량	유기과산화물에 의해 화학반응 시 과산화 결합수나 방출되는 라디칼 수를 그 분자량당 비율로 표시 (분자중의 산소 함유량)
반감기	과산화물이 활성 산소량의 분해에 의해 절반으로 줄어드는 데 걸리는 시간
분해 온도	분해되는 온도가 낮을수록 폭발적 분해의 위험이 크다.
활성화 에너지	화학반응을 일으키기 위한 최소한의 에너지

19 GHS

1) 화학물질 분류 및 표지에 관한 세계조화시스템

유해성·위험성의 분류	정보전달
물리적 위험성 건 강 위험성 환 경 위험성	경고표지 물질안전보건자료(MSDS) 교육·훈련

2) 유해 위험성 분류 : 암 물 건 환

물리적 위험성	폭발성물질, 유기과산화물 등 16가지
건강 유해성	급성 독성, 생식독성 등 10가지
환경 유해성	생환경 유해성, 오존층 유해성으로 2가지

3) 수납용기 외부의 경고표시 기재사항

수 산 화 나 트 륨

위험

유해위험문구
1. 피부에 심한 화상 또는 눈에 손상을 일으킴
2. 눈에 심한 손상을 일으킴
3. 장기에 손상을 일으킴

예방조치문구
1. 분진, 가스, 증기를 흡입하지 마시오
2. 피부를 물로 씻으시오, 샤워하시오
3. 노출되면 의료기관 의사의 도움을 받으시오
4. 밀봉하여 저장하시오

공급자 정보 : OO 산업 TEL 02-2068-2851

암 제그신유예공

→ **제**품정보, **그**림문자, **신**호어, **유**해위험문구, **예**방조치문구, **공**급자정보

20 물질안전보건자료(MSDS)

1) 의미 : GHS에 따른 유해위험물 보고서
2) 대상 : 물건환 (16종 / 10종 / 2종)
3) 도입배경 : 근로자 알권리 충족, 사고 예방 및 대처, 화학물질 사용량 증가, 국가 차원의 관리, 국제적 흐름

4) 작성대상 : GHS 분류 물질
5) 구성항목 : 암 제회/유위/구명함 응/폭화/누대 취저/운/폐/환/독 물/안반 개/법/그
  (1) 화학제품과 **회**사에 관한 정보
  (2) **유**해성·**위**험성
  (3) **구**성성분 **명**칭 및 **함**유량
  (4) **응**급조치요령
  (5) **폭**발·**화**재 시 대처방법
  (6) **누**출사고 시 **대**처방법
  (7) **취**급 및 **저**장방법
  (8) **운**송에 필요한 정보
  (9) **환**경에 미치는 영향
  (10) **폐**기 시 주의사항
  (11) **독**성에 관한 정보
  (12) **안**정성 및 **반**응성
  (13) **물**리화학적 특성
  (14) 노출방지 및 **개**인보호구
  (15) **법**적규제 현황
  (16) **그** 밖의 참고사항

21 NFPA 472, 30, 704

1) NFPA 472 : 위험물 분류

Class	분류	Class	분류
Class 1	폭발물	Class 6	독성물질
Class 2	가스	Class 7	방사능 물질
Class 3	인화성 액체	Class 8	부식성물질
Class 4	인화성 고체	Class 9	기타 위험물질
Class 5	산화성물질 및 유기과산화물	-	-

2) NFPA 30 : 발화성 액체 구분

(1) 인화성 액체

구분	인화점	비점
Class I A	73°F 미만	100°F 미만
Class I B	73°F 미만	100°F 이상
Class I C	73°F 이상	100°F 미만

(2) 가연성 액체

구분	인화점
Class II	100°F 이상 140°F 미만
Class IIIA	140°F 이상 200°F 미만
Class IIIB	200°F 이상

3) NFPA 704 : 위험물 표지

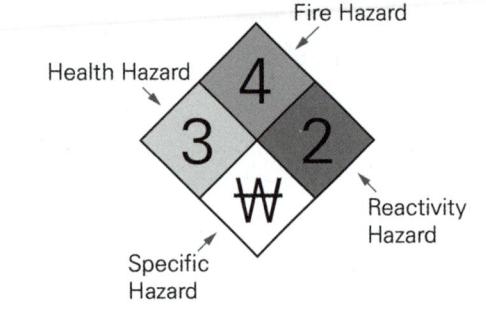

구분	색상	내용
유독성 (Health)	청색	• 0~4 등급으로 5단계로 분류 • 4로 갈수록 위험정도가 큼
가연성 (Fire)	적색	
반응성 (Reactivity)	황색	
특수성질 (Specific)	백색	• W : 물과 반응 • OX or OXY : 산화제 • COR : 부식성, 강산성·염기성 • BIO : 생물학적 위험 • RAD : 방사능 물질

※ 가연성 등급

등급	인화점
4	73°F 이하
3	100°F 이하
2	200°F 이하
1	200°F 초과
0	가연성 없음

22 TLV(허용한계농도)

1) 정의 : 근로자가 부작용 없이 작업 시간 중에 노출될 수 있는 정도

2) TLV 분류

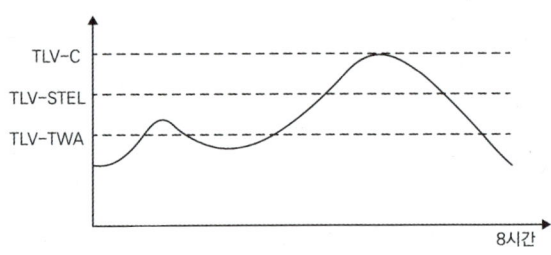

3) 시간가중평균농도(TLV-TWA)

(1) 근로자가 하루 8시간 주 40시간을 정상적 근무 시 아무런 나쁜 영향 없는 최고 평균 농도값

(2) 계산식

$$TWA농도 = \frac{C_1 T_1 + C_2 T_2 + \cdots + C_n T_n}{8}$$

4) 단시간노출허용농도(TLV-STEL)

(1) 짧은 시간 노출되어도 유해한 증상이 나타나지 않는 최고의 허용농도

(2) 조건

구분	내용
노출 시간	15분
노출 횟수	8시간 동안 4번 초과 금지
노출 간격	최소 60분 이상 간격

(3) 노출한계 시 증상의 비허용
  ① 참을 수 없는 자극
  ② 만성적 조직 손상
  ③ 사고를 일으킬 수 있는 정도의 혼수 상태, 자위력 손상 또는 작업능률의 감소

5) 최고허용한계농도(TLV-C)
  단 한순간이라도 초과하지 않아야 하는 농도

23 FED(유효흡입비율)

특정 노출 후 일정시간 내에 50%가 치명적인 농도와 해당 시간 동안 발생된 독성가스의 비율

$$FED = \Sigma \frac{독성가스\ 흡입량(생성량)}{LC_{50}에\ 해당하는\ 양}$$

$$FED = \frac{m[CO]}{[CO_2]-b} + \frac{21-[O_2]}{21-LC_{50-O_2}} + \frac{[HCN]}{LC_{50-HCN}} + \frac{[HCl]}{LC_{50-HCl}} + \frac{[HBr]}{LC_{50-HBr}}$$

FED	개념	내용
1	치사 농도	50%가 사망하는 비율(LC_{50})
0.8	비치사 농도	자력피난이 불가한 상태 의식 불명 상태
0.3	무능화 농도	자력 피난 위한 유효행동 불가 (치사농도의 1/3 ~ 1/2)

24 정적, 동적 독성지수

1) 가스의 독성 : 30분 치명농도 대비 현재 유해가스의 농도 비율

$$t = \frac{C}{C_f},\quad C = \frac{v}{V}$$
$$t = \frac{v/V}{C_f}\ (무차원수)$$

t : 분위기의 독성 (무차원수, 배수)
C : 유해가스 농도
C_f : 치명 농도(30분)
V : 실의 부피
v : 독성가스의 부피

2) 정적독성지수 : 재료의 단위 중량당 발생하는 유해가스의 부피량

$$T = t\frac{V}{W} = \left(\frac{C}{C_f}\right)\frac{V}{W}$$
$$T = \frac{v/W}{C_f}\ [L/g]$$

T : 정적독성지수
V : 실의 부피
W : 재료의 중량

3) 동적독성지수 : 정적독성지수에 면적당 속도의 개념을 적용한 것(단위시간, 단위면적당 생성 유해가스의 독성 부피량)

$$T_d = \frac{\dot{v}}{A \times C_f} = \frac{\dot{v}/A}{C_f}$$
$$[\ell/cm^2\cdot min]$$

T_d : 동적독성지수
$\dot{v}$: 유해가스 부피의 발생 속도 [ℓ/min]
A : 재료의 면적 [cm^2]

25 ERPG (독성 노출 시 비상대응계획지침)

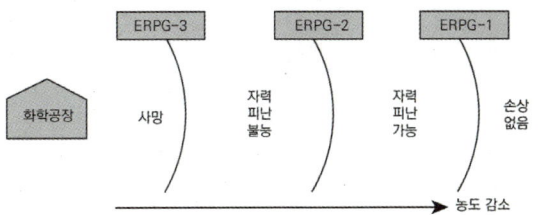

ERPG	사람이 1시간 동안 노출 시	피해
1	오염물질의 냄새를 인지하지 못하거나 건강상 영향이 나타나지 않는 공기 중의 최대 농도	상해 가능
2	보호조치 불능의 중상을 유발하거나 회복 불가능 또는 심각한 건강상의 영향이 나타나지 않는 공기 중의 최대 농도	중상 가능
3	생명의 위험을 느끼지 않는 공기 중의 최대 농도	사망 가능

26 옥외탱크저장소 방유제 등 설비

1) 방유제 : 용량 110 % 이상, 면적 8만 m^2 이하, 높이 0.5 ~ 3 m, 두께 0.2 m 이상, 재료 철·콘, TK 수 10기 이하
2) 계단 및 경사로 : 방유제 높이 1 m 이상 시 50 m 이내마다 설치
3) 탱크-방유제 이격거리
   (1) D < 15 m 미만 : 탱크높이의 1/3 이상
   (2) D ≥ 15 m 이상 : 탱크높이의 1/2 이상
4) 50만 리터 이상 : 누출위험물 수용설비
5) 100만 리터 이상 : 개폐표시형밸브 설치
6) 1,000만 리터 이상 : 간막이둑
   (1) 높이 : 방유제 높이 - 0.2 m, 폭은 동일
   (2) 용량 : 내부 탱크용량의 10 % 이상

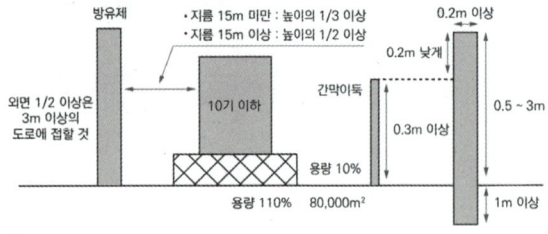

7) 옥외T 저장소 보유공지

지정수량	보유공지
500배 이하	3 m 이상
500 ~ 1,000배	5 m 이상
1,000 ~ 2,000배	9 m 이상
2,000 ~ 3,000배	12 m 이상
3,000 ~ 4,000배	15 m 이상

4,000배 초과 : 탱크 최대지름 or 최대높이 중 큰 것 이상(15 ~ 30 m 이내)

8) 보유공지 완화
   (1) 인접탱크 간은 1/3로 완화(최소 3 m 유지)
   (2) 물분무 설치 시 1/2(37 lpm/m × 20분)

27 위험물제조소 : 구/채/조/환/옥

1) 구조
   (1) 지하층 없을 것 : 위험물 유입 × 지하 예외
   (2) 불연재료, 연소의 우려가 있는 외벽은 내화구조, 6류 위험물은 부식방지 피복
   (3) 지붕 : 가벼운 불연재. 조건 따라 내화 가능
   (4) 출입구, 비상구 : 60분+, 60분, 30분 방화문, 연소우려 외벽은 자동폐쇄
   (5) 유리 : 망입유리
   (6) 바닥 : 경사 + 집유설비 + 불침윤성
2) 채광, 조명 : 채광최소, 조명 방폭, 내화전선, 점멸스위치 바깥 설치

3) 환기, 배출설비

(1) 급기구 : 바닥 150 m²마다 1개소 이상 + 인화방지망 설치

바닥 [m²]	~ 60	60 ~ 90	90 ~ 120	120 ~ 150	150 ~
급기 [cm²]	150	300	450	600	800

(2) 설치기준

구분	환기설비 (자연배기)	배출설비 (강제배기)
급기 위치	• 낮은 곳	• 높은 곳
배기구	• 지붕 or 2 m 이상 • 벤츄레이터 or 루프팬	• 지상 2 m 이상 • 연소 우려 없는 곳

(3) 배출설비 배기풍량
① 국소방식이 원칙 → 20회/hr × V(m³)
② 전역방식 → 18 m³/hr·m² × A(m²)
 • 배관이음만 있을 경우
 • 조건상 전역방식이 유효한 경우

4) 옥외설비 바닥 : 0.15 m 턱, 불침윤성, 낮은 경사, 집유설비, 유분리장치

28 위험물 제조소의 안전거리

1) 정의 : 안전거리란 위험물 시설과 인접 건물 사이의 화재 및 환경안전상의 이격거리

2) 안전거리 기준

안전거리 : 암 주가다문 1235 / 특고압 735 35

대상물	안전거리
주거용 시설(제조소 부지내 제외)	10 m 이상
고압가스, 액화석유가스, 도시가스 저장·취급 시설	20 m 이상
학교, 병원, 극장 등 다수인 수용시설	30 m 이상
지정 문화재	50 m 이상
사용전압 7 ~ 35 kV 특고압가공전선	3 m 이상
사용전압 35 kV 이상 특고압가공전선	5 m 이상

29 위험물 제조소의 안전거리 단축기준

1) 개념 : 방화상 유효한 담 또는 벽 설치 시 단축가능

2) 방화상 유효한 담의 높이 기준

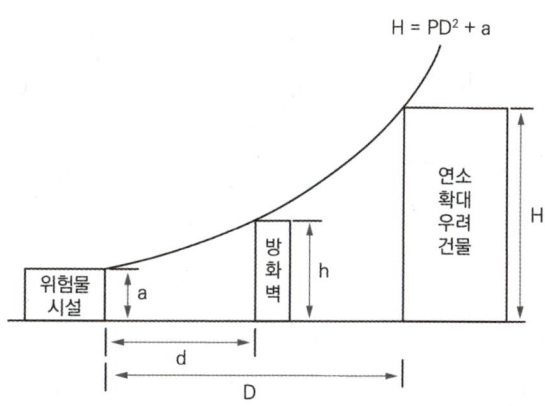

(1) $H \leq PD^2 + a$일 때 : $h = 2$ m 이상

(2) $H \geq PD^2 + a$일 때 :
 $h = H - P(D^2 - d^2)$ 이상

(3) 담의 최소높이 : 산출수치가 2 미만일 때 2 m

(4) 담의 최대높이 : 산출수치가 4 이상일 때 4 m로 하고, 기준에 맞는 소화설비 보강

(5) P : 인근 건축물의 구조에 따른 상수

건축물, 공작물 구분		P
목조건축물		0.04
방화구조 또는 내화구조	제조소 면한 개구부에 방화문 × 경우	0.04
	〃 30분 방화문 설치	0.15
	〃 60분, 60분+ 방화문 설치	∞

3) 방화상 유효한 담의 길이 기준

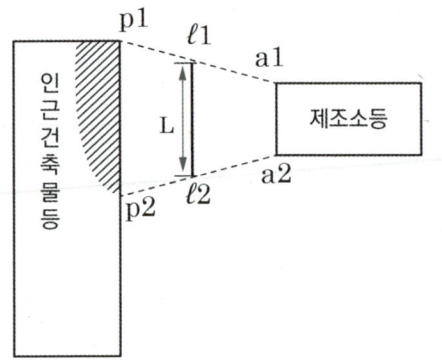

 ⑴ 제조소 외벽의 양단(a1, a2)을 안전거리를 반지름으로 원을 그리고 원 내부로 들어오는(p1, p2)를 구함
 ⑵ a1과 p1을 연결한 선분(ℓ1)과 a2와 p2을 연결한 선분(ℓ2) 상호 간의 간격(L)으로 함

4) 방화상 유효한 담의 재질

제조소와 담 사이 거리	담 또는 벽의 구조
5 m 미만	내화구조
5 m 이상	불연재료
제조소의 높은 벽으로 대처하는 경우	벽은 내화구조, 개구부 설치금지

30 위험물 제조소의 보유공지

1) 정의 : 위험물 시설 주위에 확보해야 할 빈 공간으로 위험물 시설 자체의 연소방지 및 소화활동상의 공간

2) 위험물 제조소 기준

취급하는 위험물의 최대수량	공지의 너비
지정수량의 10배 이하	3 m 이상
지정수량의 10배 초과	5 m 이상

3) 보유공지 예외기준
 ⑴ 설치대상 : 제조소의 작업에 현저한 지장이 생길우려가 있는 경우
 ⑵ 예외기준 : 제조소와 타 작업장 사이에 방화상 유효한 격벽을 설치한 경우
 ⑶ 방화상 유효한 격벽의 기준
  ① 방화벽 : 내화구조(제6류 : 불연재료)
  ② 방화벽에 설치하는 개구부(출입구, 창 등) : 크기는 최소로 하고, 자동폐쇄식의 60분+, 60분 방화문을 설치할 것
  ③ 방화벽의 양단 및 상단의 길이 : 외벽 또는 지붕으로부터 50 cm 이상 돌출할 것

31 안전거리 vs 보유공지

구분	안전거리	보유공지
개념	상대적 수평거리	절대적 확보공간
감소, 면제	방화에 유효한 담 설치 시	방화벽 설치 시 일부

32 포 방출구

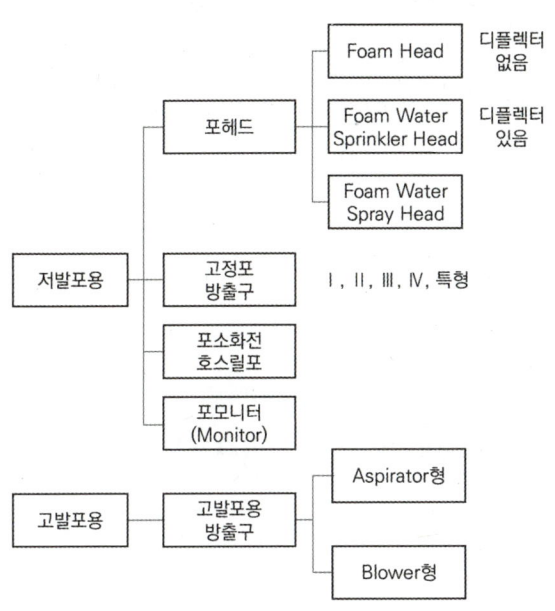

33 포 약제 따른 구비조건

1) 기계포

기계포	단백포	불화단백포	수성막포	합성계면활성제포
내유성	×	○	○	×
내열성	○	○	×	×
유동성	×	○	○	×
점착성	○	×	×	○

2) 화학포 : 현재 사용하지 않음

3) 내알코올, 알코올포 : 수용성 액체에서 사용 가능한 포약제. 파포 현상이 없음

34 알코올형 포

구분	금속비누형	고분자 Gell형	불화단백형 (불소단백형)
성분	단백포에 금속비누와 지방산에탄올 아민복염을 녹인 것	알킬산 나트륨에 계면활성제 첨가	단백포에 불소계 계면활성제를 결속
원리	금속비누가 알코올류 배척	알킬산나트륨이 알코올 닿으면 Gell이 되는 것을 이용	불소계 계면활성제가 알코올류를 배척
장점	• 내화성 우수 • 가격 저렴	• 소화범위 넓다	• 표면하방식 • 내유성 우수
단점	• 유동성 불량 • 경년기간 小	• 온도제한	• 비싸다

35 팽창비에 따른 분류

1) 관계식 : 팽창비 $= \dfrac{\text{발포된 포의 체적}}{\text{포 수용액 체적}}$

2) 분류

구분	NFSC 105	NFPA 11	비고
저발포	20 이하	20	B급 /2D 화재 냉각 우수
중발포	-	20 ~ 200	
고발포	80 ~ 1000	200 ~ 1000	A급 /3D 화재 질식 우수

※ 고발포발생기 : 흡입식, 송출식(압입식)

36 위험물 탱크, 포 방출구

1) CRT(1 ~ 4형 방출구), FRT(특형 방출구)
2) 60 m 이상 대형탱크 : 표면하 주입 필요
3) 표면하 주입 가능 : 불화단백포, 수성막포
4) 표면하 불가 : FRT, 수용성 액체, 점도 높은 것, 인화점이 낮은 액체

구분	CRT	FRT
정의	원추형 지붕탱크	부상식 지붕탱크
유종	중질유 (증발손실 적음)	경질유 (증발손실 큼)
고정포 방출구	I ~ IV형	특형

구분	부대설비
I형	통, 튜브(Through)
II형	반사판, 폼 챔버
III형	고배압발포기
IV형	고배압발포기, Air Shock pipe
특형	특형 방출구, 굽도리판

37 용어 정리

1) 25 % 환원시간

포 약제	25 % 환원시간	비고
단불수	60초	냉각효과 증가 /저발포에 적합
합	180초	질식효과 증가 /고발포에 적합

2) 관포체적, 방호면적, 외주선

관포체적	방호면적
전역방출방식	국소방출방식
$V = A \times (H+0.5)$	$A = (\pi/4)(3H \times 2 + D)^2$
$Q[l] = N \times \alpha\,[l/\text{min} \cdot \text{EA}] \times 10\,[\text{min}]$	

전역방출방식	$\alpha = V[m^3] \times \beta\,[l/m^3 \cdot \text{min}] \div N$
국소방출방식	$\alpha = A[m^2] \times \beta\,[l/m^2 \cdot \text{min}] \div N$

38 국내 포 혼합방식(프로포셔너)

1) 라인 프로포셔너

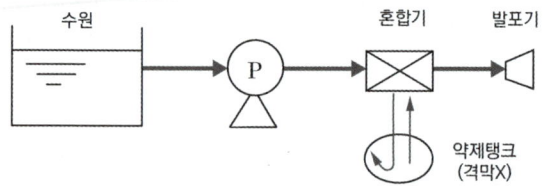

(1) 개념 : 혼합기의 Venturi Effect에 의해서 포를 혼합시키는 방식
(2) 특징 : 구조 단순, 유량 범위가 좁으며, 압력 손실이 크다. 흡입 가능한 높이를 1.8 m로 제한한다.

2) 펌프 프로포셔너

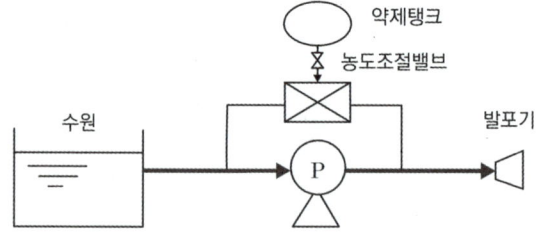

(1) 개념 : 토출 측의 가압수 일부를 By-pass 시켜 흡입 측으로 돌려보내고, 이 By-pass 관로 상에서 포 소화약제를 혼합

(2) 특징 : 약제의 손실이 적고 보수가 쉬움, 전용의 Pump여야 함, 흡입 측에 손실이 있을 경우 혼합비율이 달라짐

3) 프레져 프로포셔너

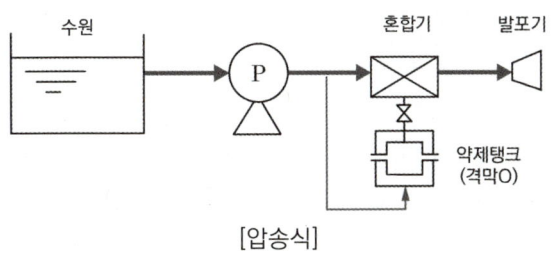

[압송식]

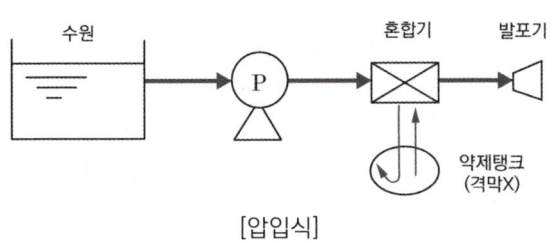

[압입식]

(1) 개념 : 혼합기 내의 Venturi Effect 와 가압수의 압력에 의해 포 소화약제를 밀어 올리는 방식
(2) 특징 : 토출량, 토출압에 의해 다양한 혼합비가 가능, 압력손실 적음, 혼합비 도달시간 길다.

4) 프레져사이드 프로포셔너

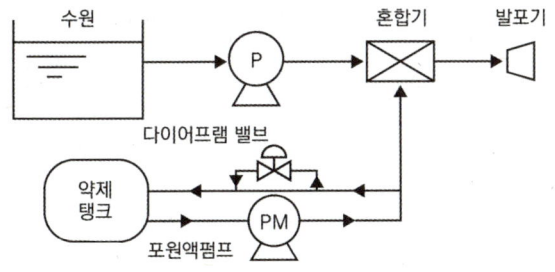

(1) 개념 : 포 약제의 토출용 펌프를 따로 설치하여 포 수용액을 혼합시키는 방식

설비구성	혼합원리
포원액펌프	별도의 포 약제 펌프 사용
혼합기 (압입기)	압력을 주어 강제 혼합
다이어프램 밸브 (균형밸브)	밸브 개폐로 포 공급량을 일정하게 조정 • 소화수 압력/유량 과다 : 밸브 개방, 약제량 ↑ • 소화수 압력/유량 과소 : 밸브 폐쇄, 약제량 ↓

(2) 특징 : 장기간 포원액 보존 가능, 압력 손실이 적고 신뢰성이 높다, 정확한 혼합비율이 가능, 비용이 많이 든다.

5) 압축공기포 혼합방식

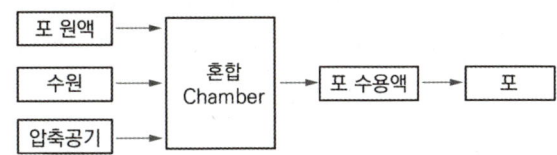

(1) 개념 : 압축공기 또는 압축질소를 일정비율로 포 수용액에 강제 주입하여 혼합하는 방식
(2) 특징 : 운동량이 커서 화염 표면 도달용이, 포의 크기가 균일하여 포의 안정성 증가, 수손피해가 작고, 동절기에도 제한 없음, 급수나 대형 펌프 설치공간이 필요없음

39 해외 포 혼합방식

1) NFPA의 혼합장치 종류 5가지
   (1) 노즐 주입방식 : 벤츄리효과 이용
   (2) 펌프 프로포셔너
   (3) 배관 주입방식 : 밸런싱밸브를 사용한 BP, iLBP 방식
   (4) 워터 모터 연동형 : 정량폼 주입방식 (파이어도즈)

(5) 직주입 가변출력 시스템 : 변유량 주입방식
→ 이 중 (3) ~ (5)가 국내 프레져사이드 프로포셔너에 해당

2) 정량폼 주입방식(파이어도즈)
   (1) 수배관에 워터모터(수차)와 연동하는 피스톤펌프를 통해 포를 압입하는 방식
   (2) 워터모터의 회전수와 피스톤펌프의 피스톤 유량이 정량비율을 유지

3) BP 방식(국내 사이드프레져 방식)
   (1) 포 농도유지용 밸런싱 다이어프램 밸브가 기계적으로 포의 농도를 조절
   (2) 방호대상물 근처에서 포가 혼합되므로 포의 균질도 상승
   (3) 밸런싱 밸브를 여러개 설치, 공급 구역마다 다른 농도로 공급 가능

40 포 약제의 환경유해성 : 과불화합물 (PFAS)

1) PFAS = PFOS + PFOA
2) PFOS(과불화옥탄술폰산, $C_8HF_{17}O_3S$)

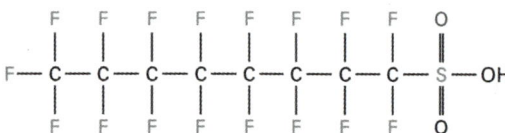

3) PFOA(과불화옥탄산, $C_8HF_{15}O_2$)

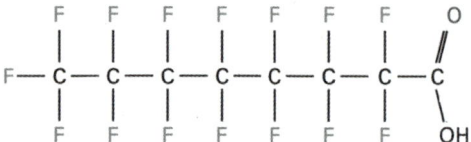

4) 위험성
   (1) 건강질환(체내유지 4년), 식수, 농수산물, 환경오염
   (2) 임신 중 태아에 공급, ADHD, 영유아의 성장, 학습, 행동에 영향
   (3) 면역 이상, 콜레스테롤 수치 증가
   (4) 신장암, 고환암, 궤양성 대장염, 갑상선 질환, 여성의 임신 가능성 감소, 임신성 고혈압 등

5) 규제 현황
   (1) 미국 전역, PFAS 함유 AFFF(수성막포) 및 함유 약제 단계적 생산 중단
   (2) 3M 사, PFAS 문제로 2025년까지 노벡 1230(FK-5-1-12) 생산 중단
   (3) 해외는 2000년대 초반부터 '무불소 소화약제' 연구 시작
   (4) 국내 소화약제는 PFOS는 기존 규제, PFOA는 2023년부터 규제

6) 향후 개선안
   무불소 포소화약제, 무불소 가스소화약제 개발, 불활성기체 약제 사용

41 포소화설비(NFTC와 NFPA 비교)

구분	NFTC 105	NFPA 11
포의 깊이	방호대상물 높이 + 0.5 m	방호대상물 높이 × 1.1배 또는 최소 + 0.6 m
관포 시간	없음	2 ~ 8분
표준 방사량	1 m^3에 대한 분당 포수용액방출량 × 방호공간의 관포체적	기준 없음 (관포시간, 구조에 의해 산정)
방출량 계산	소방대상물 별과 팽창비에 따라 정해짐	관포시간과 스프링클러 파포율, 누설 고려선정

구분	NFTC 105	NFPA 11
누설 여부	기준 없음	건물의 누설 여부에 따라 달라짐
포발생기 선정	500 m² 마다 1개 이상	제조업체 성능자료에 따라 선정
방사 시간	10분	15분
예비 용량	기준 없음	포 약제 저장량의 2배

1) NFPA 관포시간 설정 : 가연물의 종류와 대상물의 구조 및 스프링클러 유무에 따라 2~8분 설정

42 분말소화약제

구분	주성분	분자식	색	적응성
제1종	탄산수소나트륨	$NaHCO_3$	백	BCK
제2종	탄산수소칼륨	$KHCO_3$	담회	BC
제3종	제1인산암모늄	$NH_4H_2PO_4$	담홍	ABC
제4종	탄산수소칼륨 + 요소	$KC_2N_2H_3O_3$	회	BC

1) 제1종 분말소화약제 소화효과
   (1) 연쇄반응 차단 + 질식(Knock down), 냉각, 복사열차단, 비누화 반응
   (2) 비누화반응(에스터 분해반응)

   유지 에스터결합 + 알칼리(염기성)
   R-COO-R' + NaOH

   → 지방산 알칼리염(비누) + 알코올
   → R-COONa + R'OH

   * 피막을 생성하고 산소를 차단함

2) 제3종 분말소화약제 약제반응식
   (1) $NH_4H_2PO_4$
      → H_3PO_4(올소인산) + NH_3 (190℃)
      🔖 3.14 – 190
   (2) $2H_3PO_4$
      → $H_4P_2O_7$(피로인산) + H_2O (215℃)
      🔖 4.27 – 215
   (3) $H_4P_2O_7$
      → $2HPO_3$(메타인산) + H_2O (300℃)
      🔖 1.13 – 300
   (4) $2HPO_3$
      → P_2O_5(오산화인) + H_2O (250℃)
      🔖 2.5 – 250

3) 올소인산, 메타인산만 적는 경우
   (1) $NH_4H_2PO_4$
      → H_3PO_4(올소인산) + NH_3 (190℃)
   (2) $NH_4H_2PO_4$
      → HPO_3(메타인산) + NH_3 + H_2O
      (300℃)

4) ABC 급에 적응성 있는 이유
   (1) 올소인산의 탈수탄화효과
      $C_6H_{10}O_5$ → $6C + 5H_2O$
   (2) 메타인산 방진 효과
      산소 유입을 차단

모아바 www.moa-ba.com
모아소방전기학원 www.moate.co.kr

CHAPTER 9

제연공학

9 제연공학

1 연기의 유동을 일으키는 힘

1) 부력

$$V' = V_O(1+\frac{\Delta T}{273}), \quad \rho = \frac{PM}{RT}, \quad \rho_s < \rho_a,$$

상승력 발생

2) 팽창력 $P_E = \dfrac{180(HAB)^2}{CA_T^2(T_o+\Delta T)^3}$

(C : 계수, 0.6)

3) 굴뚝효과와 중성대

차압 $\Delta P = 3,460\, h\, (\dfrac{1}{T_O} - \dfrac{1}{T_i})$,

중성대 $\dfrac{h_2}{h_1} = \left(\dfrac{A_1}{A_2}\right)^2 \times \dfrac{T_i}{T_o}$

(1) 연돌효과($T_i > T_0$), 역연돌효과($T_i < T_0$)
(2) 영향인자 : 중성대로부터 높이, 온도차, 개구부

$\Delta P = (\rho_o - \rho_i)gh, \quad v = \sqrt{2gh}$ 이므로,

$v_1 = \sqrt{2gh_1 \dfrac{(\rho_o - \rho_i)}{\rho_o}}$

$v_2 = \sqrt{2gh_2 \dfrac{(\rho_o - \rho_i)}{\rho_i}}$

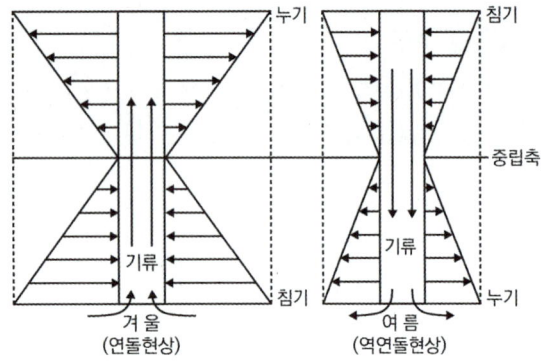

4) 피스톤 효과

$$\Delta P = \frac{\rho}{2}(\frac{A_s A_e\, v}{A_f A_{li} C_c})^2$$

$$A_e = (\frac{1}{A_{si}^2} + \frac{1}{A_{li}^2} + \frac{1}{A_{io}^2})^{-0.5}$$

대책 : 하나의 샤프트에 여러 대의 car 설치

5) 바람효과

$\Delta P = \dfrac{1}{2} C_w \rho_o v_h^2$ (C_w : 풍압계수, 0.8 ~ 0.8) $v_h = v_o (z_h/z_o)^a$ (a : 대도시 0.33, 교외 0.22, 개방지역 0.1 ~ 0.14)

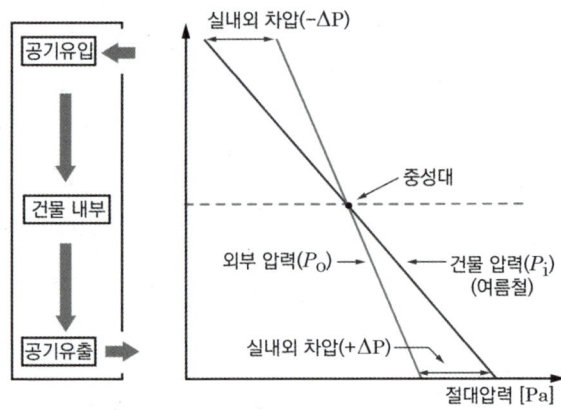

6) 공조설비(HVAC)

공조설비에 의한 압력 발생

7) 내외부 온도, 압력 등 기상조건

2 초고층에서 연돌효과가 부속실 제연에 미치는 영향

1) 피난지연 메커니즘 : 수직거리, 풍압, 누설 면적 과다 → 연돌효과 과다 → 하부부압/상부과압

(1) 급기가압 전	저층은 이미 부압, 고층은 이미 정압
(2) 저차압 급기 (12.5 Pa)	저층부 최소차압 미달(부압)
(3) 고차압 급기 (50 Pa)	고층부 최대 개방력 초과 (110 N, 과압)

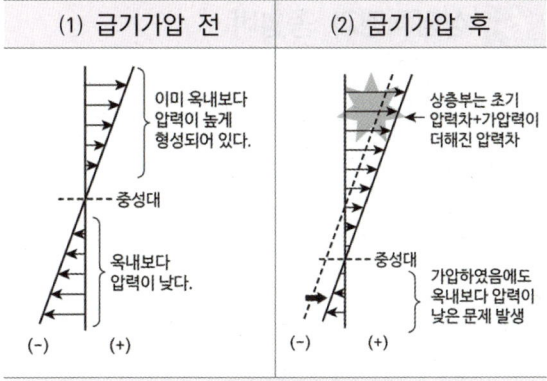

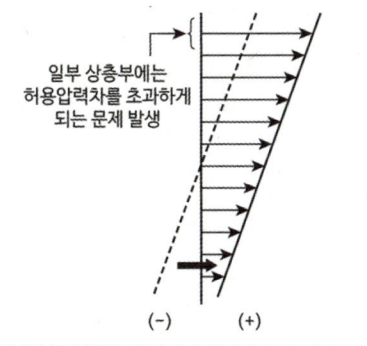

2) 대책 : 샤프트 분할, 계단실 가압, 과압방지장치, 샌드위치 가압

3 연기제어의 원리
암 희축배차방 + 개방력

1) 희석 : 연기농도를 낮춤
2) 축연, 구획 : 천장에 연기를 가두어 연기하강시간 연장
3) 배연 : 상부 배연, 하부 급기구 설치로 축적된 연기를 실외로 배출(연기강하 방지)
4) 차연 : 차압을 형성하여 연기유입 방지
5) 방연, 기류흐름 : 연기의 인입을 방지
6) 출입문 개방력

$$F = F_o + (\frac{1}{2} A \Delta P \frac{W}{W-d})$$

4 연돌효과 방지대책

1) 소방 측면
   배연설비, 샌드위치 가압방식, 승강로 가압방식, 계단실&부속실 급기 가압
2) 건축 측면
   (1) 하부층 공기유입 방지(회전문, 외벽 및 출입문 기밀화, 방풍실)
   (2) 상부층 공기배출 방지(계단실 창문 및 승강로 상부 폐쇄, 공조설비 기밀시공)
   (3) 계단실 수직적 분할(피난안전구역층 기준)
   (4) 층간방화구획 기밀화
3) 기계설비 측면
   (1) 층간 관통부 구획, 역방향 기류풍속 발생

5 제연덕트 설계방법

1) 덕트 설계 절차
   풍량 확정 → 송풍기/토출흡입구/덕트방식 결정 → 덕트 경로 설정 → 덕트 구경 선정 → 댐퍼류 설계 → 마찰손실, 휀 정압 계산 → 휀 선정

2) 덕트 구경 선정방법

구분	(1) 등속법	(2) 등압법
개념	속도(V) 같게	마찰손실(R) 같게
덕트 선도	풍속 v = 일정	마찰손실(R) = 일정 $d_1 > d_2 > d_3$
정압	$\Delta P = R_1 l_1 + R_2 l_2$	$\Delta P = R \times (l + l')$
특징	구경 선정 쉬움 송풍기 정압계산 번거로움	송풍기 정압계산 쉬움 정압재취득 미고려로 정압·풍량 편차 발생

3) 개선등압법 : V.D 설치 대신 분기관 작게

4) 정압재취득법 : 정압증가분 고려해 일정하게 설계

   (1) 설계이론 : $P_2 - P_1 = (\dfrac{v_1^2 - v_2^2}{2g})\gamma - h_L$

   이므로 $P_R = R \dfrac{v_1^2 - v_2^2}{2g}\gamma$ (h_L 고려식)

   (2) 원형덕트 R 0.5, 장방형 0.8, 이론은 1

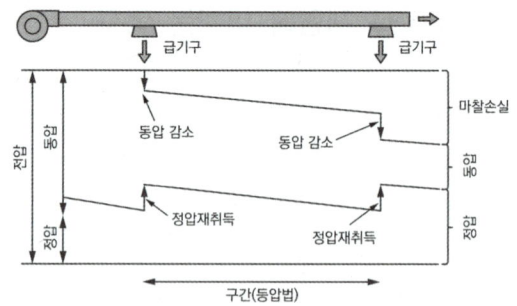

5) 전압법 : 취출구의 전압을 일정하게 하는 방법

6 상당직경과 종횡비

1) 상당직경 : 원형으로 환산한 장방형덕트 직경

   (1) 동일풍량 $d_{eq} = 1.3 \times [\dfrac{(ab)^5}{(a+b)^2}]^{\frac{1}{8}}$

   (2) 동일풍속 $d_{eq} = 4\dfrac{A}{L}$

2) 종횡비 : 덕트 가로 × 세로 비

3) 종횡비 클수록 상당직경 줄어들어 손실, 물량, 무게(두께), 속도, 열 취득률 증가
   → 처짐 현상 및 덕트 소음 발생, 휀 풍량 부족

7 제연설비 송풍기 분류

1) Fan(0.1 K 미만), Blower(0.1 ~ 1 K), Compressor(1 K 이상)

2) **송풍기 분류** : 암 송원축, 원다방익후, 축인튜베프

   (1) 레이디얼팬 = 방사형

(2) 리미트로드팬 : 날개가 S자 형태로 구성된 후곡형 팬

	[다익형]	[방사형]
원심식		
	[익형]	[후곡형]
	[인라인형]	[튜브형]
축류식		
	[베인형]	[프로펠러형]

3) 시로코(다익형) VS 에어포일(익형)

구분	Sirocco Fan	Air Foil Fan
성능 곡선		
효율	저효율 : 45 ~ 60 %	고효율 : 70 ~ 85 %
운전	서징-오버로드 가능성	안정적 운전가능
성능	대풍량, 저정압 (10 ~ 60 mmAq)	대풍량, 중정압 (60 ~ 250 mmAq)

구분	Sirocco Fan	Air Foil Fan
주요 특징	• 풍량 변동에 따른 풍압 변화 적음 • 타 기종에 비하여 설치 면적이 작음 • 소음이 동일 성능 대비 큼	• 풍량 변동에 따른 풍압의 변화폭이 약간 있으나, 동력 변화폭이 적음 • 타 기종에 비하여 설치 면적이 큼 • 소음이 동일 성능 대비 작음

8 System Effect

1) 휀 주변 설치환경으로 휀 성능에 미치는 영향

2) 원인 : 휀 100 % 풍속 이전에 엘보, 댐퍼 등 설치

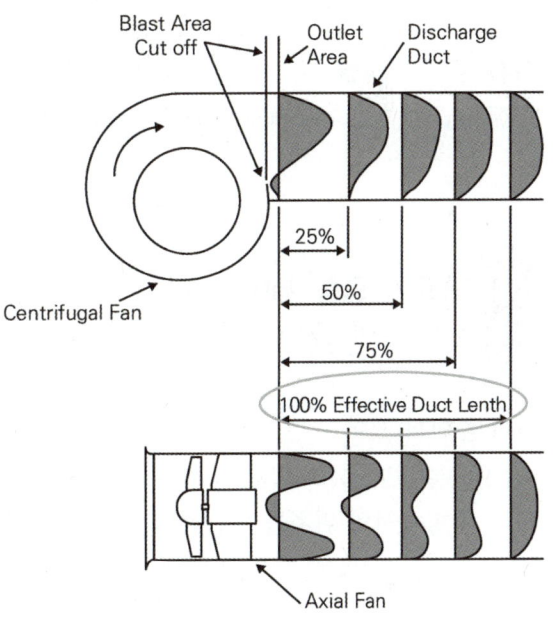

3) 영향 : 휀의 풍량 저하

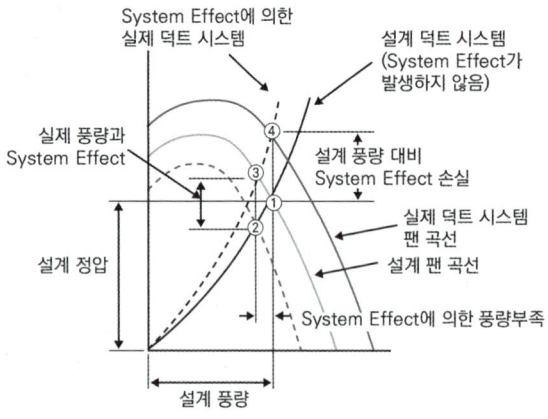

4) 대책 : 완만한 확대, 축소, 부속/댐퍼 멀리 설치, 터닝베인(T.V) 설치, 시스템이펙트 계산

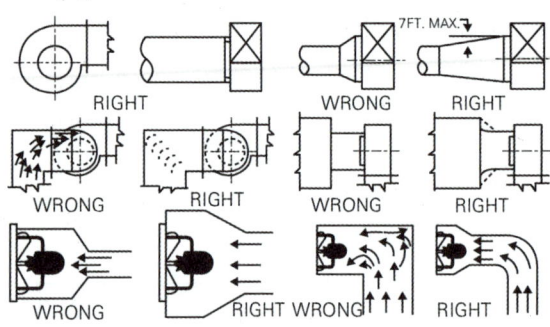

9 송풍기 풍량 제어
암 토 흡 베 가 VVVF

1) **토**출댐퍼 제어

(1) 송풍기 토출 측 덕트 내부의 댐퍼 조절로 저항곡선의 위치를 변동하여 풍량을 조절

장점	단점
• 초기 투자비 저렴 • 소형설비에 적당 • 설치가 간단하다	• 서징 가능성이 있음 • 효율 나쁘고, 소음 발생 • 정압 높아져 차압 확보 어려움

(2) 댐퍼를 닫으면 저항곡선 $R_1 \rightarrow R_2$로 변화

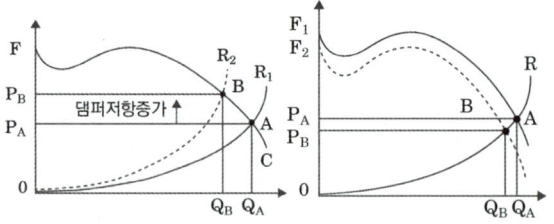

2) **흡**입댐퍼 제어

(1) 흡입 측 댐퍼를 조절하여 토출압력을 저하시켜 풍량을 조절하는 방식

(2) 댐퍼를 닫으면, 송풍기 특성곡선이 낮아짐

장점	단점
• 초기 투자비 저렴 • 설치 간단	• 과도한 제어 시 과부하 우려 • Surging 발생 가능성 있다.

3) 흡입 **V**ane 제어

(1) 송풍기 흡입 측에 가동 흡입베인을 부착하여 Vane 각도를 조절

장점	단점
• 회전수제어보다 저렴 • 운전비 감소, 동력 절약	• Vane의 정밀성 필요 • 댐퍼방식보다 고가이다.

(2) Vane 조금씩 닫으면 특성곡선이 낮아짐

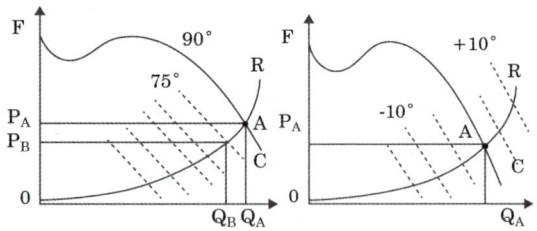

4) 가변피치제어
   (1) 블레이드의 각도를 변화시켜 풍량을 조절
   (2) 피치 각도조절로 특성곡선 변화

장점	단점
• 에너지절약 우수 (효율↑) • 회전수제어보다 간단하고 저렴	• 기계식보다 공기식 제어 • 날개 조종용 Actuator에 많은 동력 필요 • 구조 복잡, 흡음 필요

5) VVVF(회전수제어)
   (1) 상사법칙에 의해 풍량은 회전수에 비례하는 것을 이용하는 방식
   (2) 송풍기 회전수를 감소시키면 특성곡선 저하

장점	단점
• 소~대용량 전동기에 범용으로 모두 적용 • 에너지절약 운전 • 자동제어가 용이	• 설비비가 고가 • 전자 Noise 장애 발생 • 복잡한 구성으로 고장 가능성 높음

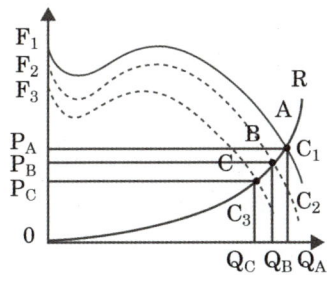

6) 소요동력(가격은 반대)
   회전수 제어 < 가변 피치 제어 < 흡입 Vane 제어 < 흡입댐퍼 제어 < 토출댐퍼 제어

10 거실제연설비

1) 제연설비 구분

구분	거실제연설비	계단실, 부속실 제연설비
목적	청결층 유지	연기 침입 방지
주요 개념	중성대 하강, 배연, 외기공급 연기생성량, 하강시간 연기교란 방지	방연, 차압유지, 가압, 과압, 누설량, 보충량, 연돌효과, 피스톤효과 등

2) 설치 대상
   (1) 문집, 종, 운 : 무대부 바닥 200 m² 이상
       영화상영관 : 수용인원 100명 이상
   (2) 지하층·무창층에 설치된 근생, 판, 수, 숙, 위, 의, 노, 창고시설 : 바닥 1,000 m² 이상인 층
   (3) 시외버스정류장, 철도, 공항, 항만시설 대기실·휴게시설 : 지하층·무창층 바닥 1,000 m² 이상
   (4) 지하가(터널제외) : 연면적 1,000 m² 이상
   (5) 지하가 중 예상교통량, 경사도 등 터널의 특성을 고려한 터널
   (6) 특피계단, 비상용 승강기의 승강장 또는 피난용 승강기의 승강장

3) 면제 대상
   (1) 공조겸용 제연설비 설치 시
   (2) 직접 외기로 통하는 배출구 면적합계가 제연구역 바닥면적의 1/100 이상이고, 배출구로부터 각 부분 수평거리 30 m 이내 및 공기 유입이 NFTC 기준에 적합한 경우

4) 설치제외 : 암 화목주발숙(가호휴콘) 객실만, 기전공 50창
   (1) 화장실·목욕실·주차장·발코니를 설치한 숙박시설(가족호텔 및 휴양콘도미니엄)의 객실과 사람이 상주하지 않는 기계실·전기실·공조실·50 m² 미만의 창고 등으로 사용되는 부분
   (2) 상기 부분에 배출구·공기유입구의 설치 및 배출량 산정에서 이를 제외할 수 있다.

5) 거실제연 종류에 따른 배출량

50 m² 미만	통로 배출방식	최소 25,000 CMH
400 m² 미만	동일 실 급배기	1 CMM/m² 최소 5,000 CMH
400 m² 이상	인접구역 제연 복도급기, 인접 거실 급기	최소 40,000 CMH 복도는 45,000부터
공동예상	벽 구획은 합산, 경계 구획은 최대값	

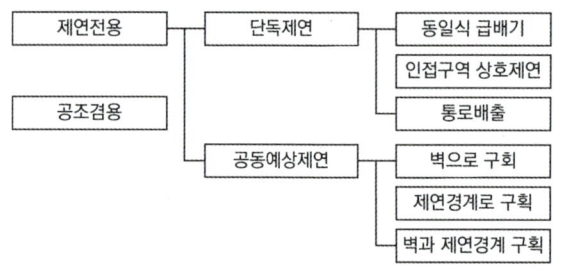

제연구획	직경 40 m 이내	40 ~ 60 m
수직거리 2 m 이내	최솟값	+5천
2 ~ 2.5 m	+5천	+5천
2.5 ~ 3 m	+5천	+5천
3 m 초과	+1만	+1만

6) 공기유입량 : 배출량 배출에 지장이 없는 양
   (1) 연기배출 질량유량 = 공기유입 질량유량 일 때
   $\dot{m}_s = \dot{m}_a$, $\rho_s < \rho_a$ 이므로, $\dot{Q}_s > \dot{Q}_a$
   (2) 즉 배출량 > 급기량(강제급배기의 경우)

7) 제연구획 기준 : 암 1,000 / 거통 / 60 / 60 / 40 / 층
   (1) 하나의 제연구역의 면적은 1,000 m² 이내
   (2) 거실과 통로는 각각 제연구획 할 것
   (3) 통로 상의 제연구역은 보행중심선의 길이가 60 m를 초과하지 않을 것
   (4) 하나의 제연구역은 직경 60 m 원내 포함 (공동예상제연구역 제연경계 구획 : 40 m 이내)
   (5) 하나의 제연구역은 2 이상의 층에 미치지 않을 것

8) 제연구획 방법
   (1) 구성 : 보, 제연경계벽(제연경계), 벽(가동벽, 셔터, 방화문 포함)
   (2) 재질
     ① 내화재료, 불연재료 또는 제연경계벽
     ② 화재 시 쉽게 변형·파괴 ✕
     ③ 기밀성 : 연기누설 ✕
   (3) 제연경계
     ① 폭 0.6 m 이상, 수직거리는 2 m 이내 (수직거리 : 제연경계의 바닥 ~ 제연경계 하단)
     ② 구조상 불가피한 경우 2 m 초과 + 배출량 가산
     ③ 기류에 따라 그 하단이 쉽게 흔들리지 ✕
     ④ 가동식의 경우 급속히 하강해 인명피해 ✕

9) 배출기, 배출풍도, 배출풍속, 배출구
   (1) 배출기 : 배출능력, 캔버스, 전동기-배풍기 분리, 배풍기 내열처리
   (2) 배출풍도
      ① 재질 : 아연도금강판 또는 이와 동등 이상의 내식성, 내열성
      ② 단열재 : 불연재료(석면재료 제외)
   (3) 강판 두께 기준

풍도 긴 변 / 직경크기	450 이하	450 ~ 750	750 ~ 1,500	1,500 ~ 2,250	2,250 초과
강판의 두께	0.5	0.6	0.8	1.0	1.2

   (4) 배출풍속
      ① 배출기 흡입 측 풍도 풍속 : 15 m/s 이하
      ② 배출 측 풍속 : 20 m/s 이하
   (5) 배출구
      ① 각 부분에서 수평거리 10 m 이내
      ② 높이

구획 방법	소규모거실 (400 m² 미만)	대규모거실 (400 m² 이상) 또는 통로인 예상제연구역
벽	천장 또는 반자와 바닥 사이의 중간 위	천장·반자 또는 벽~바닥 2 m 이상 부분
제연 경계	천장·반자 또는 제연경계 하단 위의 벽	천장·반자 또는 제연경계 하단 위의 벽

10) 공기유입방식, 유입풍도, 유입구
   (1) 공기유입방식 : 강제/자연/인접구역 유입
   (2) 유입풍도(단열재 기준 없음)
      ① 풍속 20 m/s 이하
      ② 비, 눈, 배출연기 유입되지 않을 것 (외기취입구 기준 없음)
   (3) 유입구
      ① 풍속 5 m/s 이하, 하향 분출
         ※ NFPA는 화점에서 1.02 m/s 이내
         ※ 이유 : 피난 및 문 개폐 장애 / 화염 확산
      ② 크기 : 35 cm²/1 CMM 이상
      ③ 높이

구획 방법	소규모거실 (400 m² 미만)	대규모거실 (400 m² 이상) 또는 통로인 예상제연구역
벽	• 바닥 외의 장소 • 배출구와 직선거리 5 m or 장변의 1/2 이상 이격	• 바닥에서 1.5 m 이하 • 공기 유입의 장애가 없도록 할 것
제연 경계	제연경계 하단부 이하	제연경계 하단부 이하

11) 제연댐퍼 설치기준
   (1) 댐퍼를 확인, 정비할 수 있는 점검구를 풍도에 설치
   (2) 댐퍼가 반자 내부에 설치되는 때에는 댐퍼 직근의 반자에도 지름 60 cm 이상 점검구)를 설치하고 제연설비용 점검구임을 표시
   (3) 제연설비 댐퍼의 설정된 개방 및 폐쇄 상태를 제어반에서 상시 확인할 수 있도록 할 것
   (4) 공조겸용 제연설비인 경우 풍량조절댐퍼는 각 설비별 풍량을 충족하는 개구율로 자동 조절될 수 있는 기능이 있어야 할 것

12) 거실제연 TAB
   (1) 정의 : 설계목적에 적합한지 검토하고 제연설비의 성능과 관련된 건물의 모든 부분이 완성되는 시점에 맞추어 시험·측정 및 조정하는 시험

(2) 실시기준
① 송풍기 풍량 및 전류, 전압을 측정
② 시험 시에는 제연구역 감지기 또는 수동기동장치를 동작시켜 정상적으로 작동되는지 확인
③ 제연구역의 공기유입량 및 유입풍속, 배출량은 모든 유입구 및 배출구에서 측정
④ 제연구역의 출입문, 방화셔터, 공기조화설비 등이 제연설비와 연동된 상태에서 측정

(3) 평가기준
① 배출구별 배출량은 설계 배출량의 60 % 이상, 제연구역 총 배출량 합계는 설계배출량의 100 % 이상
② 유입구별 유입량은 설계 유입량의 60 % 이상, 제연구역별 유입구의 총 공기유입량 합계는 설계유입량의 100 % 이상
③ 단, 배출량이 설계배출량 이상인 경우에는 공기유입량이 설계유입량에 일부 미달되더라도 적합한 성능으로 볼 것

11 거실제연 이론

1) Thomas 이론식(Hinkely 실험식)
$\dot{m} = 0.096 P y^{\frac{3}{2}} \sqrt{g \rho_a \rho_f}\ [kg/s]$

2) 배출량 공식(공기 17 ℃, 화염 827 ℃ 조건)
$\dot{m} = 0.188 P y^{\frac{3}{2}}\ [kg/s]$ (대공간 0.19 / 중공간 0.21 / 소공간 0.34)

3) 화재안전기준 배출량 유도

구분	1 CMM/m²	25,000	40,000
화재	작은 화재 0.5 MW	중간 화재 1.25 MW	큰 화재 5 MW
화원 둘레	4 m	8 m	12 m
연기온도	827 ℃ = 천장온도	300 ℃	300 ℃
수직거리	2 m		

4) Hinkely 공식 $t = \dfrac{20A}{P\sqrt{g}}(\dfrac{1}{\sqrt{y}} - \dfrac{1}{\sqrt{h}})$

$= \dfrac{2\rho_s A}{0.06 P \sqrt{g}}(\dfrac{1}{\sqrt{y}} - \dfrac{1}{\sqrt{h}})$

$\dot{m} = -\rho_s A \dfrac{dy}{dt},\ \ \dot{m} = 0.06 P \sqrt{g}\, y^{\frac{3}{2}}$ 로부터 유도

12 플러그 홀링

1) 정의 : 배기구 하나의 배기용량이 너무 커 Smoke layer의 연기와 함께 그 하부에 있는 Clear layer의 공기까지 배출되는 현상

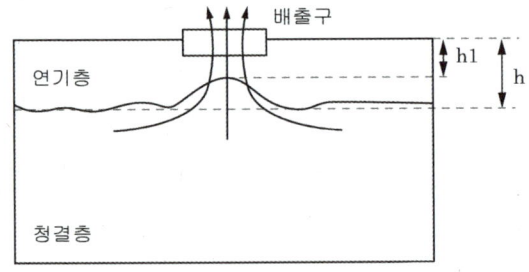

[플러그 홀링 개념도]

2) 발생조건
(1) Fr 임계 1.6 이상 시 $h_{DEP} \geq h$ 되며 P-H 발생

(2) $Fr = \dfrac{V_{vent} \times A_{vent}}{(\dfrac{g(\rho - \rho_s)}{\rho})^{\frac{1}{2}} \times h^{\frac{5}{2}}}$

3) 방지대책 : 배출구 소분화, 거리 / 면적 제한
   → 개소당 배출률 감소
   (1) NFPA - 자연배기 시스템의 경우
      ① 배출구 단면적 < $2h^2$ (연기층높이)
      ② 배출구 단변길이 < h
      ③ 배출구 이격 제한 ≤ $4H$ (천장높이)
      ④ 벽, 경계 각 부분에서 수평거리
         $r ≤ 2.8H$
   (2) NFPA - 강제배기 시스템의 경우
      ① $Q_{max} = 4.16 \gamma h^{5/2} \left(\dfrac{T_S - T_O}{T_O} \right)^{1/2}$ m³/s
         r : 배출구의 위치 계수 (0.5 또는 1)
         h : 연기층의 깊이
         Q : P-H 없는 배출량
      ② $h ≥ 2Di$ (상당직경, $Di = \dfrac{2ab}{(a+b)}$)
      ③ $S_{min} = 0.9 \times Q_{max}^{1/2}$
         배출구 간 최소이격거리[m]

13 Smoke logging, Second Order

구분	Smoke logging	Second Order
개념	SP 살수 → 연기층 하강 (냉각, 팽창, 무게 증가)	제연 가동 → SP 미작동 또는 동작 지연
발생 원인	제연 가동 너무 늦음	제연 가동 너무 빠름
대책	설비 연동 고려한 적합한 가동시간 선정	

14 배연설비

1) 설치대상 : 6층 이상 문집종판 업숙위 의교 노련 근생 중 공종 pc 등 + 요정노장거의 (층 무관)

2) 배연창 설치기준(설비기준 등에 관한 규칙)
   (1) 개소, 크기 : 방화구획 장소마다, 1 m² 이상으로 합계는 바닥면적의 1/100 이상
   (2) 설치높이 : 상단이 천장에서 0.9 m 이내. 단, 층고 3 m 이상 시 하단이 바닥에서 2.1 m 이상

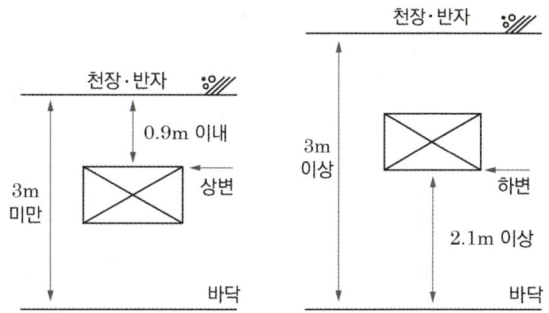

   (3) 동작 : 감지기로 자동 동작 / 손으로 수동
   (4) 예비전원에 의해서 열 수 있을 것
   (5) 기계식 배연은 NFTC 따름
   (6) 배연창 유효면적 기준(암 미피들미들)
      (미서기창, Pivot 종축창, Pivot 횡축창, 들창, 미들창)

3) 특피 피승 배연설비(전실 배연설비)
   (1) 재질 : 배연구, 배연풍도는 불연재
   (2) 규모 : 화재 발생 시 원활히 배연 가능
   (3) 연결 : 외기 또는 평상시 미사용 굴뚝
   (4) 배연구 : 평상시 닫힌 상태, 연 경우 기류로 인하여 닫히지 않는 구조
   (5) 배연기 : 배연구가 외기에 접하지 않은 경우 설치, 배연구가 열림에 따라 자동 동작하고, 충분한 용량일 것
   (6) 동작 : 감지기로 자동 동작 / 손으로 수동

(7) 예비전원 설치

(8) 공기유입 시 NFTC 따름

15 부속실 제연설비

1) 급기량 = 누설량 Q + 보충량 q

2) 누설량

$$Q = 0.827 A P^{\frac{1}{n}} \times N \times 1.25 \, [m^3/s]$$

(1) 차압(P) 기준

① 스프링클러 설치 시 12.5 Pa 이상, SP 미설치 시 40 Pa 이상
→ SP 없을 경우 화재실의 온도가 올라가 압력이 증가하므로 더 높은 차압 필요

② 최대개방력(최대 차압) : 110 N 이하

③ 출입문 개방 시 개방되지 않은 제연구역과 옥내와의 차압은 기준치의 70 % 이상일 것(비개방층 차압)

④ 계단실 부속실 동시 가압 시 : 부속실의 기압은 계단실과 같게 하거나 계단실보다 최대 5 Pa 낮게 유지

(2) 최대차압 산출식

① 손잡이 미는 힘

$$F_F = \frac{\triangle P \times A \times W}{2(W-d)}$$

② 개방 시 소요되는 힘

$$F_t = F_F + F_3 + F_4$$

(F_3 : 경첩에 작용하는 힘
F_4 : 자동폐쇄장치에 작용하는 힘)

3) 보충량 $q = K \times \dfrac{S \times v}{0.6} - Q_O$

(1) 타층 유입풍량

$$Q_O = \frac{Q_1}{N} + \frac{Q_1}{N} \times \frac{A_S}{A_S + A_I}(N-2)$$
$$+ \frac{Q_1}{N} \times \frac{A_S'}{A_S' + A_I'}$$

타 층 누설량 공급량 중, 문 개방을 통해 타 층에서 화재층으로 유입되는 풍량을 의미

(2) 방연풍속 기준

방연풍속	내용
0.5 m/s 이상	계단실·부속실을 동시 또는 계단실만 단독으로 제연
0.7 m/s 이상	부속실 단독제연방식(부속실·승강장이 면하는 옥내가 거실)

(3) 20층 이하 K = 1, 21층 이상 K = 2

16 누설량 공식 중 누설틈새 면적

1) 틈새길이를 통한 틈새면적 산출

(1) 문 한 개소의 틈새면적 공식

$A_1 = (L/\ell) \times Ad$ L : 실제 문 틈새길이

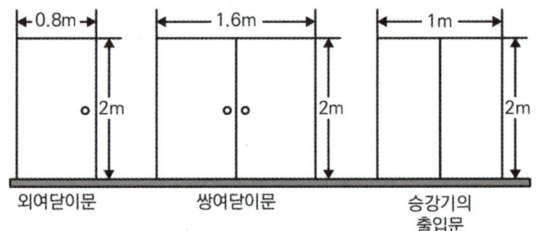

ℓ : 기준 누설틈새길이(5.6 / 9.2 / 8.0)

구분		Ad
외여닫이문	부속실 실내방향	0.01
	부속실 바깥방향	0.02
쌍여닫이문		0.03
승강기 출입문		0.06

2) 방화문 문세트(KS F 3109)의 틈새면적 산출

(1) 방화문의 차연성 기준 : 25 Pa에서 공기 누설량이 0.9 m³/min·m² 이하

(2) 누설량 식에 따르면 $Q \propto \sqrt{P}$ 의 관계가 성립하므로, 차압 40 Pa 기준으로 비례식을 세우면 $x = 1.138 \, [m^3/min \cdot m^2]$ 이고, 여기에 방화문의 면적을 곱하면 최종 누설량이 산출됨
($\sqrt{25} : 0.9 = \sqrt{40} : x$)

3) 총 누설틈새 면적 병렬/직렬 합계

병렬 합계	$A_T = A_1 + A_2 + \cdots + A_n$ $\therefore A_T = \sum_{i=1}^{n} A_i$
직렬 합계	$A_T = (\frac{1}{A_1^2} + \frac{1}{A_2^2} + \cdots + \frac{1}{A_n^2})^{-1/2}$ $\therefore A_T = [\sum_{i=1}^{n} \frac{1}{A_i^2}]^{-0.5}$

17 유입공기 배출

1) 설치 목적 : 지속적인 부속실 정압(+) 유지
2) 수직 풍도에 따른 배출
   (1) 구조
      내화구조로 하며, 내부면은 두께 0.5 mm 이상 아연도금강판 또는 동등 이상 마감
   (2) 배출댐퍼(M.F.D)
      ① 두께 1.5 mm 이상의 강판 또는 동등 이상
      ② 평상시 닫힌 구조로 기밀상태를 유지할 것
      ③ 개폐 여부를 당해 장치 및 제어반에서 확인할 수 있는 감지 기능을 내장하고 있을 것
      ④ 기밀상태를 수시로 점검할 수 있는 구조 및 댐퍼 정비가 가능한 탈착식 구조로 할 것
      ⑤ 화재 층의 옥내에 설치된 화재감지기의 동작에 따라 당해 층의 댐퍼가 개방될 것
      ⑥ 개방 시의 실제개구부(개구율을 감안) 크기는 수직풍도의 최소 내부단면적 이상
      ⑦ 댐퍼는 공기흐름에 지장 없도록 돌출하지 않을 것
   (3) 풍도 단면적
      ① 자연배출식인 경우 : AP = QN/2
         • AP : 수직풍도의 내부단면적[m^2]
         • QN : 1개 층의 제연구역 출입문 1개의 면적[m^2]과 방연풍속[m/s]의 곱[m^3/s]
      ② 기계배출식인 경우
         • 풍속 : 15 m/s(∴ 풍도 단면적 AP = (QN × 여유율)/15)
         • 송풍기 및 그 부품들은 250℃의 온도에서 1시간 이상 가동상태를 유지할 것
         • 배출풍량은 QN에 여유량을 더한 양을 기준으로 할 것
         • 송풍기는 옥내 화재감지기의 동작에 따라 연동할 것
         • 송풍기의 풍량을 실측할 수 있는 유효한 조치를 할 것
         • 송풍기는 다른 장소와 방화구획되고 접근과 점검이 용이한 장소에 설치할 것
3) 배출구에 따른 배출
   (1) 개폐기를 설치하며, 빗물과 이물질이 유입하지 않는 구조로 할 것
   (2) 개폐기의 개구면적 : AO = QN/2.5
4) 제연설비에 따른 배출
   (1) 거실제연설비가 설치되어 있고, 유입공기의 양을 거실제연설비의 배출량에 합하여 배출하는 경우

5) 유입공기 배출량 = S × V

6) 아파트는 면제

18 과압방지장치

1) 국내 최대차압 : 최대개방력 110 N 이하 과압 발생 우려가 없는 것이 증명되는 경우 면제

2) 과압 발생 메커니즘 : 연돌효과, 풍압효과

3) 과압방지 조치(원리 : 차압 또는 개방력 이용)
   (1) 자동차압 급기댐퍼 : 주로 설치하나 과압방지 기능 약함(누기율 많음)
   (2) 플랩댐퍼 방식 : 근래에는 단독으론 거의 설치 안 함. 차동차압급기댐퍼와 함께 설치
   (3) 복합댐퍼 방식 : 상기 제품들과 함께 설치하나 완벽하게는 제어 불가, 연돌효과 해결 불가
   (4) 인버터휀 방식 : 차압 감지하여 풍량 조절. 속도가 느리고 연돌효과 해결 불가
   (5) 릴리프댐퍼 방식 : NFPA, 성능 위주에서 사용
   (6) 계단실 급기가압, 샌드위치 가압 : NFPA 방식

4) 플랩댐퍼와 릴리프댐퍼 차이

플랩댐퍼	릴리프댐퍼
조정압력에서 개방	
거실로 개방	옥외로 개방
거실압력 상승	거실압력 영향 ×

5) NFPA 92의 과압해소 방안 : 수직/수평 릴리프댐퍼, 플랩댐퍼, 복합댐퍼, 인버터

6) 플랩댐퍼 성능기준

구분	플랩댐퍼
역할	부속실 과압(40 ~ 50 Pa) 시 개방
재질	두께 1.5 mm 이상 철판으로 내식성, 내열성 불연재
과압방지	출입문 폐쇄 후 5초 이내에 정상압력으로 복귀
내열성	500 ℃ 5분, 250 ℃에 1시간 이후 비틀림, 균열, 변형 확인
그 외	배출량 : 성능곡선의 90 % 이상 일치하는지 확인 그 외 절연내력, 절연저항 시험 등

7) 차압조절댐퍼 성능기준

구분	차압조절댐퍼
역할	차압(40 Pa) 도달 시 폐쇄 차압 미달 시 개방하여 급기해 정상 차압범위 유지
재질	댐퍼날개 및 프레임 두께 : 1.5 mm 이상 재료 : 강판, 알루미늄 등 댐퍼 : 부식방지 조치 또는 내식성 제품
과압방지	출입문 폐쇄 후 10초 이내에 정상압력 복귀
내열성	500 ℃ 5분, 250 ℃에 1시간 이후 비틀림, 균열, 변형 확인
그 외	누설량 : 최대 1,500 Pa에서 제조사 제시값의 평균 110 % 이하 그 외 절연내력, 절연저항 시험 등

19 급기 송풍기의 풍량, 풍속, 풍도기준

1) 급기 송풍기 급기량 = $(Q + q) \times 1.15$
   누설량을 실측하여 조정하는 경우 변경할 수 있다.

2) 급기풍도
   ⑴ 덕트 두께 기준은 거실제연과 동일
   ⑵ 불연재 단열재로 마감할 것. 다만 방화구획된 휀룸 내에서는 제외
   ⑶ 풍도에서의 누설량은 급기량의 10 %를 초과하지 않을 것
   ⑷ 풍도는 정기적으로 풍도 내부를 청소할 수 있는 구조로 할 것
   ⑸ 풍도 내 풍속은 15 m/s 이하로 할 것

20 거실제연 vs 전실제연 풍도 기준 비교

배출풍도		
구분	거실제연	전실제연
단열재	불연재 단열재 설치	단열재 기준 없음
덕트 두께	직경 따른 기준 있음	수직풍도 두께는 0.5 mm로 통일
풍속	흡입 측 15 m/s 이하 토출 측 20 m/s 이하	수직 자연배출 : 2 m/s 이하 수직 기계배출 : 15 m/s 이하 배출구 배출 : 2.5 m/s 이하

급기풍도		
구분	거실제연	전실제연
단열재	단열재 기준 없음	불연재 단열재 설치
덕트 두께	직경 따른 기준 있음	직경 따른 기준 있음
풍속	풍속 20 m/s 이하	풍속 15 m/s 이하
외기취입구	기준 없음	기준 있음
T.A.B	기준 없음	법적 의무사항

21 외기취입구(부속실 제연만 해당)

1) 취입구는 연기 또는 공해물질 등으로 오염된 공기를 취입하지 아니하는 위치에 설치
2) 배기구 등 으로부터 수평거리 5 m 이상, 수직거리 1 m 이상 낮은 위치에 설치
3) 옥상에 설치하는 경우 옥상의 외곽 면으로부터 수평거리 5 m 이상, 외곽면의 상단으로부터 하부로 수직거리 1 m 이하의 위치에 설치
4) 취입구는 빗물과 이물질이 유입하지 않는 구조
5) 취입구는 취입공기가 옥외 바람의 속도와 방향에 따라 영향을 받지 아니하는 구조

22 각국 차압, 방연풍속 비교

항목별	국내	국외	
		미국	유럽
최소 차압	12.5 / 40 Pa	12.5 Pa / 9-15-21 ft 25-35-45 Pa	30 Pa
최대 차압	110 N	133 N	100 N
방연 풍속	0.5 ~ 0.7 m/s	규정 없음	Class 1 : 1 m/s Class 2 : 2 m/s
연돌 효과	미고려	추가로 고려	고려한 수치

1) NFPA : 화재실 온도 921 ℃ 가정
2) 유럽 : 60 m 초과 시 별도 공학적 설계
   • Class 1 : 30 m 이하의 일반, 주거시설
   • Class 2 : 그 밖의 건물

23 승강로 가압

1) 장점 : 공간, 비용절약, 피스톤효과 절감, 승강로 연기유입 방지, 마찰손실 저감
2) 단점 : 엘리베이터 문 누설 과다로 과압, 차압 형성시간 장시간

24 샌드위치 가압

1) 장점
   (1) 연돌효과와 관계 없이 연기제어 가능
   (2) 광범위한 제연 가능
   (3) 층과 층 사이의 연소확대 방지에 효과적
2) 단점
   (1) 일반 제연설비에 비해 공사비 증가
   (2) 공조배기덕트의 내열성 필요
   (3) 배기덕트를 내화구조 구획 필요

수직적 조닝	수평적 조닝
직상층 [급기] + 직상층 [급기] + 화재층 [배기] − 직하층 [급기] + 직하층 [급기] +	급기(+) / 급기(+) 화재배기(−) 급기(+) / 급기(+)

25 TAB

1) 수행목적
   (1) 제연설비 목적의 부합 여부를 사전에 확인
   (2) 설계도면과 현장시공의 일치성 확인
   (3) 다양한 현장상황에 따른 시스템의 세팅 및 오차의 보완
   (4) 시스템의 적합성과 적법성 확인
   (5) 완성시점에서의 신뢰성 확보
2) 적용대상
   (1) 수계소화설비 : 펌프 등 가압송수장치
   (2) 가스계소화설비 : Door Fan Test
   (3) 제연설비 : 거실제연, 특별피난계단의 계단실 및 부속실 제연설비
   (4) 자동화재탐지설비 : 화재경보시험 등

26 부속실제연설비의 TAB 절차

1) 출입문 크기 및 개방 방향 확인
2) 출입문의 누설틈새 확인
3) 출입문의 폐쇄력 측정
4) 제연설비 작동 확인
5) 제연설비의 작동 중 시험

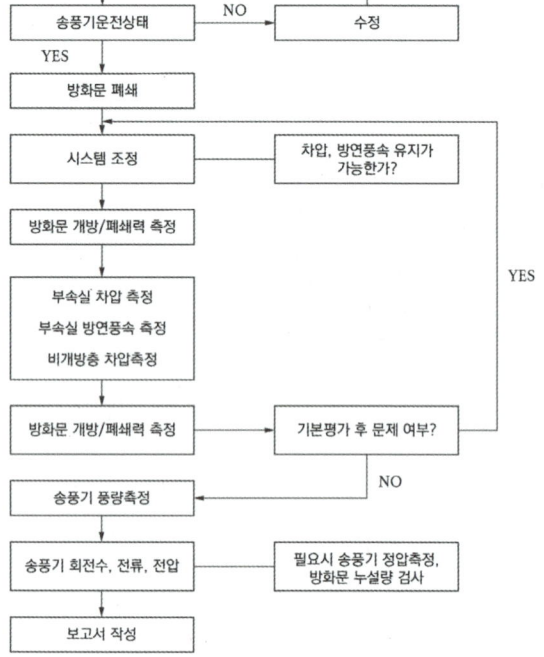

27 부속실제연설비의 TAB 측정

1) 송풍량 : 풍속 × 구경(피토관 측정)
   (1) 송풍기의 동압, rpm, 전류, 전압 측정
   (2) 풍속 $v = 1.29\sqrt{P_v}$, 측정은 원형 20점
   (3) 장방형은 16 ~ 64점의 동일면적 분할법

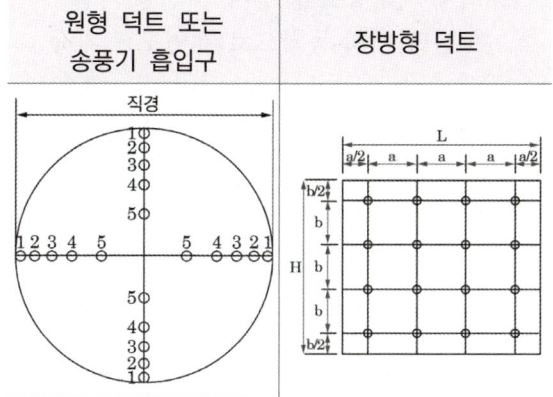

   (4) 피토우 튜브 측정은 엘보 같은 방향 전환이나 와류가 생기는 곳으로부터 최소, 덕트 직경의 7.5배 정도 하류 쪽이나 2.5배 상류 쪽에서 측정
   (5) 동압 측정 시 피토우 튜브는 기류방향과 수평으로 측정

2) 방연풍속 : 등거리법(10), 동일면적분할법(32)

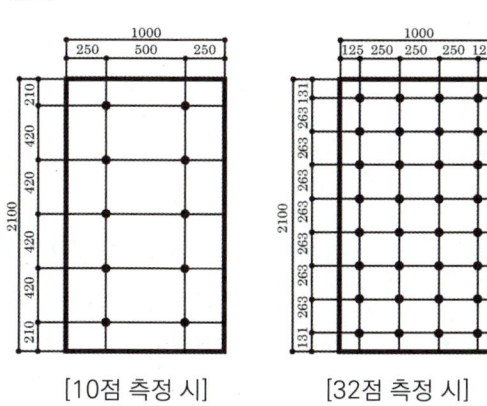

[10점 측정 시]   [32점 측정 시]

   (1) 송풍기 설치 층에서 가장 먼 곳의 방화문을 개방(20층을 초과하는 건물의 경우 연속 2개소 개방) 후 개방층의 방연 풍속을 측정
   (2) 측정 층의 유입공기 배출댐퍼를 개방하고 배출 송풍기는 작동상태

3) 비개방층 차압
   (1) 비개방 차압은 송풍기와 가장 먼 곳의 방화문을 개방(20층 이상은 연속 2개소)한 후
   (2) 개방층의 직상/직하층을 기준으로 5층마다 1개소 이상 측정

4) 차압 : 전 층 검사를 원칙(2중 한 가지 방법)
   (1) 차압계와 차압 측정공으로 측정
   (2) 자동차압급기 댐퍼의 차압 감지관으로 측정

5) 개방력 측정
   (1) 위치 : 부속실 방화문의 손잡이 중심
   (2) 개방력/폐쇄력 측정기 사용

28 Hot Smoke Test, Cold Smoke Test

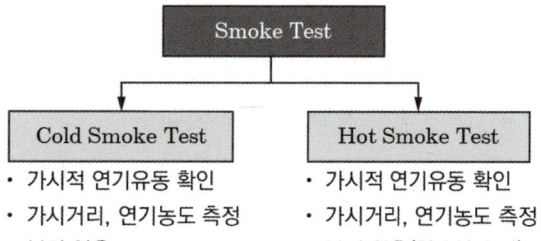

1) 절차

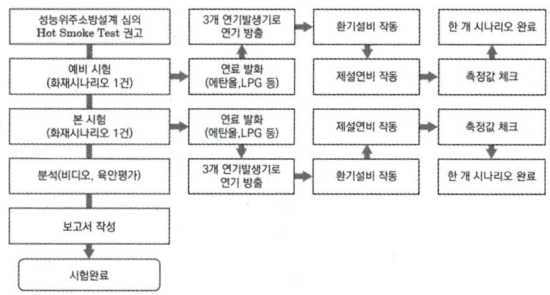

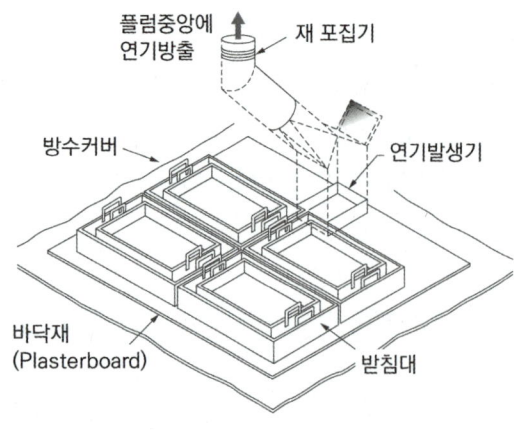

2) TEST 방법

예비시험	본 시험
• 연기발생기 설치위치 확인 • 장비 셋팅 위치 표시 • 분석장비 셋세팅 위치 확인, 표시 • 1차 예비시험 • 현장 문제점, 특이사항 파악	• 현장 환경조건 체크 • 연기발생기 설치 • 연기발생기 가동 전 캠코더 등 측정기 작동 • 가열기 예열 후 연기발생기 작동 • 제연설비, 환기설비로 연기 제거

3) 고려사항 : 마감재 손상 ×, SP 미작동 온도로 시험, 연기온도는 60 ℃ 이내

4) 결과분석
   (1) 열전대를 통해 온도분포 확인
   (2) 감지기 작동시간 분석(연기농도)
   (3) 제연설비, 배연설비 등 연기 제어 성능 분석
   (4) 시간대별 연기 유동 및 가시도 분석

29 공조겸용 제연 성능 불만족 사례

1) 동작 메커니즘
   덕트를 공조 - 제연 간 겸용하는 설비
   (1) 평상시 : 공조휀 가동, 덕트로 공조(냉난방, 환기)
   (2) 화재 시 : 공조휀 정지-제연휀 가동 또는 인버터 동작으로 제연모드 가동

2) 장단점

장점	단점
겸용 덕트를 사용해 설치공간, 비용 절약	성능 요구조건이 달라 제연 성능 미달 우려

3) 성능 불만족 사례
   (1) 기계설비 요구 풍속 10 m/s 이하
       제연설비 풍속 제한 15 ~ 20 m/s 이하
       풍속 증가 → 덕트 마찰손실 증가 → 풍량 감소 → 제연 실패
   (2) 수동 V.D 사용으로 제연모드 시 국부손실 과다 → 풍량 감소 → 제연 실패
   (3) TAB 미비로 제연 성능 확인 불가
       ① 송풍기 풍량, 풍속만 확인
       ② 개별 거실 풍량 정확히 측정하지 않음
   (4) M.D 과다 사용으로 동작 신뢰도 하락

4) 대책
   (1) S.V.D(자동풍량조절댐퍼) 사용 → 100 % 개방
   (2) TAB 실시 - 개별 거실 풍량 기준 충족 확인
   (3) 공동예상제연구역 사용해 M.D 감소

CHAPTER 10

가스계 소화설비

10 가스계소화설비

1 가스계 기초이론

1) 아보가드로 법칙 : 0℃ 1 atm, 22.4ℓ 부피에는 6.02×10^{23}(1 mol)의 분자 존재
   즉, 몰비 = 부피비 = 분자수비

2) 보일-샤를 법칙
   (1) 부피는 압력에 반비례, 온도에 비례
   $$\frac{P_1 V_1}{T_1} = \frac{P_2 V_2}{T_2}$$
   (2) 샤를 법칙의 또 다른 표현
   $$V' = V_o (1 + \Delta T/273)$$

3) 게이뤼삭 제2법칙 : 화학반응의 정수비 법칙

4) 이상기체 상태방정식 : PV = nRT
   이상기체 조건 : 암 무인분탄운
   (1) 기체는 끊임없이 무질서하게 불규칙적인 운동
   (2) 기체 분자 사이에는 인력, 반발력 ×
   (3) 기체 분자 크기는 매우 작은 것으로 간주
   (4) 기체 분자 사이의 충돌은 완전 탄성 충돌
   (5) 기체 분자의 평균 운동 에너지는 절대 온도에만 비례

5) 그레이엄 확산속도법칙
   기체 확산속도 비는 몰피의 제곱근에 반비례 $v_2/v_1 = \sqrt{M_1/M_2}$

6) 돌턴 분압법칙
   (1) 기체의 증기압은 각 성분의 부분압의 합과 같다.
   (2) 부분압력의 분율은 부피의 분율과 같다.
   (3) $P_T = P_1 + P_2 \Leftrightarrow V_T = V_1 + V_2$
   (4) A의 부분압력 $p_A = \dfrac{n_A}{n_A + n_B} \times P_T$
   (5) 인화 가능 상태 판단 $\sum \dfrac{C_A}{LFL_A} = 1$

7) 라울의 법칙
   (1) 액체의 부분증기압은 몰분율 × 단일 액체의 포화증기압으로 구할 수 있다.
   (2) $P_A = x_A \times P_A^{''}$
   (3) 몰분율 $x_A = \dfrac{\dfrac{A}{MW_A}}{\dfrac{A}{MW_A} + \dfrac{B}{MW_B}}$
   (MW : 분자량)

8) 헨리의 법칙
   (1) 용해도는 부분압력에 비례
   (2) P(부분압력) = k × C(용해도)

2 가스계 소화설비 동작 메커니즘

화재 발생
↓
감지기 동작(교차회로) or 수동 기동
↓
사이렌, 경고음, 타이머 동작(피난시간)
M.D 폐쇄장치 동작
↓
솔레노이드 동작 → 기동용기 개방(가스압력식)
솔레노이드 동작(전기식)
↓
선택밸브 개방, 저장용기 개방
↓
집합관 → 선택밸브 → 방호구역 가스약제 이송
압력스위치 동작, 감시제어반 PS 점등
↓
방출표시등 점등, PRD 폐쇄, 가스약제 방출
↓
설계농도 유지, 소화

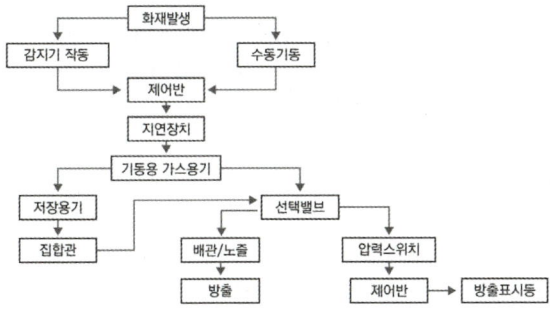

3 기동장치 설치기준

1) 수동 기동장치의 기준(방호구역 근처)
　(1) 수동식 기동장치의 부근에 방출지연스위치 설치
　(2) 전역방출방식은 방호구역마다, 국소방출방식은 방호대상물마다 설치
　(3) 쉽게 피난할 수 있는 장소에 설치
　(4) 기동장치의 조작부 : 0.8 m 이상 1.5 m 이하에 설치 및 보호장치를 설치
　(5) 기동장치 인근에 기동장치 표지를 할 것
　(6) 전원표시등을 설치할 것
　(7) 50 N 이하의 힘으로 기동할 수 있는 구조(Clean Agent만 해당)
　(8) 방출용 스위치는 음향경보장치와 연동할 것
　(9) 보호장치를 설치해야 하며, 개방 시 부저 또는 벨 등에 의하여 경고음을 발할 것
　(10) 옥외에 설치 시 빗물 또는 외부 충격이 없도록 할 것

2) 자동 기동방식의 기준(저장용기실)
　전기식, 기계식, 가스압력식
　(1) 자동식 기동장치는 수동으로도 기동토록 할 것
　(2) 전기식 기동장치
　　7병 이상의 저장용기를 동시에 개방하는 설비는 2병 이상의 저장용기에 전자 개방밸브 부착
　(3) 가스압력식 기동장치
　　① 밸브는 25 MPa 이상 압력에 견딜 수 있을 것
　　② 내압시험압력의 0.8 ~ 1배 이하에서 작동하는 안전장치를 설치
　　③ 기동용기 체적은 5 L 이상, 질소 등의 비활성기체는 6.0 MPa 이상(21 ℃ 기준)으로 충전하고 압력게이지 설치
　　④ 기동용가스용기의 체적 1 L 이상, CO_2를 0.6 kg 이상 충전하고 충전비는 1.5 이상 1.9 이하로도 가능(Clean Agent에 해당)
　(4) 기계식 기동장치 : 쉽게 개방할 수 있는 구조

3) 방호구역 출입구 근처에 방출표시등을 설치

4 저장용기 설치기준

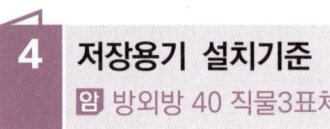
암 방외방 40 직물3표체

1) 저장용기 기준

CO_2	할로겐화합물
방호구역 외의 장소에 설치	
방호구역 내에 설치할 경우에는 피난 및 조작이 용이하도록 피난구 부근에 설치	
방화문으로 구획된 실에 설치할 것	
온도가 40℃ 이하이고, 온도변화가 작은 곳에 설치할 것	온도가 55℃ 이하이고, 온도변화가 작은 곳에 설치할 것
직사광선 및 빗물이 침투할 우려가 없는 곳에 설치	
용기간의 간격은 점검에 지장이 없도록 3cm 이상의 간격을 유지	
용기의 설치장소에는 해당 용기가 설치된 곳임을 표시하는 표지를 설치할 것	
저장용기 집합관을 연결하는 연결배관에 체크밸브를 설치할 것. 다만 저장용기가 하나의 방호구역만을 담당하는 경우에는 제외	

2) CO_2 고압식과 저압식 비교

구분	저압식	고압식
저장압력	-18℃, 2.1 MPa	20℃, 6 MPa
안전장치	안전밸브, 봉판, 액면계, 압력계, 자동냉동장치, 압력경보장치	안전밸브, 봉판
충전비 [ℓ/kg]	1.1 ~ 1.4	1.5 ~ 1.9
저장용기	대형 저장 탱크	68ℓ / 45kg
약제량 측정	액면계	액위 측정법, 중량 측정법
배관	강관 Sch 40 동관 3.75 MPa	강관 Sch 80 동관 16.5 MPa

구분	저압식	고압식
부속류 설계압력	4.5 MPa	선택밸브의 1차 측 : 9.5 MPa 2차 측 : 4.5 MPa
방사압력	1.05 MPa 이상	2.1 MPa 이상
내압시험 압력	3.5 MPa 이상	25 MPa 이상
대상	대용량	소용량

3) 안전장치의 규정

(1) 설치위치 : 집합관과 선택밸브 또는 개폐밸브 사이에

(2) 동작압력 : 배관의 최소사용설계압력과 최대허용압력 사이의 압력

(3) 배출 : 안전장치를 통하여 나온 소화가스는 전용의 배관 등을 통하여 건축물 외부로 배출될 수 있도록 해야 한다.

(4) 동작 : 용전식을 사용해서는 안 된다.

4) 안전시설 등

(1) 시각경보장치 : 방호구역 내와 부근에 설치하여 소화약제가 방출되었음을 알도록 할 것

(2) 위험경고표지 : 방호구역의 출입구 부근 잘 보이는 장소에 부착해 약제방출에 따른 위험 고지

(3) 부취발생기

① 방호구역 내에 소화약제가 방출되는 경우 후각을 통해 이를 인지할 수 있도록 설치

② 설치기준
  • 저장용기실 내의 소화배관에 설치하는 방식 : 방출 시 부취 주입
    - 저장용기실 내의 소화배관에 설치할 것
    - 점검 및 관리가 쉬운 위치에 설치할 것

- 방호구역별로 선택밸브 직후 2차 측 배관에 설치할 것. 다만 선택밸브가 없는 경우에는 집합배관에 설치할 수 있다.
• 방호구역 내에 부취발생기를 설치하는 방식 : 방출 전 부취 발생

4) 고압식 : 개폐밸브 또는 선택밸브의 2차 측 배관부속은 호칭압력 4.5 MPa 이상의 것을 사용, 1차 측 배관부속은 호칭압력 9.5 MPa 이상
5) 저압식 : 4.5 MPa의 압력에 견딜 수 있는 배관 부속 사용

5 Liquid Full

1) 정의 : 용기 내부의 온도상승으로 최대 압력상태인 액상 포화상태

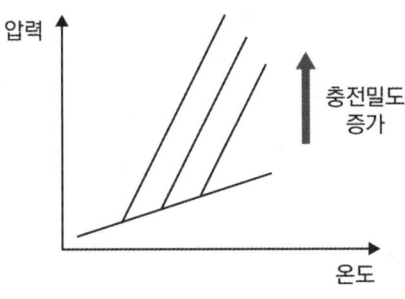

2) 영향인자
   (1) 충전밀도 높을수록 발생
   (2) 저장온도 높을수록 발생
   (3) CO_2, 할로겐화합물일수록 발생 (불활성기체는 발생 적음)
3) 대책 : 저장실의 온도를 40, 55 ℃ 이하로 유지

6 CO_2 배관, 부속류 설치기준

1) 배관은 전용으로 할 것
2) 강관 : SPPH Sch 80(저압은 40) 다만 20 A 이하는 Sch 40
3) 동관 : 이음이 없는 동 및 동합금관으로서 고압식 16.5 MPa 이상, 저압식 3.75 MPa 이상의 압력에 견딜 수 있는 것

7 방출지연 스위치(Abort Switch), Lock out 밸브

구분	방출지연 스위치		Lock-out 밸브 (수동잠금밸브)	
	NFTC	NFPA	NFTC	NFPA
이산화탄소	○	×	○	○
Clean Agent	○	○	×	×

8 독립배관방식 VS 집합배관방식

1) NFTC 기준
   배관 내용적비가 1.5(할론) 또는 설계기준에서 정한 값 이상일 경우(Clean) 해당 방호구역 설비는 독립배관방식으로 한다.
2) NFPA 12A Halon 1301 기준
   배관 약제비율은 충약무게의 80 % 이내
3) 국내는 중앙집중(집합배관) 우성, 해외는 독립배관 우선
4) 긴급 조치, 수리 등 안전조치를 위해 독립배관을 지향해야 한다.

9 패키지 vs 모듈러 vs 전역방출방식

구분	패키지	모듈러	전역방출방식
소화설비	소화기구	소화설비	소화설비
방호구역	1개 구역	1개 구역	여러 구역 방호
수신기	별도 수신기 없음	별도 수신기 설치	별도 수신기 설치
배관	없음	설치	설치
저장용기	방호구역 내	방호구역 내	저장용기실

10 방출시간 : 방출부터 설계농도 95 % 도달시간

CO_2		할론	할로겐	불활성	
표면	심부			A.C	B급
1분 이내	7분, 2분 이내 30 % 농도	10초	10초	2분	1분

※ CO_2 국소방식은 30초 이내

1) 제한 이유 : 유속 제어, 유량 확보, 부산물 최소화
2) 95 % 이유 : 방출 시 압력 하강으로 95 %만 측정

11 설계농도 유지시간(Soaking time, Retention Time, Holding Time)

1) 목적

    소화 후 재발화 방지, 완벽한 소화, 소화 활동 시간 확보

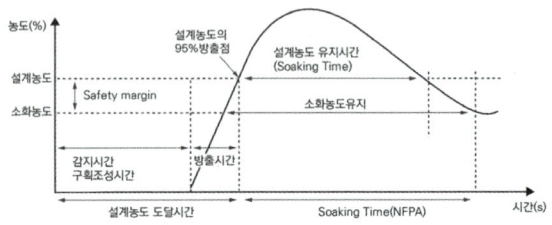

2) 설계농도 = 소화농도 × 안전율

    (1) A급 : A급 소화농도의 1.2배
    (2) B급 : B급 소화농도의 1.3배
    (3) C급 : A급 소화농도의 1.35배

3) NFPA 기준

CO_2	표면	없음
	심부	20분
할/불	표면	10분 또는 관리자가 대처하기 충분한 시간
	심부	협의

4) 설계농도 유지시간의 측정

하강모드(Descending Interface Mode)	혼합모드 (Mixing Mode)
H → h 도달시간	설계농도 85 % 도달시간

하강모드(Descending Interface Mode)	혼합모드(Mixing Mode)
공기보다 무거운 약제	공기와 비슷한 비중 약제
환기시설 정지 시	환기시설 가동 시

  (1) 영향인자 : 환기설비 가동, 약제의 무게, 개구부, 설계농도, 과압배출구 등

5) 개구부와의 관계

  (1) NFTC(국내 화재안전기준)

    ① 상단 1 m or 2/3 상단의 개구부, 통기구 허용

    ② CO_2의 경우 개구부의 면적에 따라 약제 가산

      • 표면화재 : 5 kg/m^2

      • 심부화재 : 10 kg/m^2

      • 전표면적 3 % 이내

  (2) 연구 결과, 개구부가 표면적의 0.1 %만 넘어도 설계농도 유지 어려움

  (3) NFPA 12 기준(CO_2)

    ① 표면화재

      • 개구부 보정량 > 기본량이면 국소방식 채택

      • 개구부 누설량 영향인자
        : 크기, 높이, 온도, 충전밀도, 설계농도
         → 면적만 고려하는 국내와 차이

    ② 심부화재
      원칙적으로 개구부 불가 또는 연장방출 적용

  (4) NFPA 2001 기준(Clean Agent)

    ① 개구부 불가 및 누설량 가산

    ② 못 막을 시 근처 실까지 방호구역으로 설정

12 Door Fan Test(Integrity Test)

1) 기능 : 밀폐도 따른 누설량 측정으로 설계농도유지시간 계산

2) 필요성

실제 방출시험	비용 및 환경 문제 유발
Puff Test	동작 확인만 가능
컴퓨터 시뮬레이션	누설량 변수 확인 불가
Smoke Pencil	누설부위만 확인 가능

↓

Door Fan Test
누설량 측정 가능 설계농도 유지시간 확인 가능

3) 원리

  (1) $Q = CA\sqrt{P}$: 누설량, 누설면적 측정

  (2) 하강모드, 혼합모드로 hold time 계산

4) 절차 : 암 도기설압정보

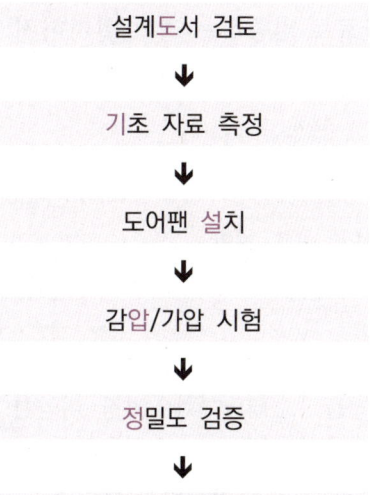

• 정밀도 검증

  ① 누출 등가면적의 30 % 범위 내 도어팬 패널 개방 후 시험

  ② 등가면적 ±10 % 이내 : 정밀도 적정

5) 개선안
   (1) 국내 : 법적기준 ×, 성능위주에서만 최초 1회
   (2) NFPA, GAP Guideline 등 해외 : 최초 실제 방출, 주기적으로 도어팬테스트

13 과부압배출구

1) 필요성 : 방호구역 무결성 보증, 설계농도 유지

2) 국내 기준
   (1) 다음 사항을 검토하여 적용할 것
      ① 방호구역 누설면적
      ② 방호구역의 최대허용압력
      ③ 소화약제 방출시의 최고압력
      ④ 소화농도 유지시간
   (2) 과(부)압이 발생해도 구조물 등에 손상이 생길 우려가 없음을 시험 또는 공학적인 자료로 입증하는 경우 설치하지 않을 수 있음

3) NFPA 선정 공식

CO_2	Clean Agent
초기부압, 이후 과압	초기정압
$A = \dfrac{239Q}{\sqrt{P}}$ P : 허용압력 경량건출 1.2 kPa 일반건물 2.4 kPa 아치형건물 3.8 kPa	FSSA Guide 따름 $X = \dfrac{M \times Q}{\sqrt{P}}$ P : 가장 취약한 구조의 허용압력 M : 약제 따른 상수
[CO_2, 할로겐화합물]	[불활성기체]

4) 설계 모드에 따른 적합한 설치 위치

하강모드	혼합모드
가급적 방호구역 상부 설치	방호대상물로부터 가장 먼 곳 또는 헤드 방출구에서 먼 곳 설치

5) 부압이 발생하는 대표적인 약제

소화약제	과압 발생 여부	부압 발생 여부
FK-5-1-12	○	○
HFC-125	○	○
HFC-227ea	○	○
HFC-23	○	×
불활성기체 (Inergen)	○	×

14 자동폐쇄장치

1) 방호대상공간에서 소화약제가 누출되는 것을 막기 위해 방호대상 공간의 벽이나 덕트의 개구부에는 약제 방출 시 자동적으로 폐쇄하는 장치

2) 적용

구분	내용
PRD	덕트, 개구부 폐쇄 가스압으로 작동
MD	덕트, 개구부 폐쇄 전기로 작동
도어 릴리즈	상시 개방 문 폐쇄 기계식으로 작동
도어 클로져	항시 문 폐쇄 전자식으로 작동

3) PRD 문제점
   (1) 평상시 동작 확인 불가
   (2) 가스 방출과 함께 닫혀 초기 누설 발생
   (3) 가스 압력 및 동관 길이 제한 없음
   (4) 높은 곳에 설치되어 점검 어려움

4) 고려사항
   (1) 가급적 MD 설치
   (2) 방화구획인 경우 방화댐퍼 별도 설치
   (3) 댐퍼의 누설률 고려, 기밀성 댐퍼 사용

15 Feedback, Reserve System

1) Feedback System
   (1) 저장용기에서 방출된 소화약제가 다시 저장용기 기동용 동관으로 연결(A 부분)
   (2) 완전히 개방되지 않은 저장용기까지 모두 개방하게 하는 안전장치

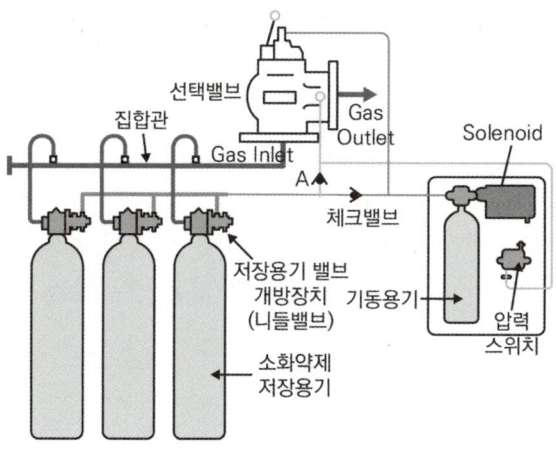

2) Reserve System
   (1) 예비 저장용기를 구비하는 시스템
   (2) 목적
      ① 고가 자산의 완벽한 방호
         • 소화 후 재발화 시 지속적 방호
         • 주 설비 미기동 시 Fail Safe
         • 소화 후 예비용기로 연속적인 보호
      ② 점검 시 예비용기로 연속적인 보호

16 CO_2 상평형도와 물과의 차이점

1) 상평형도

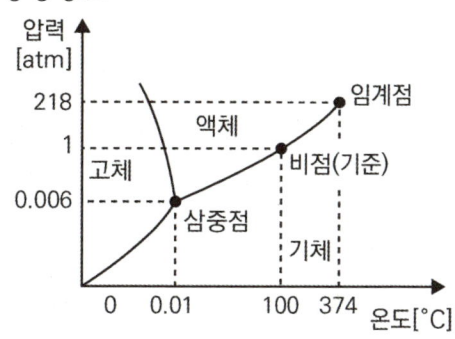

[물의 압력-온도상태도]

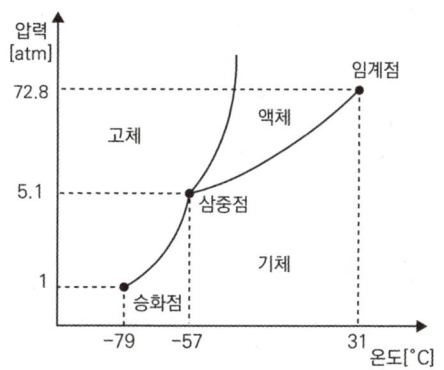

[CO_2 압력-온도상태도]

2) 물과의 차이점

구분	CO_2	H_2O
융해곡선	양의 기울기	음의 기울기
녹는점, 끓는점	낮다	높다
원자결합	극성 공유결합 중 무극성 분자	극성 공유결합 중 극성 분자
분자결합	분산력	수소결합
결합력	작다	크다
소화효과	주로 질식	주로 냉각
단점	질식 인명피해	동파

17 CO_2 약제량

1) 설계농도 34 % 근거

   (1) 가스량 $x = \dfrac{21 - O_2\%}{O_2\%} \times V\,[m^3]$

   (2) 가스농도 $C = \dfrac{21 - O_2\%}{21} \times 100\,[\%]$

   (3) 산소농도 15 % 만드는 가스농도 28 % × 여유율 1.2

2) 자유유출 식

   (1) $x = 2.303 \log\left(\dfrac{100}{100-C}\right)[m^3/m^3]$

   (2) $W = 2.303 \log\left(\dfrac{100}{100-C}\right) \times \dfrac{V}{S}\,[kg]$

   (3) $S[m^3/kg] = k_1 + k_2 t$

   (4) t = 심부화재 10, 표면화재 30 ℃

   (5) 표면화재 선형상수 S = 0.56, 심부 0.52 m³/kg

3) NFTC 기준

   (1) 표면화재(설계농도 34 % or MCF)

방호체적 [m³]	k1 [kg/m³]	최저량 [kg]	k2 [kg/m²]
~ 45	1.0	45	
45 ~ 150	0.9	45	5
150 ~ 1450	0.8	135	
1450 ~	0.75	1125	

※ MCF(보정계수) = $\dfrac{\ln(1-C_1)}{\ln(1-0.34)}$

가연성 액체, 가스에 대한 보정

(2) 심부화재

방호대상물	k1 [kg/m³]	최소농도 [%]	k2 [kg/m²]
유제전케	1.3	50	
체55 전	1.6	50	10
서전목창박	2.0	65	
석면모 창고집	2.7	75	

(3) 국소방출(국내)

   ① $W[kg] = A[m^2] \times 13[kg/m^3] \times 1.4/1.1$

   ② $W[kg] = V[m^3] \times \left(8 - 6\dfrac{a}{A}\right)[kg/m^3] \times 1.4/1.1$

   ③ 1.4와 1.1의 근거
   - 1.4 : 고압식은 70 %만 액상 방출이라 할증
   - 1.1 : 저압식 배관 V.D.T 증발량 가산량

   (4) 방출시간 : 30초 이내

(4) 국소방출(NFPA)

   ① 약제량 $W[kg]$
   $= V[m^3] \times \left(16 - 12\dfrac{a}{A}\right)[kg/m^3 \cdot \min] \times t[\min]$

   ② 방출시간 : 최소 30초 이상이고 자연발화점이 비점보다 낮은 경우에는 최소 3분 이상

18 CO_2 적응성, 비적응성

1) 국내 설치대상 : 암 항주82 기20 전3 방문터

   (1) **항**공기 격납고

   (2) 차고, **주**차용 건축물 또는 철골 조립식 주차시설. 이 경우 연면적 800 m² 이상인 것만 해당

(3) 건축물의 내부에 설치된 차고·주차장으로서 차고 또는 주차의 용도로 사용되는 면적이 200 m² 이상인 경우 해당 부분 (50세대 미만 연립주택 및 다세대주택은 제외한다)

(4) **기**계장치에 의한 주차시설을 이용하여 **20**대 이상의 차량을 주차할 수 있는 시설

(5) 특정소방대상물에 설치된 **전**기실·발전실·변전실·축전지실·통신기기실 또는 전산실, 그 밖에 이와 비슷한 것으로서 바닥면적이 300 m² 이상인 것

(6) 소화수를 수집·처리하는 설비가 설치되어 있지 않은 중·저준위**방**사성폐기물의 저장시설

(7) **문**화재 중 지정문화재로서 소방청장이 문화재청장과 협의하여 정하는 것

(8) 지하가 중 예상 교통량, 경사도 등 터널의 특성을 고려하여 행정안전부령으로 정하는 **터**널. 이 시설에는 물분무소화설비를 설치해야 한다.

2) 국내 제외 : **암** 방자활전

(1) **방**재실·제어실 등 사람이 상시 근무하는 장소

(2) 나이트로셀룰로스, 셀룰로이드 제품 등 **자**기연소성물질을 저장·취급하는 장소

(3) 나트륨·칼륨·칼슘 등 **활**성금속물질을 저장·취급하는 장소

① $4Na + CO_2 \rightarrow 2Na_2O + C$

② $2Mg + CO_2 \rightarrow 2MgO + C$

(4) **전**시장 등의 관람을 위하여 다수인이 출입·통행하는 통로 및 **전**시실 등

3) NFPA 12 적응성 : 인화성물질, 전기적 위험장소, 엔진, 일반가연물, 고체위험물

4) NFPA 12 비적응성 : 자기반응성, 반응성 금속, 금속 수소화물

19 Joule-Tomson 효과

1) 정의 : 단열 팽창에 의한 스로틀링 현상으로 약제 냉각 및 운무 발생

2) 줄 톰슨 계수 $\mu = \left(\dfrac{\partial T}{\partial \rho}\right)_H$,

$\mu = 0$ 역전온도

(1) H_2, He 상온에서 $\mu < 0$

(2) CO_2, N_2, Ar 상온에서 $\mu > 0$

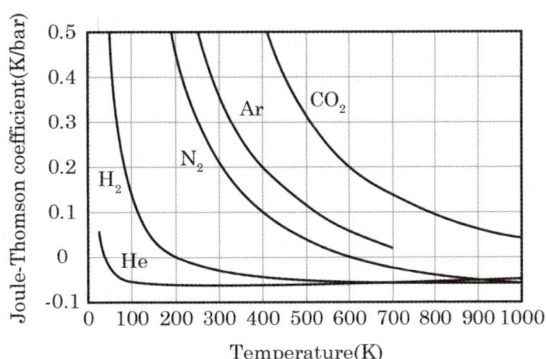

기체온도	줄톰슨 계수	∂P	∂T	가스 상태
역전온도 아래	양(+)	압력 줄어들 경우	음(-)	온도 저하
역전온도 이상	음(-)		양(+)	온도 상승

20 저압식 CO_2 설비의 V.D.T

1) 약제가 배관을 지나며 기화되었다가 다시 액화되는 데 걸리는 시간

2) 기체로 방사 시 방사량이 액상보다 적어져 설계농도 도달시간 지연

3) V.D.T 공식

(1) 중량 lb, 온도 °F, 부피 ft³, 유량 lb/min

$$D_t = \dfrac{W_P C_P (T_1 - T_2)}{0.913 \times Q} + \dfrac{1{,}050\,V}{Q}\,[s]$$

(2) 중량 kg, 온도 ℃, 부피 m³, 유량 kg/min

$$D_t = \frac{W_P C_P (T_1 - T_2)}{0.507 \times Q} + \frac{16,830\,V}{Q}\ [s]$$

(3) 배관 비열 Cp = 0.11 (단위 무관)

4) 대책

(1) 배관 길이를 작고 짧게, 유량은 크게 조정

(2) 고압식으로 변경

(3) V.D.T 증발량만큼 가산

$$m = \frac{W_P C_P (T_1 - T_2)}{\Delta H_V}$$

m : CO_2 증발량[kg]
W_P : 배관무게 [kg]
C_P : 배관비열(0.11)
T_1/T_2 : 배관/CO_2 온도
H_V : CO_2 증발잠열(66.6 kcal/kg)

21 Clean Agent의 종류

1) 할로겐화합물 : HFC, HCFC, PFC, FIC

(1) 특징 : 전기음성도(F > Cl > Br > I)
F일수록 냉각효과 큼
I일수록 부촉매효과, 독성 큼

할로겐 족	F	Cl	Br	I
전기음성도	1위	2위	3위	4위
소화효과	냉각	냉각	부촉매	부촉매
소화능력	4위	3위	2위	1위
오존층 파괴	4위	3위	2위	1위

2) 불활성기체 : IG-01, 55, 541, 100

(1) IG-541 : 질소 52 %, 아르곤 40 %, CO_2 8 %

(2) IG-55 : 질소 50 %, 아르곤 50 %

(3) IG-01 : 아르곤 100 %

(4) IG-100 : 질소 100 %

22 할로겐화합물, 불활성기체 약제량 공식

1) 할로겐화합물

$$W = \frac{V}{S} \times \frac{C}{(100 - C)}\ [kg]$$

2) 불활성기체

$$X = 2.303\,\frac{V_S}{S}\log\left(\frac{100}{100 - C}\right)\ [m^3/m^3]$$

23 할로겐화합물 인체피해 : 심장과민반응(부정맥)

1) 독성 평가 : NOAEL, LOAEL

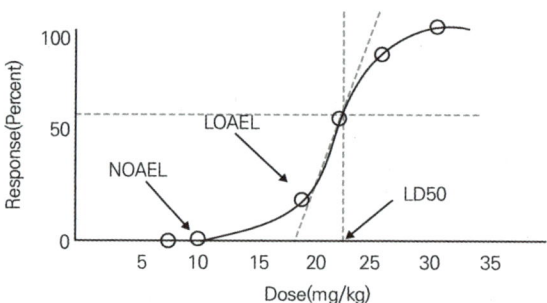

2) PBPK 허용농도 : 개의 혈중 독성농도로 측정된 NOAEL, LOAEL을 사람의 동맥혈 농도로 시뮬레이션한 값

농도	상주 여부	노출시간
NOAEL 이하	상주 가능	5분 이내
NOAEL ~ PBPK	상주 가능 (+ 안전수단)	5분 이내
PBPK 이상	상주 불가 (+ 안전수단)	5분 이내

(1) 안전수단 : 자급식 공기호흡기, 정기적 피난훈련

(2) 비상주 장소 요구사항
　① 사전 알람, 시간지연 타이머 설치
　② 피난시간 30초 이내
　　: LOAEL 이상 농도 적용 가능
　③ 피난시간 30초 ~ 1분
　　: LOAEL 이상 농도 적용 불가

24 불활성기체 인체피해 : 질식

1) 평가 : NEL, LEL
2) 최대노출 허용시간

약제농도(%)	상주 여부	노출시간
43 미만 (NEL)	상주가능 (+ 안전수단)	5분 이내
43 ~ 52 (NEL ~ LEL)	상주가능 (+ 안전수단)	3분 이내
52 ~ 62 (LEL 이상)	상주불가	30초 이내
62 % 초과	상주 불가	-

25 할로겐화합물 환경피해

1) GWP, ODP : 지구온난화(CO_2 기준), 오존층파괴지수(CFC-11 기준) 비교물질의 오염도
2) HFC-23의 GWP : 12,400
　HFC-125의 GWP : 3,100
　HFC-227ea의 GWP : 3,300
3) 2028년부터 GWP 4,000 이상 물품 제한, 2030년부터 GWP 150 이상 물품 제한 (환경부)
4) Halon 1301 오존파괴 메커니즘
$$CF_3Br \rightarrow CF_3^+ + Br^-$$
$$Br + O_3 \rightarrow BrO + O_2$$
$$2BrO \rightarrow 2Br^- + O_2$$

5) ALT : 대기권 잔존지수
$$C = C_0 \mathrm{Exp}^{(-t/L)}$$
C : t에서의 농도　　C_0 : 초기 농도
L : ALT　　t : 시간

6) 불화수소(HF) 위험성
(1) NFPA 704 : 유가반특 4-0-1-₩ (4-높음)
(2) 독성 : LD_{50} 31 mg/kg Rat
　　LC_{50} 170 ppm 4hr Mouse
　　피부 닿으면 화상 유발, 흄 흡입 시 폐염증

26 가스계 설계프로그램

1) 설계프로그램 구성조건
(1) 최대 배관비
(2) 저장용기부터 첫 번째 티분기까지 최소거리
(3) 최소 및 최대방출시간
(4) 소화약제 저장용기의 최대 및 최소충전밀도
(5) 배관 내 최소 및 최대유량
(6) 각 분사헤드에 대한 연결 배관의 체적
(7) 분사헤드의 최대압력편차
(8) 배관 및 관부속 종류
(9) 배관 수직높이 변화의 제한사항
(10) 분사헤드 최소설계압력
(11) 설비의 작동온도
(12) 연결배관에 대한 오리피스 단면적 최대·최소값

⑬ 헤드별 최대편차(약제도달시간, 방출종료시간)

⑭ 티분기 방식과 분기전·후 배관길이에 대한 제한

⑮ 티분기에 의한 최소 및 최대 약제 분기량

2) 설계프로그램 설계기준

(1) 제출하는 50개 모델에서 설계매뉴얼과 설계프로그램 구성조건이 모두 포함 설계할 것

(2) 분사헤드의 개수를 3 ~ 100개 이하의 범위 내에서 고루 분배하여 설계할 것

(3) 50개의 설계모델 중 20개 이상은 비균등 배관방식이 포함되도록 설계할 것

(4) 설계모델별 도서에는 방호구역명세, 소화약제량, 유량계산결과 등이 포함되도록 설계

(5) 판정 : 50개 설계모델의 설계값 등을 설계매뉴얼과 설계프로그램으로 확인하는 경우 산출되는 값 등과 일치할 것

3) 설계프로그램의 유효성 확인

(1) 시험모델 : 20개 이상의 시험모델 중에서 임의로 선정한 5개 이상의 시험모델을 설치

(2) 소화약제 : 소화약제 형식승인 및 검정기술기준에 적합할 것

(3) 기밀시험 : 소화약제 저장용기부터 분사헤드 이전까지 밀폐 → 가압(98 kPa 공기압력으로 5분간 가압) → 누설되지 않을 것

(4) 방출시험

① 방출시간 : 방출 시 측정된 시간에 다른 방출헤드의 압력변화곡선에 의해 산출

구분	방출시간 허용한계
10초 방출방식의 설비	설계값 ±1 초
60초 방출방식의 설비	설계값 ±10 초
기타의 설비	설계값 ±10 %

② 방출압력 : 평균 방출압력이 설계값의 ±10 % 이내일 것

③ 방출량 : 질량·농도를 측정하여 산출, 각 헤드별 방출량 : 설계값 ±10 % 이내

④ 소화약제 도달시간 및 방출종료 시간
- 분사헤드에 소화약제가 도달되는 시간의 최대편차 : 1초 이내
- 소화약제 방출이 종료되는 시간의 최대편차 : 2초 이내(CO_2와 불활성 가스 제외)

(5) 분사헤드 방출면적 시험

① 소화약제의 방출이 종료된 후 30초 이내 소화

② 소화약제 방출에 따른 시험실의 과압 및 부압은 설계값을 초과하지 않을 것

(6) 소화시험

소화시험		소화시간	잔염	재연소 (Reignition)
A 급	목재	600초 이내	미포함	금지
	중합 재료	60초 이내	미포함	600초 이내 금지
B급		30초 이내	포함	금지

CHAPTER 11

소방 유체역학

11 소방 유체역학

1 단위

1) 접두어
   Deci : 10^{-1}, μ : 10^{-6}, n : 10^{-9}

2) 단위 환산

차원	단위의 환산
길이	1 [ft] = 0.3048 [m], 1 [in] = 25.4 [mm]
질량	1 [lb] = 0.4536 [kg]
부피	1 [gal] = 3.785 [ℓ]
일	1 [Btu] = 1,055[J] 1 [cal] = 4.184 [J] 1 [kW] = 1 [kJ/s] = 860 [kcal/hr]
힘	1 [kgf] = 9.8 [N]
온도	[℉] = [℃] × 1.8 + 32 [K] = [℃] + 273 [°R] = [℉] + 460

3) 주요 단위

물리량	SI 단위
질량(m)	kg
밀도(ρ)	kg/m^3
비중량(γ)	N/m^3, kg/m^3
힘(F)	N (kg·m/s²), kgf
일, 열량(W)	J (N·m)
동력, 전력(P)	W (J/s)
압력, 응력(P)	Pa (N/m²)

⑴ 1 kgf = 9.8 N = 9.8 kg·m/s²

⑵ 물의 비중량
   1,000 kgf/m³ = 9,800 N/m³

⑶ 물의 밀도 = 1,000 kg/m³

⑷ 표준대기압 1 atm
   = 14.7 psi = 1.013 bar
   = 10.332 mAq = 10332 mmAq
   = 760 mmHg
   = 101325 Pa = 101.325 kPa
   = 0.101325 Mpa
   = 1.0332 kgf/cm² = 10332 kgf/m²

⑸ 대략적인 압력환산
   1 MPa = 10 kgf/cm² = 100 mAq
         = 1,000 kPa
   1 mmAq = 10 Pa

⑹ 절대압력 : 완전진공 상태부터의 압력

⑺ 계기압력, 진공압력
   대기압을 기준으로 측정된 +, - 압력

⑻ 계기압력 = 절대압력 - 대기압(압력계 측정)

⑼ 진공압력 = 대기압 - 절대압력
   (진공계 또는 연성계로 측정)

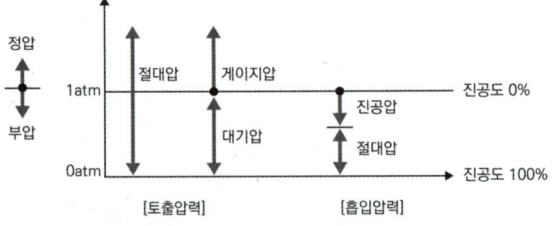

⑽ 전압(Total Pressure) : 유체 전체 압력
   전압 = 정압 + 동압

⑾ 정압(Static Pressure) : 유체의 팽창력

⑿ 동압(Velocity Pressure) : 유체의 속도 압력

공식 : $\gamma v^2/2g \ [Pa]$ 또는 $v^2/2g \ [mAq]$

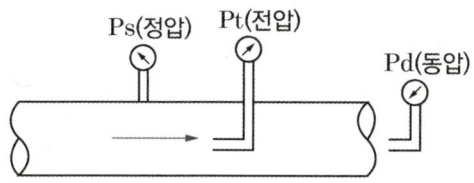

2 주요 물리량

밀도	비중량	비체적	비중
단위체적당 질량 (빽빽한 정도)	단위체적당 중량 (밀도에 중력적용)	단위질량당 체적 (밀도의 역수)	기체 : 공기와 밀도 비 액체 : 물과 밀도 비
$\rho = \dfrac{M}{V}$	$\gamma = \dfrac{W}{V}$	$V_s = \dfrac{V}{M}$	$S = \dfrac{\rho}{\rho_w} = \dfrac{\gamma}{\gamma_w}$
$\left[\dfrac{kg}{m^3}\right]$	$\left[\dfrac{kg_f}{m^3}\right]$	$\left[\dfrac{m^3}{kg}\right]$	-

3 무차원수 : 암 비레프너프그마비웨담

1) 활용
   (1) 현상 관측 시 어느 쪽이 더 지배적인지 판단
   (2) 기준 물질 대비 얼마나 큰 값을 갖는지 직관적으로 비교
   (3) 물질의 상태를 판단하는 기준

2) 종류

   암 레관점, 프관중, 너대전, 틀운열, 그부동, 마유음, 비표내, 웨관표, 담반몰

   (1) $Re = \dfrac{관성력}{점성력} = \dfrac{\rho v d}{\mu} = \dfrac{v d}{\nu}$

   (2) $Fr = \dfrac{관성력}{중력} = \dfrac{v}{\sqrt{gL}} = \dfrac{Re}{Gr}$

   (3) $Nu = \dfrac{대류열전달}{전도열전달} = \dfrac{hl}{k}$

   (4) $Pr = \dfrac{운동에 의한 분자 확산률}{열 확산률} = \dfrac{\nu}{\alpha}$

   (5) $Gr = \dfrac{부력}{동점성력} = \dfrac{g\beta \triangle TL^3}{\nu^2}$

   (6) $M = \dfrac{유체 속도}{음속} = \dfrac{v}{C}$

   (7) $Bi = \dfrac{물체 표면의 대류열전달}{물체 내부의 전도열전달} = \dfrac{hl}{k}$

   (8) $We = \dfrac{내부 관성력}{표면장력} = \dfrac{\rho V^2 l}{\sigma}$

   (9) $Da = \dfrac{반응속도}{몰\ 유량\ or\ 물질의\ 속도}$
       $= kC_0^{n-1}\tau$

$D_a > 0.1$	연소반응 지속
$D_a \leq 0.1$	소염

3) 추가 무차원수
   (1) 푸리에 수
   $$Fo = \dfrac{전도열}{저장열} = \dfrac{\alpha t}{(V/A)^2} = \dfrac{\alpha t}{L^2}$$

$F_o > 1$	열 침투 빠름, 열적 정상상태
$F_o \fallingdotseq 1$	전이상태
$F_o < 1$	열 침투 느림

   (2) 오일러 수(압력계수 Cp)
   $$Eu = \dfrac{압축력}{관성력} = \dfrac{P}{\rho v^2} = \dfrac{정압}{동압}$$

   (3) 스탠톤 수
   $$St = \dfrac{Nu}{Re \times Pr} = \dfrac{Nu}{Pe} \text{ (열이동)}$$
   $$St = \dfrac{Sh}{Re \times Sc} \text{ (유체이동)}$$

(4) 슈미트 수(유체 유동에서의 프란틀수)

$$Sc = \frac{\text{운동에 의한 분자 확산률}}{\text{농도차 따른 질량 확산률}} = \frac{\nu}{D}$$

(5) 셔우드 수(유체 유동에서의 너셀수)

$$Sh = \frac{\text{대류에 의한 물질전달률}}{\text{분자 간 물질전달률}} = \frac{hL}{D}$$

4) 특성

(1) 유체 유동 무차원수 : Re, Fr, Gr, M, Da, We, Eu, Sc, Sh, St

(2) 열전달 무차원수 : Nu, Pr, Bi, Fo, St

(3) 강제대류의 층류/난류 구분 : 레이놀즈 수

(4) 자연대류의 층류/난류 구분 : 그라쇼프 수

(5) 프루드 수 : 확산화염 불꽃 길이, 플러그 홀링

(6) 마하 수 : 폭굉/폭연/연소 - 초/천/아 음속

(7) 너셀 vs 비오트수 : 단일 유체 내부의 현상 vs 유체와 잠긴 고체 물질 간의 현상

4 연속의 법칙

단일 관로를 흐르는 유체 유량의 연속성 법칙

1) $Q = A_1 v_1 = A_2 v_2$ [m³/s]

2) $G = \gamma_1 A_1 v_1 = \gamma_2 A_2 v_2$ [kg/s]

3) $M = \rho_1 A_1 v_1 = \rho_2 A_2 v_2$ [kgf/s]

5 파스칼 원리

밀폐계 유체에서 압력 변화의 발생은 유체 내부 모든 곳에 동일한 크기로 전달 ($\Delta P_1 = \Delta P_2 = \Delta P$)

1) h 깊이에서 유체 내부의 압력

$P(h) = P_o + \rho g h$

2) 유압기기에 응용

$\Delta P_1 = \Delta P_2 = \Delta P$ 이므로

$A_1 < A_2$ 이면 $F_1 < F_2$, 작은 힘으로 큰 힘 발휘

6 뉴턴의 운동법칙 : 암 뉴관가작

관성의 법칙, **가**속도의 법칙, **작**용 반작용의 법칙

$F = ma\,[N],\ a = dv/dt\,[m/s^2]$

7 베르누이 방정식

1) 조건 : 암 유선정이

(1) 유체입자는 **유선**을 따라 흐른다.

(2) 유체 흐름은 **정**상상태이다.

(3) 유체는 비압축성 비점성인 **이**상유체이다.

2) 공식

$$\frac{P}{\gamma} + \frac{v^2}{2g} + h = Const'\ [mAq]$$

(1) 정압 + 동압 + 위치압 = 전압으로 일정

(2) 정압과 동압은 반비례 관계

3) 에너지선 = 수력구배선 + 속도 에너지(동압)
수력구배선 = 에너지선 - 동압

8 운동량 방정식

1) 기본식 : $F = ma = \rho Q \Delta v \ [N]$
2) 소화전 관창의 반동력
   $R = 0.015 \times P \times d^2 \ [kgf]$
   P : 방사압력 [kgf/cm^2]
   d : 관창 직경 (13 mm)

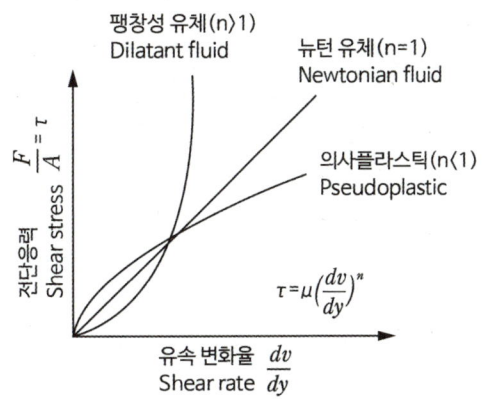

9 뉴턴의 점성법칙

1) 개념
   (1) 마찰력(점성력)은 유체의 점성, 접수면적, 속도구배에 비례
   (2) 전단응력은 점성 및 속도구배에 비례
   (3) 마찰력 증가 시 설비의 반송동력은 증가
2) 공식
   $F = \mu A \dfrac{dv}{dy}, \ F' = \tau A, \ \tau = \mu \dfrac{dv}{dy}$
3) 뉴턴유체와 비뉴턴유체

구분	뉴턴 유체	비뉴턴 유체
정의	전단응력과 유속변화율의 관계가 선형적인 유체	전단응력과 유속변화율 사이에 비례관계가 성립하지 않는 유체
관련식	$\tau = \mu(\dfrac{dv}{dy})^n$, $n = 1$	$\tau = \mu(\dfrac{dv}{dy})^n$ $n \neq 1$
점성도	힘의 변화와 관계없이 일정	힘의 변화에 따라 변함

10 주손실과 부차적 손실

1) 주 손실 : **암** 길낙
   (1) **길**이에 따른 마찰손실
   (2) **낙**차에 의한 손실
2) 부차적 손실 : **암** 상저유
   (1) **상**당길이법(부속류 손실을 직관 길이로 환산)
   (2) **저**항계수법(부속류 저항값을 아는 경우)
   (3) **유**량계수법(제조사 실험값에 따름)

상당길이법 (등가길이법)	저항계수법 (손실계수법)	유량계수법
$l_{eq} = \dfrac{K_L d}{f}$	$H = K_L \dfrac{v^2}{2g}$	$P = \gamma(\dfrac{Q}{C})^2$
모든 부속류 모든 밸브류 수계설비	급확대/급축소 완만 확대관 곡관류 등 제연설비	제어밸브류 수계설비

11 급확대 손실과 급축소 손실

구분	급확대 손실	급축소 손실
그림	(P₁ A₁ ① / P₂ A₂ ②)	(① A_c ②)
손실수두 (h_L)	$h_L = (v_1 - v_2)^2 / 2g$ $h_L = K \times v_1^2 / 2g$	$h_L = (v_1 - v_2)^2 / 2g$ $h_L = K \times v_2^2 / 2g$
K 값	$K = (1 - A_1/A_2)^2$	$K = (A_2/A_1 - 1)^2$, $A_1/A_2 = C_c$
원인	급확대부의 와류	축류 ~ 재확대부에서의 와류
계산	유속(v_1)과 직경비(A_1/A_2)로 구함	유속(v_2)과 직경비(A_2/A_1)로 구함

12 유량계수

1) 정의 : 실제 계측 유량은 유량계수 손실로 인해 이론 유량보다 다소 작다.
2) 관계식 : $C = C_v \times C_c$

구분	정의	공식
C_v 속도계수	이론유속과 실제유속의 비	$C_v = \dfrac{v}{v_{이론}}$
C_c 수축계수	배관의 목 단면적(A)과 유체의 최소단면적(A_c)의 비	$C_c = \dfrac{A_c}{A}$

3) $C_c = 0.61$(오리피스), $C_c = 0.99$(벤츄리)
4) β-ratio : d/D 또는 2/D

13 하젠 윌리엄스 식

1) 수계소화설비에서 대부분 적용하는 마찰손실계산 적용 공식
2) 적용 조건
   난류의 물, 7.2 ~ 24 ℃, 1.5 ~ 5.5 m/s, 물 비중량 1,000 kgf/m³
3) 공식

$$\Delta P = 6.174 \times 10^5 \times \dfrac{Q^{1.85}}{C^{1.85} \times D^{4.87}} \times L \ [kgf/cm^2]$$

14 조도계수 C

1) 개념 : 배관의 거칠음계수, 작을수록 거칠어지며 손실 증가
2) 배관 종류에 따른 조도계수

배관 재질	조도계수
덕타일주철관	100
건식, 준비작동식(흑관/백관)	100
습식(흑관/백관)	120
동관, STS관, CPVC관	150
콘크리트	140
건식, 준비작동식에 질소 가압 시	120

3) 조도환산계수 : $\left(\dfrac{변경조도}{120}\right)^{1.85}$

4) 스케줄환산계수 : $\left(\dfrac{변경\ sch\ 직경}{sch\ 40\ 직경}\right)^{4.87}$

15 달시 바이즈바하 식

1) 모든 유체 적용 가능한 마찰손실 공식이나 f의 산정이 어려움

2) 공식 : $H = f \dfrac{l}{d} \cdot \dfrac{v^2}{2g}$ [mAq]

3) 무디선도의 f (마찰계수)
   (1) 층류(2,100) : $64/Re$, $Re = dv\rho/\mu$
   (2) 천이(2,100 ~ 4,000) : Re, ϵ/d의 함수
   (3) 난류(4,000) : ϵ/d 의 함수
   (4) 매끄러운 관 : Re 의 함수

4) 하젠 포아즈이유 식 : 달시 식에서 유도되며
   (1) $\Delta P = \dfrac{128\mu l Q}{\pi d^4}$ [Pa]

5) Hazen-Williams VS Darcy-Weisbach

구분	Hazen-Williams식	Darcy-Weisbach식
대상	난류흐름의 수배관만 해당	층류, 난류흐름의 모든 유체
영향 인자	조도계수, 배관경, 유속	유체밀도, 점성도, Re수, 상대조도, 배관경, 유속
특징	단순 공식으로 구해 간편	파라미터 많고 무디선도로 구해 복잡
소방 적용	스프링클러, 옥내소화전, 포소화설비 등	150 L 이상 부동액 주입 설비, 중압식, 고압식 미분무소화설비, 제연설비 등

16 표면장력

1) 개념 : 계면(Surface of System)의 장력으로, 클수록 웨버수가 작고(< 1) 심부화재 적응성 적음

2) 공식
   $F_a = \sigma \pi d$, $F_b = PA$,
   $\sigma = \dfrac{Pd}{4}$ [$dyne/cm$]

3) 물 72, 계면활성제 30, 수성막포 20 dyne/cm

4) 개선안 : 침투제(Wetting Agent)의 사용

17 토리첼리의 정리 : 베르누이에서 유도

1) $v = \sqrt{2gh}$ [m/s]

2) 실제 유체에는 $C = C_c \times C_v$ (유량계수) 반영

18 벤츄리 효과

1) 개념 : 좁은 목(벤츄리관)을 통과 시 동압 증가로 정압이 감소하는 현상

2) 공식 : $\dfrac{v_2^2 - v_1^2}{2g} = \dfrac{P_1 - P_2}{\gamma}$

3) 활용 : 배관 벽에서 압력이 줄어 흡입 발생. 무동력 벤츄레이터, 라인 프로포셔너, 차압식 유량계

19 상사의 법칙

1) 상사란 닮음의 개념으로, 비례관계를 이용해 상사한 기계의 특성을 계산할 수 있음
2) 상사의 조건 : 기하학적 상사, 운동학적 상사, 역학적 상사
3) 상사의 법칙(유도방법)

구분	관련식
유량 상사 (연속방정식)	$\dfrac{Q_2}{Q_1} = (\dfrac{D_2}{D_1})^3 (\dfrac{n_2}{n_1})$
양정 상사 (토리첼리)	$\dfrac{H_2}{H_1} = (\dfrac{D_2}{D_1})^2 (\dfrac{n_2}{n_1})^2$
축동력 상사 (유량 × 양정)	$\dfrac{L_2}{L_1} = (\dfrac{D_2}{D_1})^5 (\dfrac{n_2}{n_1})^3$

(1) 회전차 속도 식 : $v = \pi d n \ [m/min]$

4) 활용 : 인버터 가변 시스템, 현장에서 펌프나 휀의 성능 조정, 풀리(Pully) 조정 등

20 비속도(Specific Speed)

1) 회전수 비교를 위한 가상의 계산된 속도 값
2) 기기 회전수를 유량 1 cmm, 양정 1 m 기준으로 환산한 값
3) 공식 : $N_S = \dfrac{n\sqrt{Q}}{H^{3/4}}$
4) 펌프 특성에 따른 비속도 영역
   (1) 원심펌프 150 ~ 550 , 유량 작고 양정 큼
   (2) 사류펌프 150 ~ 1,500
   (3) 축류펌프 1,000 ~ 2,000 , 원심과 반대
5) 계산 시 주의사항
   (1) 펌프 효율은 최대효율점의 효율을 적용
   (2) 다단펌프는 1단의 양정만 적용
   (3) 양흡입 펌프는 한쪽 유량만 적용

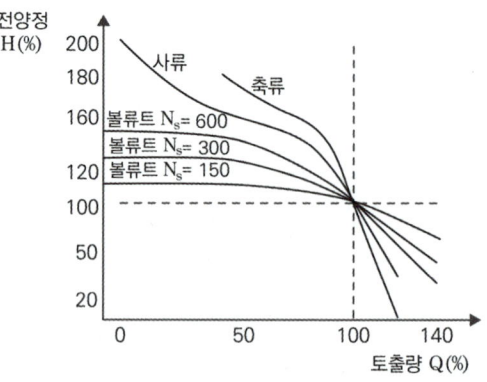

21 공동현상(Cavitation)

1) 펌프 내 포화증기압 > 정압으로 기포가 발생, 임펠러에 충격을 주는 현상
2) 원인
   저수조를 펌프 하단에 설치, 배관 유속(동압) 과다, 수온 상승, 흡입 측 마찰손실 과다

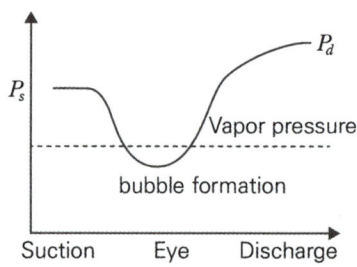

3) 평가기준
   (1) NPSHav > NPSHre : 공동현상 미발생
   (2) NPSHav = NPSHre : 공동현상 한계
   (3) NPSHav < NPSHre : 공동현상 발생
   (4) 설계 : NPSHav ≥ NPSHre × 1.3
4) $NPSH_{av} = \dfrac{P_a}{\gamma} - (\pm H_h + H_f + H_v)$
   $NPSH_{re} = \sigma H$

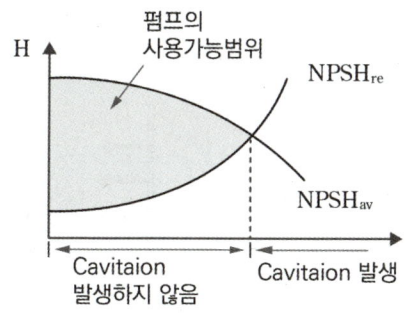

5) 대책

구분	내용
NPSH$_{av}$ 증대	H_h : 수조를 펌프보다 높게 설치, 수직축 펌프 적용 H_f : 흡입 측 배관 짧고 굴곡 없게 설치, 버터플라이밸브 불가, 편심 레듀서 사용, 배관경 증가 H_v : 릴리프밸브 설치, 저수조실 온도 제어
NPSH$_{re}$ 감소	양흡입펌프(토마계수가 적음) 사용 비속도가 작은 펌프 사용

22 수격현상(Water Hammering)

1) 발생 근거

   (1) 운동량방정식 : $F = \rho Q(v_2 - v_1)\ [N]$

   (2) 베르누이 정리 : $\dfrac{P_1 - P_2}{\gamma} = \dfrac{v_2^2 - v_1^2}{2g}$

2) 수격 시 충격파의 크기와 특징

   (1) 충격파 $\Delta P = \dfrac{9.81 \times a \times v}{g}\ [kPa]$

   (2) 상승압력은 유체 및 압력파의 속도에 비례

   (3) 상승압력은 배관의 길이 및 형태와는 무관

   (4) 충격파의 속도는 음속과 동일

3) 발생원리 : 밸브 개폐 속도 < 임계주기

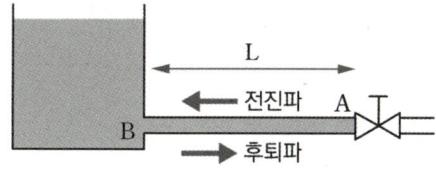

   (1) 임계주기 $t = \dfrac{2 \times L}{a}\ [\sec]$

   (2) $t \leq 2L/a$ 시 충격파 발생

4) 원인 : 펌프의 급정지, 밸브의 급폐쇄, 급격한 유속 변화, 유체의 압력변동

5) 방지대책

   (1) 펌프 : Fly Wheel, 감전압기동, 스모렌스키 밸브

   (2) 관로 : 배관경 크게, 유속 낮춤, 수격방지기

   (3) 밸브 : 개폐 서서히, 버터플라이밸브 금지, 레버식이 아닌 기어식 밸브 사용

23 서징(맥동현상, Surging)

1) 원인

   (1) 성능곡선 우상향부분 존재

   (2) 저풍량 영역에서 운전

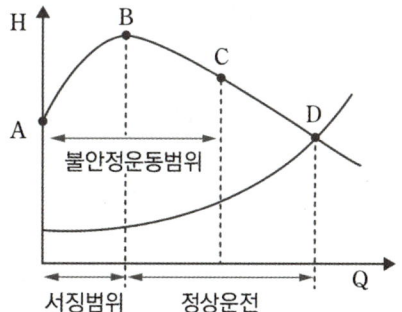

   (3) 토출 측 중간에 공기 고임부(중간챔버)가 있고 밸브 2에서 토출량 조절(유량조절밸브 후단 설치)

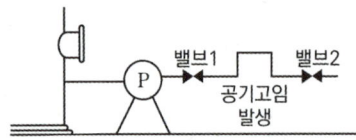

2) 문제점 : 토출량 변함, 진동으로 설비파손

3) 대책 : 원인 인자 제거, Air Foil 사용, 휀의 경우 Bypass 덕트 또는 배풍(Venting) 댐퍼로 일정량의 풍량을 외부로 지속적으로 배출해 휀으로의 역류를 막음

24 에어 바인딩(Air Binding)

1) 펌프에 공기가 차 있어 펌프 내 수두 감소로 인해 물이 수송되지 않는 현상

2) 원리 : 펌프 초기 기동 시 공기가 차는 경우 저수조가 아래에 있고, 흡입 측 물이 빠지는 경우

3) 대책 : 펌프 물올림컵 설치, 공기빼기밸브 설치

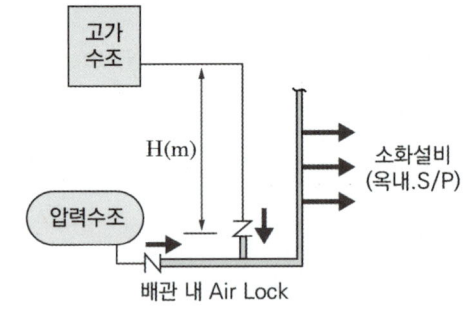

25 에어락(Air Lock)

1) 압력수조 시스템에서의 이상현상. 압력수조 공기압력이 높아 탱크 잔류공기압으로 인해 옥상수조 물이 하강하지 않는 현상

2) 대책 : 압력수조 공기량을 2/3에서 4/5로 감소, 공기압은 5.2 kgf/cm^{2}에서 4 kgf/cm^{2}로 감소

CHAPTER 12

소방기계

12 소방기계

1 수원

1) 소화설비별 수원량

   수원량 = 유량 × 기준개수 × 주수시간

설비	기준개수 (EA)	유량 (lpm)	주수시간 (min)	방수압 (MPa)
SP	10 ~ 30	80	20	0.1 - 1.2
간이 SP	2 or 5	50	40	0.1 - 1.2
옥내 H	2 or 5	130	60	0.17 - 0.7
SC	3 ~ 5	800	-	0.35 ~
옥외 H	2	350	20	0.25 - 0.7

   - 개방형 SP
     30개 이하 = 폐쇄형과 동일
     30개 초과 = 수리계산 유량 × 헤드 개수 × 시간

2) 옥상수조 : 주 수원의 1/3 이상 별도 옥상에 저장
   - 예외 : 🔑 지방 가고 10예옥
   (1) **지**하층만 있는 건축물
   (2) 수원이 건축물의 최상층에 설치된 헤드(**방**출구)보다 높은 위치에 설치된 경우
   (3) **가**압수조·**고**가수조를 가압송수장치로 설치
   (4) 건축물의 높이가 지표면으로부터 **10** m 이하
   (5) 주펌프와 동등 이상의 성능이 있는 별도의 펌프(**예**비펌프)로서
       ① 내연기관 기동과 연동하여 작동하거나(엔진펌프)
       ② 비상전원을 연결한 경우(발전기)
   (6) 학교·공장·창고시설에 수동기동 방식의 건식 **옥**내소화전 설치 시
       - 예외불가 : 고층건축물, 창고시설 NFTC 대상

3) 유효수량 : 타 흡입구 하단 ~ 소방 흡입구 상단

4) 수조의 기준 : 🔑 점동수고 조청표배
   (1) **점**검에 편리한 곳에 설치
   (2) **동**결방지조치를 하거나 동결의 우려가 없는 장소에 설치
   (3) **수**위계를 수조 외측에 설치
   (4) **고**정식 사다리를 수조 외측에 설치
   (5) **조**명 설비를 설치
   (6) **청**소용 배수밸브 또는 배수관을 수조 밑 부분에 설치
   (7) **표**지는 "스프링클러설비용 수조"라고 표시하여 수조 외측의 보기 쉬운 곳에 설치
   (8) **배**관에는 "스프링클러설비용 배관"이라고 표시하여 수직배관 및 수조 접속부에 설치

2 가압송수장치

1) 종류 : 펌프, 고가수조, 압력수조, 가압수조
2) 구성요소
   (1) 고가수조 : 🔑 수급배오맨
       수위계, **급**수관, **배**수관, **오**버플로우관, **맨**홀

(2) 압력수조 : 암 수급배맨 + 압축기안
수위계, 급수관, 배수관, 맨홀, 압력계,
공기압축기, 급기관, 안전장치

(3) 가압수조 : 별도 질소용기 사용

(4) 엔진펌프 : 배터리 + 연도 + 급배기 환기 필요

3) 펌프 공통 구성

후드밸브, 물올림장치, 성능시험배관, 릴리프밸브, 진공계/연성계/압력계, 기동용 수압개폐장치, 충압펌프

4) 펌프의 종류 : 터원사축볼터, 용왕회, 특수형

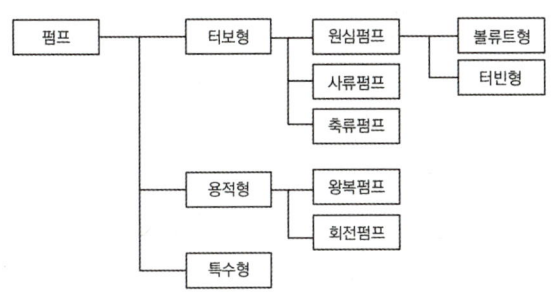

(1) 볼류트 펌프 : 안내 날개가 없음(암 볼무)
(고유량, 저양정)

(2) 터빈 펌프 : 안내 날개가 있음
(저유량, 고양정)

5) 펌프 동력 : 암 수축모 동력

① 수동력 ② 축동력 ③ 모터동력(전동력)

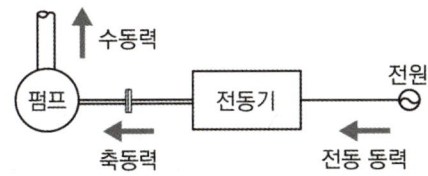

(1) $L[W] = \dfrac{\gamma[N/m^3] \times Q[m^3/s] \times H[m]}{\eta} \times K$

(2) $L[kW] = \dfrac{0.163 \times Q[m^3/\min] \times H[m]}{\eta} \times K$

(3) 1 HP = 0.75 kW

6) 펌프 효율 : 암 수체기 효율

(1) 수력효율 = 실제양정/이론양정

(2) 체적효율 = 토출유량/흡입유량

(3) 기계효율 = 출력동력/공급동력

(4) 효율 = 수동력/축동력 = 수 × 체 × 기

7) 펌프 양정 : 암 낙마방

전양정 = 실양정(낙차) + 마찰손실수두 + 방사수두

8) 펌프 성능특성곡선, 저항곡선

(1) 성능특성곡선 : 펌프의 특성을 나타낸 곡선

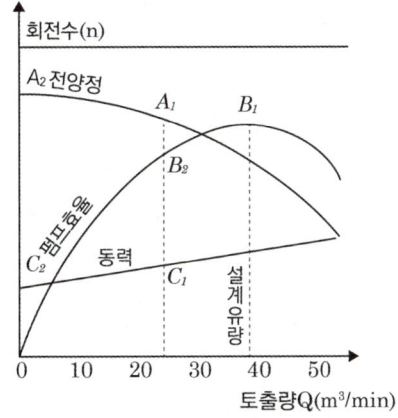

구분	전양정 곡선	축동력 곡선	효율 곡선
개념	유량에 따른 전양정 곡선	유량에 따른 축동력 곡선	유량에 따른 효율 곡선
특징	• 유량이 커질수록 작아짐 • 유량 0에서 양정 최대	유량과 양정이 클수록 커짐	• 수동력과 축동력의 비 • 포물선 형태

(2) 저항곡선 : 펌프 토출 측 배관의 저항

① $\Delta P \propto v^2$ 하므로 지수함수로 증가

② 구성 : 낙차저항, 마찰저항, 압력저항

③ 밸브 폐쇄 시 : 좌측 이동(가팔라짐)
밸브 개방 시 : 우측 이동(완만해짐)

(3) 펌프 운전은 성능곡선과 저항곡선의 교점에서 이뤄짐

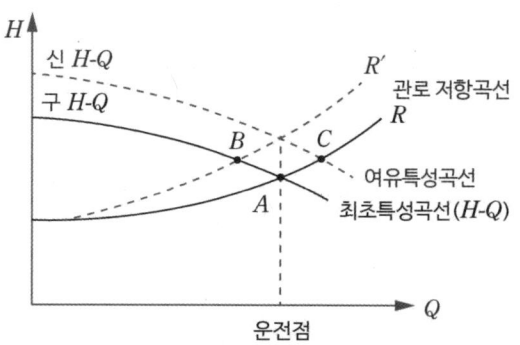

9) 주 펌프와 충압펌프의 비교

구분	주 펌프	충압펌프
설치 대상	가압송수장치를 펌프로 사용하는 경우	기동용 수압개폐장치를 기동장치로 사용하는 경우
설치 목적	화재 시 소화수 가압송수	비화재 시 • 배관 내 수압 유지 • 소화수 신속한 방출로 시간지연 방지 • 주펌프 잦은 기동 방지
기동, 정지	자동기동 수동정지	자동기동 자동정지
체절 압력	정격토출압력의 140 % 이하	제한없음

10) 펌프 직병렬 운전

(1) 필요성 : 펌프 증설 또는 아래의 이유
  ① 직렬운전 : 고층 건축물에서의 조닝(Zoning)
  ② 병렬운전 : 펌프의 대수 제어로 유량 조절

(2) 직렬연결
  ① 동일성능 펌프
    • 개별펌프 양정의 2배 미만
      $H_3 < 2H_1$

• 유량도 약간 증가 $Q_1 \to Q_2$

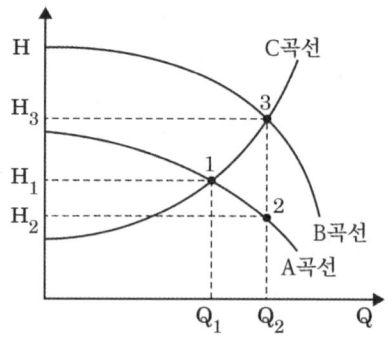

② 성능이 다른 펌프
  • 개별펌프 양정의 합 미만
    $H_3 < H_1 + H_2$
  • 주의사항
    - 수조 가까운 측에 펌프가 대유량이 아니면 Cavitation 발생
    - P점 이상은 유량이 0 → 저항 발생

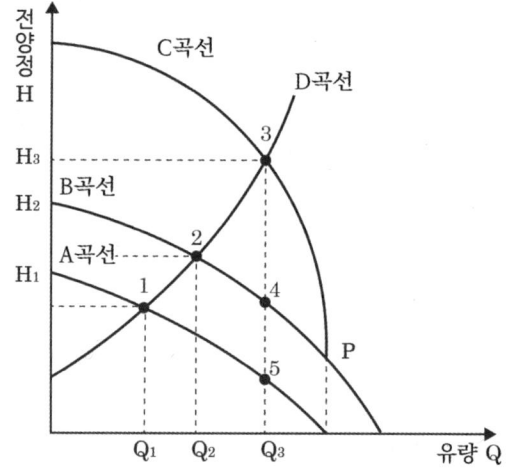

(3) 병렬연결
  ① 동일성능 펌프
    • 개별펌프 유량의 2배 미만
      $Q_3 < 2Q_1$

- 양정도 약간 증가 $H_1 \to H_2$

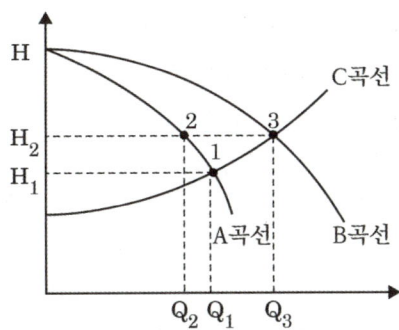

② 성능이 다른 펌프
- 개별펌프 유량의 합 미만
  $Q_3 < Q_1 + Q_2$
- 주의사항
  - P점 이하는 양정이 0 → 대유량 펌프만 기동되도록 세팅해야 함

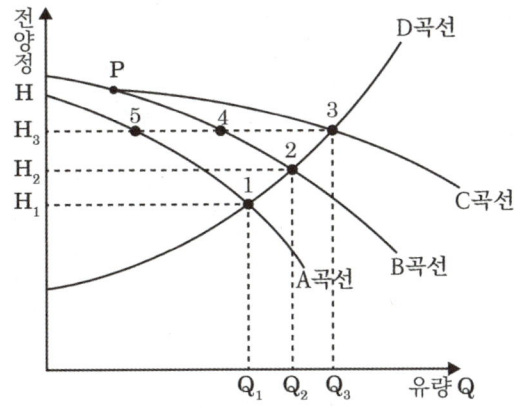

3 펌프 자동기동
- 기동용 수압개폐장치

1) 종류
   압력챔버, 기동용 압력스위치, 브로돈관, 전자식 압력스위치

2) 운전점 설정 : Range(정지점), Diff(차이값)

3) 국내 압력 설정 방법
   (1) 주펌프 기동압 = 낙차압 + K
       K : 1.5 (SP), 2 (H)
   (2) 충압펌프 기동압 = 주기동 + 0.5 ~ 1 K
   (3) 충압펌프 정지압 = 충압기동 + 1 ~ 2 K
   (4) 주펌프 정지압 = 체절압력

4) NFPA 압력 설정 방법
   (1) 충압펌프 정지 = 체절압 + 최소정수압
   (2) 이후 10 psi, 5 psi, 10 psi 순으로 차등

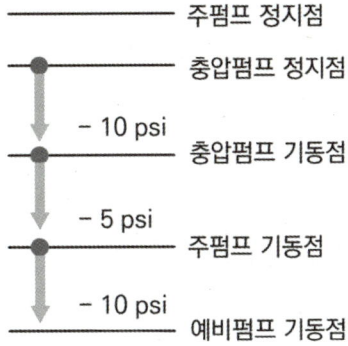

5) NFPA 기동용 압력스위치 구성
   (1) 15 mm 배관
   (2) 2.4 mm 타공 오리피스 체크밸브 1.5 m 간격 2개소
   (3) 펌프마다 설치(Fail-safe)

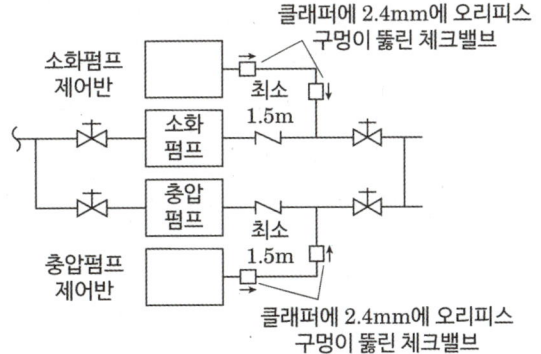

4 펌프 모터 기동방식(감전압기동)

1) 전전압기동 : 초기 기동전류 5 ~ 6배 과다 발생해 0.1 ~ 3.7 kW 정도의 소형 기기에만 적용한다.
2) 감전압기동 : 초기 기동전류를 줄이는 기동방식
   (1) Y-△ 기동
      ① Y 기동 전류 및 토크는 △기동 전류의 1/3
      ② 전압은 $1/\sqrt{3}$
      ③ 가격이 저렴하고 11 ~ 15 kW 동력 펌프에 사용하나 초기 기동전류가 2 ~ 3배로 크다.

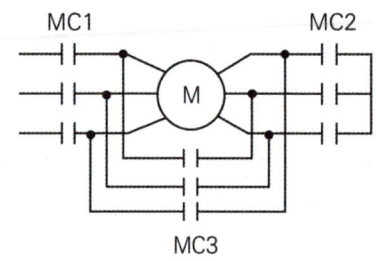

   (2) 리액터 기동
      ① 리액터 코일을 직렬로 접속해 감전압 하는 방식
      ② 감전압 비율을 탭(Tap)을 통해 설정 가능(50 - 60 - 70 - 80 - 90 %)
      ③ 전류는 직입 기동시의 $1/\alpha$, 기동 시 토크는 $1/\alpha^2$로 된다(α : 탭, 50 %는 0.5).
      ④ 설치공간이 많이 필요하나 기동전류 상승이 적어 55 ~ 75 kW 이상에 사용

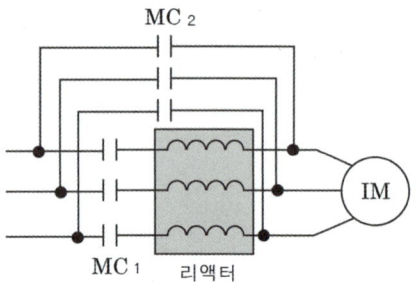

   (3) 콘돌퍼 기동
      ① 리액터 방식과 유사하나 리액터가 아닌 단권변압기(콘돌퍼)를 사용한 방식
      ② 기동 전류 및 토크 모두 $1/\alpha^2$가 된다.
      ③ 가격이 비싸 냉동용 컴프레서 등에 사용

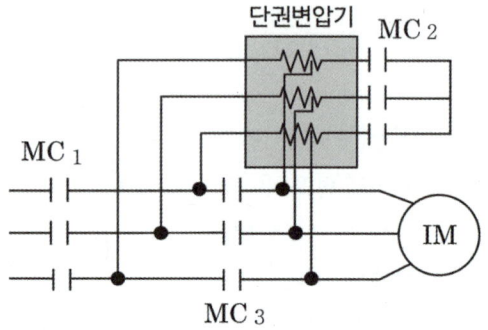

   (4) VVVF, 인버터 방식
      ① 가변전압 가변주파수의 약자
      ② 전압 및 주파수 동시 제어로 회전수 제어
      $$n = \frac{120f}{P}(1-S)$$
      ③ 회전수 변화에 따른 상사법칙으로 가변 운전 실시. 고조파 부하 손실이 발생한다.
      ④ 정류기(컨버터)와 인버터 전용 판넬이 필요하며 가격이 매우 고가이다. 주로 급수펌프, 냉동 및 난방용 펌프 등에 사용

   (5) Soft Starter
      ① 회전수를 0 ~ 100 %로 제어할 수 있는 제어방식
      ② 장비 기동/정지 시에만 사용이 가능하며, 운전 중 가변은 불가하다.
      ③ 초기 기동전류의 상승이 없다.

5 소화펌프 성능시험

1) 수동기동시험

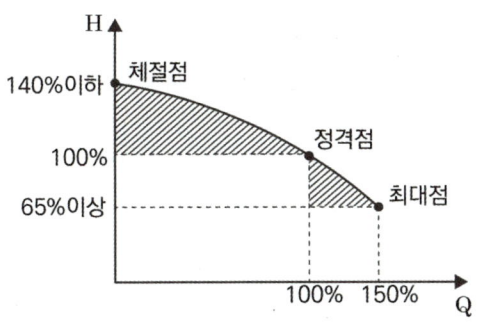

구분	유량(Q)	양정(H)
체절운전 (Churn or Shut-off)	0	정격양정의 140 % 이하
정격운전 (Rating)	정격유량의 100 %	정격양정의 100 %
최대운전 (Overload)	정격유량의 150 %	정격양정의 65 % 이상

2) 자동기동시험 : 펌프의 설정된 기동점에서 기동, 정지점에서 정지할 것. 기동용 수압 개폐장치 세팅을 통해 이뤄진다.

6 배관 일반

1) 소방에서 사용하는 배관의 종류는 사용 압력 1.2MPa 기준으로 나뉜다.

구분	사용압력 1.2 MPa 미만	사용압력 1.2 MPa 이상
강관	배관용 탄소강관	압력배관용 탄소강관 배관용 아크용접 탄소강 강관
STS 강관	일반배관용 스테인리스 강관 배관용 스테인리스 강관	
동관	이음매 없는 구리 및 구리 합금관	-
CPVC	소방용 합성수지 배관	
덕타일 주철관	덕타일 주철관	

2) CPVC 가능 장소 : 암 지덕천

  (1) 배관을 지하에 매설하는 경우
  (2) 다른 부분과 내화구조로 구획된 덕트 또는 피트의 내부에 설치하는 경우
  (3) 천장과 반자를 불연재료 또는 준불연재료로 설치하고, 그 내부에 습식으로 배관을 설치하는 경우

3) 배관 비교(암 강식열조마무전)

구분	CPVC	강관	STS관
강도	약함	중간	크다
내식성	우수	미흡	우수
내열성	미흡	우수	우수
조도	150	120	150
마찰손실	적다	크다	적다
무게	작다	크다	중간
열전도율 (kcal/mh℃)	0.11	38	14

7 배관 스케줄 계산

스케줄은 배관 두께 및 강도를 나타낸 값으로, 클수록 두께가 두껍고 내압강도가 우수하다.

1) 공식

　(1) 허용응력으로 계산

$$Sch\ No = 1,000 \times \frac{P}{\sigma_a}$$

$$\sigma_a = \frac{최대인장강도}{안전율}$$

　(2) 배관두께로 계산

$$t[mm] = \frac{PD_o}{1.75\sigma_a} + 2.54$$

　(3) 가스계 배관 계산식

$$t[mm] = \frac{PD_o}{2SE} + A$$

　P : 유체의 최대 사용압력 $[kg_f/cm^2]$

　σ_a : 강관의 허용 인장응력 $[kg_f/mm^2]$

　S : 1.2 × Max(인장강도 1/4, 항복강도 2/3)

　E : 이음매없는 용접 0
　　　전기아크 용접 0.8,
　　　가열맞대기 용접 0.65

　A : 홈 이음은 홈의 깊이
　　　나사이음은 나사의 높이
　　　용접이음은 0

　D : 관의 외경 $[mm]$

2) 규격 : 10, 20, 30, 40, 80, 120, 160 등

3) 선정 시 고려사항

　(1) 사용온도, 사용유속, 배관재질 특성을 고려

　(2) 사용 환경에 따른 부식조건을 고려, 부식 우려 시 스케줄을 할증

　(3) 사용압력을 고려, 고압에 의한 누기 우려 시 스케줄을 할증

　(4) 배관 이음매를 고려, 이음부 누기 우려 시 스케줄을 할증

8 배관 부식

1) 조건 : 양극, 음극 + 전해질 + 전위차

2) 부식 메커니즘

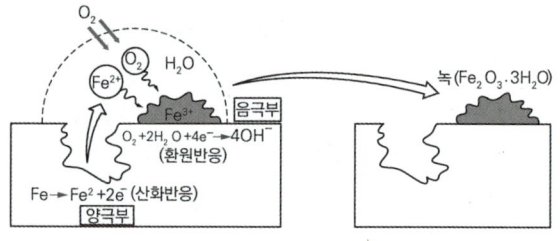

[철(Fe)의 부식 과정]

　(1) 양극 산화

　　$Fe \rightarrow Fe^{2+} + 2e^-$

　(2) 음극 환원

　　$H_2O + 1/2O_2 + 2e^- \rightarrow 2OH^-$

　(3) 수산화 제1철

　　$Fe^{2+} + 2OH \rightarrow Fe(OH)_2$

　(4) 수산화 제2철

　　$Fe(OH)_2 + OH^- \rightarrow Fe(OH)_3$

　(5) 녹 발생

　　$Fe_2O_3 \cdot 3H_2O$

3) 영향인자 : 암 외부(용용유온P) 내부(열가금)

　(1) 외적 요인

구분	내용
용존 산소량	• 산소량이 많을수록 산화작용으로 부식 촉진
용해 성분	• 가수분해 시 산성이 되는 염기류 : 부식 촉진 • 가수분해 시 알칼리성이 되는 염기류 : 부식억제

구분	내용
유속	• 유속이 빠를수록 부식이 촉진
온도	• 80℃까지는 온도상승에 따라 부식이 촉진 • 80℃ 넘으면 산소용해도가 급격히 저하되어 부식 속도 저하
PH	• 4 이하 : 수소 발생형 부식 발생 • 4 ~ 7 : 부식과 무관 • 7 ~ 12 : 부식발생 적음

(2) 내적 요인

구분	내용
열처리	• 단일재료일수록 내식성이 우수
가공	• 표면이 불균일한 것은 부식이 촉진
금속 조직	• 풀림, 불림으로 조직이 균일화되면 내식성이 향상

4) 부식 종류 : 암 전국공갈입틈미응선

구분	내용
전면 부식	금속 표면 전체에 거의 균일하게 생기는 부식
국부 부식	금속 표면의 일부에 집중적으로 발생되는 부식
공식	금속 표면에 국부적으로 발생하는 점 형태의 부식
갈바닉 부식	이종금속의 접촉에 의한 전위차에 따른 산화-환원 부식
입계 부식	금속의 경계, 입자의 경계에서 선택적 부식이 발생하는 것
틈새 부식	금속체 간, 비금속체 사이의 틈새에 전해액이 침투되어 전위차가 생겨 발생하는 부식
미생물 부식	호기성, 혐기성 미생물 침투로 인한 국부적인 점부식
응력 부식	특정 금속이 취약한 특정한 환경에서 응력에 의해 발생되는 부식

구분	내용
선택 부식	합금성분 중 특정 성분만이 용해되며, 내식성이 큰 금속 부분만 남아 강도가 약한 다공성이 되는 부식

5) 대책 : 암 재절환위설

구분	내용
금속 재질	• 소형 : 철배관을 특수합성수비 배관 변경 • 대형 : 주철관을 강철제나 특수강으로 변경
환경 절연	금속표면 피복, 페인트 도장, 지속성 유지류 코팅, 라이닝
환경 변화	산소 제거, 부식 억제(부동태화제)제 첨가
전위 변화	양극방식법, 음극방식법, PVC 방식 테이프
적절한 설계	• 틈새, 표면 요철을 최소화 • 응력 집중발생 구조 피함 • 유속 제어를 위해 관경을 키움

6) 이온화 경향

K > Ca > Na > Mg > Al > Zn > Fe > Ni > Sn > Pb > Cu > Hg > Ag > Pt > Au

K에 가까울수록	Au에 가까울수록
저전위	고전위
전자 방출	전자 영입
양극화	음극화
산화	환원

7) 전기적인 부식방지 방법

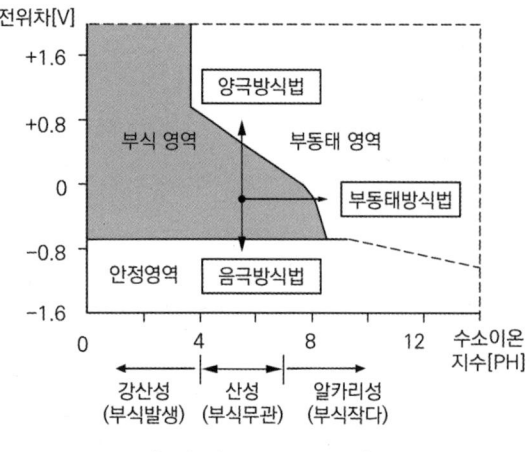

[철(Fe)의 전위-pH도]

(1) 음극방식법 : 배관의 전위차를 항상 (-) 방향의 안정 역역으로 유지
(2) 양극방식법 : 금속을 자연전위보다 높게 유지하여 구조물 표면에 저항이 높은 피막(부동태막)을 형성
(3) 부동태방식법 : 토양의 알칼리성을 이용해 부동태화시키는 방법

8) 음극방식

희생양극법, 외부전원법, 선택배류법

(1) 희생양극법 : 희생금속을 상대적인 양극으로 만들어 전자가 방출하며 산화되게 하고 피방식체의 부식을 방지

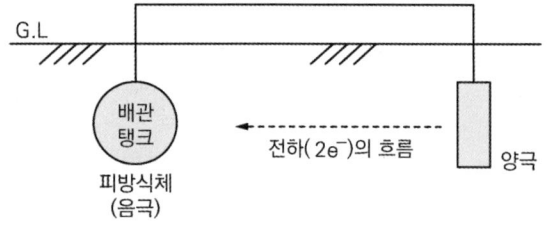

(2) 외부전원법 : 별도의 직류전원장치를 접속하여 강제적으로 전하($2e^-$)의 흐름을 발생, 방식효과를 증대시킨 Active 시스템

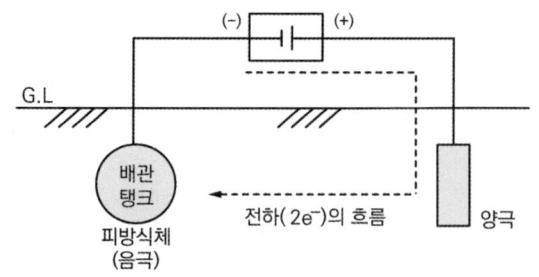

9) 희생양극법과 외부전원법 비교

(암) 방양효시경유타재

구분	희생(유전) 양극법	외부 전원법
방식 전류	적다	크다
양극 방식	희생양극 사용	불용성양극 사용
효과성	• 소규모구조물에 효과 • 효과범위가 좁고, 전류 분포 균일	• 대규모 구조물에 효과 • 효과범위가 넓다
시공성	• 시공이 간단, 편리 • 타 공정에 영향	• 협소 장소 설치 가능 • 타 공사에 영향 없음
경제성	• 소규모구조물의 경우 저렴	• 대규모 구조물은 초기투입비가 저렴 • 전원공급 유지비 필요
유지 관리	• 전류 조절이 불가능 • 인위적인 유지관리 불필요	• 정류기 조정으로 전류조정 가능 • 정류기 및 배관, 배선 등 유지 관리 필요
타시설 영향	인접한 타시설물에 영향 없음	인접 시설물에 전식 전류 영향 우려
재질	Al, Zn, Mg	Pt, Pb, Ag, Si

• 배류법 : 수 km가 넘는 긴 구간의 전식방지를 위해 철도와 같은 금속체와 연결, 이온의 이동을 토양이 아닌 도체회로로 배류하는 방법

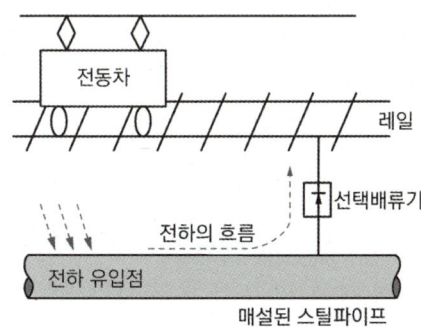

선택배류법	강제배류법
• 배관의 부식전류를 선택배류기(다이오드)를 통하여 회로(전선)를 연결해서 직접 레일로 되돌려 보내는 방식	• 선택배류법과 외부 전원방식을 합성한 방식 • 선택배류를 이용하다가 레일 전압이 높아지면(전동차운행) 강제로 선택배류법을 정지

(3) 열선(Heat Tracing) 또는 발열체 설치

구분	정온전선	발열체
원리	주울의 법칙에 의한 정온선 발열 $H = I^2 Rt$	발열체 부착으로 대류열 순환 유도 $\dot{q}'' = h \times \Delta T$
특징	설치가 쉽고 가격이 저렴하나 센서 고장이나 피복이 벗겨질 경우 화재의 원인이 됨	구간별 온도제어가 용이하고 불연재이므로 화재 위험성이 적음
설치 비용	비교적 저렴	비교적 고가
개념도	Heating coil	메탈히터,나노필름 등

9 배관 동파

1) 동결심도

   지반 속 0℃ 온도선을 대지 표면으로부터 측정한 깊이

   $Z = C \times \sqrt{F}$

   Z : 최대동결심도 [cm]

   C : 보정상수

   F : 수정 동결지수 [℃·day]

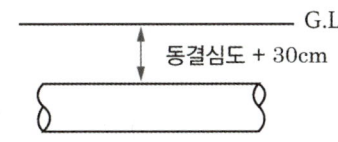

2) 동파방지 대책
   (1) 부동액 주입
   (2) 방동 보온재 설치

10 배관의 접합, 분기

1) 배관의 접합, 분기
   (1) 용접이음, 플랜지이음
   (2) 나사이음 : 50 A 이하에 적용
   (3) 그루브조인트 : 65 A 이상에 적용

2) 분기배관
   (1) 확관형 : 타공, 소성가공으로 확관 (티뽑기, 뽕따기) - 성능인증 의무
   (2) 비확관형 : 분기호칭내경 이상으로 타공 (아울렛, 메커니칼 티 등) - 성능 임의

확관형	비확관형
빠른 작업 가능 현장 수정 어려움	현장 수정 용이 속도 다소 느림

3) 주의사항 : 현장 티뽑기 금지, 용접 시 주의, 분기호칭내경 이상 타공했는지 확인

11 소화배관 수압시험

1) NFPA의 시험 종류 : 유량시험, 플러싱시험, 정수압시험
2) NFPA는 수압 및 기압시험 기준이 모두 있으나, 국내는 옥내소화전 및 스프링클러의 수압시험 기준만 있고 그 외는 표준시방서에서만 규정해 보완이 필요
3) 적용설비
   (1) 수압시험 : 습식, 건식, 준비작동식 S/P, 소화전 등 수계소화설비
   (2) 공기압시험(NFPA) : 건식 및 준비작동식 S/P, 가스계 소화설비
4) NFPA 수압시험 기준(국내는 괄호 압력)

사용압력	시험압력	시험시간
150 psi (1.05 MPa) 이하	200 psi (1.4 MPa)	2 hr
150 psi (1.05 MPa) 초과	사용압력 + 50 psi (0.35 MPa)	2 hr

→ 압력강하 5 psi 이하여야 합격
  (국내는 누수가 없어야 한다고 규정)

5) NFPA 미분무 소화설비 수압시험 기준
   (1) 사용압력 × 1.5배 × 10분 실시 후
   (2) 사용압력 × 110분 실시(총 2시간)
      → 누수 없을 것
6) NFPA 공기압 시험 기준 : 40 psi에서 24 hr 동안 시험 → 압력강하 1.5 psi 이하
7) 시험방법
   (1) 배관망에 저압의 물을 채우고 24시간 유지하여 배관 내의 잔류공기를 제거
   (2) 수압시험기를 연결해 배관 내 압력 조정
   (3) 설정 압력에 세팅 후 밸브 폐쇄, 압력 강하 여부 감시(1시간 유지)
   (4) 누수와 압력저하 확인 후 압력을 0으로 강하
   (5) 앞의 순서를 반복하며 다시 1시간 시험
   (6) 압력 강하 시 누설 부분 보수 및 재시험
8) 주의사항
   (1) 0.35 MPa 단위로 단계적으로 압력을 상승시키며, 누설 여부를 확인할 것
   (2) 시험 전 24시간 동안 물을 채워둬 잔류공기를 제거할 것
   (3) 차압식 건식 밸브는 밸브 손상 방지를 위해 클래퍼를 시트에서 떼어둘 것
   (4) 동절기 등 수압시험이 불가능할 경우 공기시험으로 대체 가능
   (5) 누수방지제 등을 첨가하지 않을 것
9) 시험 시 압력 측정위치
   압력 측정은 설비의 가장 낮은 부분에서 실시

12 수계소화설비 밸브

1) 개폐밸브 : 100 % 개방 또는 폐쇄를 위한 밸브로, 유량 조절용으로는 부적합. 손실 적음
   (1) OS&Y : 스템(Stem)으로 개폐 육안 확인 가능
   (2) 버터플라이 : 설치공간 적어 유리하나 마찰손실이 커서 펌프 흡입 측 사용 불가
   (3) PIV : 매설배관의 개폐확인 및 개폐동작 용이

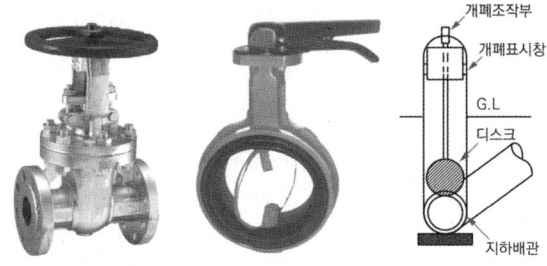

2) 유량조절밸브 : 마찰손실은 크나 유량 조정에 적합한 밸브. 스톱밸브(Stop v/v)라고도 함

   (1) 글로브밸브 : 유수 인입-토출 각이 180°로, 성능시험배관 유량계 2차 측에 설치
   (2) 앵글밸브 : 유수 인입-토출 각이 90°로, 방수구 및 S/P 교차배관 청소구로 사용

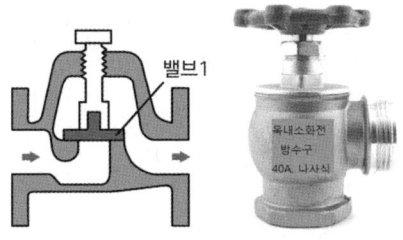

3) 체크밸브 : 역류방지를 위해 설치하는 밸브

스윙형	리프트형	스모렌스키형
클래퍼가 90도로 꺾이며 개방하는 밸브	클래퍼와 스프링 장력에 의해 유수 흐름과 수직으로 개폐되는 밸브	리프트형과 동일하나 수동 바이패스 밸브가 부착된 수격방지용 밸브

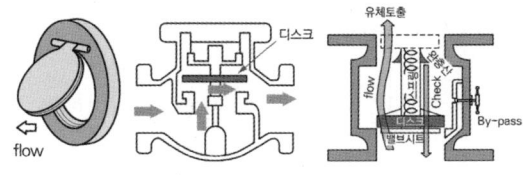

4) 감압밸브 : 배관 압력을 감소하기 위한 밸브

(1) 직동식, 파이로트식 비교

구분	직동식	파이로트 다이아프램식
작동원리	직동형 스프링	메인 다이아프램
구조	간단	복잡
가격	저가	고가
정밀도	낮다	높다
적용	소구경	대구경
드롭현상	있다	거의 없다
2차 측 압력	유동적	일정

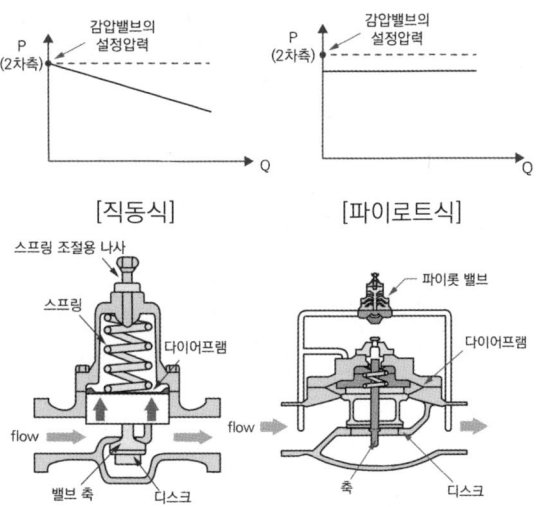

(2) 균압방지형 감압밸브 : 파이로트식에 2차 측 릴리프밸브를 일체형으로 설치함으로써 감압밸브 고장 시 발생하는 균압현상을 방지

(3) 설치형태
   ① 직렬 2단 감압 : 1차 측 압력 높을 시

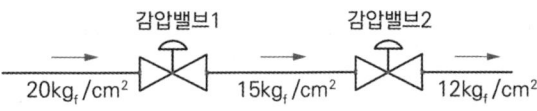

   ② 병렬 대소 감압 : 초기 소유량용 밸브 병설

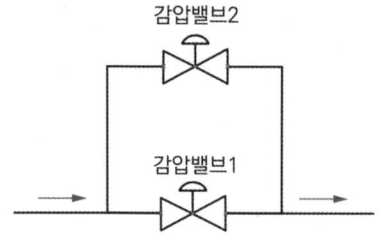

5) 릴리프밸브 : 압력 상승 시 개방되는 밸브

  (1) 순환 릴리프밸브 : 체절운전 발생 시 수온상승 방지를 위해 설치(순환배관, 국내 릴리프밸브)

토출량	밸브 구경
2,500 gpm 이하	20 A 이상
5,000 gpm 이하	25 A 이상

  (2) 압력 릴리프밸브 : 엔진펌프 과압운전 시 시스템 파손을 방지하기 위해 설치(NFPA에 규정)

펌프 토출량 [gpm]	릴리프 밸브 구경 [mm]	방출관 구경 [mm]
25	19	25
50	32	38
100	38	50
300	65	85
500	75	125

  (3) 압력 릴리프밸브 설치조건
  (펌프의 체절 압력 × 1.21) + 흡입 측 최대 정수압 > 배관의 허용압력

6) 안전밸브, 릴리프밸브, 감압밸브 비교

안전밸브	릴리프밸브	감압밸브
과압 발생 시 압력 외부 배출 (Venting) 안전 목적 설치	과압 발생 시 방산 또는 순환 다목적 설치	2차 측 압력의 제어 압력 감소 목적

안전밸브	릴리프밸브	감압밸브
세팅압력 고정	세팅압력 조정 가능	세팅압력 조정 가능
popping 후 외부로 방출	서서히 열렸다 닫힘	서서히 열렸다 닫힘
파열판식 스프링식 용전식	순환식 압력식	직동식 파이로트식 균압방지식

13 고층건축물의 감압 방식(조닝 방식)

1) 감압밸브 방식 : 저층부 수직배관에 감압밸브 설치

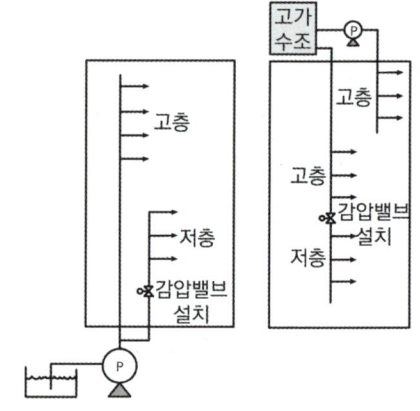

2) 펌프 분리 방식 : 펌프와 배관을 별도로 설치

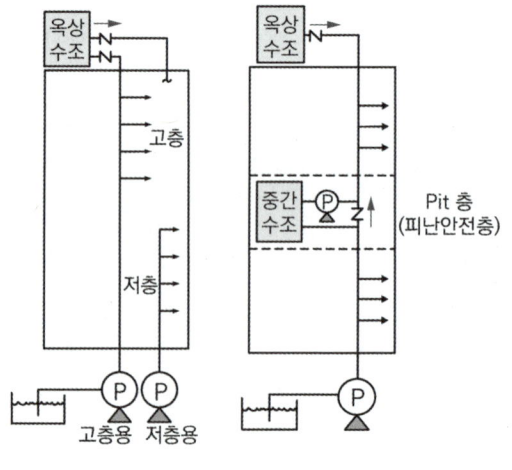

[펌프 분리방식]   [펌프 중계방식]

3) 펌프 중계 방식 : 저층부는 저층부 펌프(주 펌프)가, 고층부는 중계펌프가 급수배관에 공급하고 비상시 하부에서 고층부에 공급하는 구조

4) 수조 분리 방식 : 가압송수장치는 고가수조로 적용하고 저층부, 고층부 계통을 분리한 방식

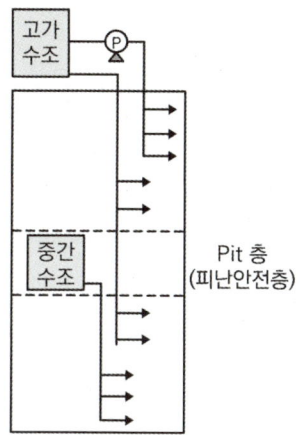

5) 말단 감압장치 : 옥내소화전 : 앵글밸브에 감압 오리피스, 유수검지장치의 과압방지장치 설치

14 템퍼스위치

1) 소방설비 적용원칙

Temper proof	잦은 조작 방지, 항시 동작 성능 유지
Fool proof	패닉 시에도 정상작동, 정상피난 가능
Water proof	습기, 빗물 접촉 장소는 방수형 적용
Fail safe	예비 시스템 구비로 확실한 작동

2) 설치목적 : 밸브 폐쇄 시 경보하여 밸브가 항시 개방될 수 있도록 감시

3) 설치기준

설치	모든 개폐밸브에 설치 (배수변, 성능시험배관 제외)
감시	급수밸브 폐쇄 시 감시제어반에 표시 및 경보
시험	동작 유무 확인, 동작시험, 도통시험 할 수 있을 것
배선	내화배선 또는 내열배선으로 설치

4) 개선안 : 옥내소화전, 옥외소화전에도 의무화 필요

5) NFPA 13 밸브 감시 기준(16.9.3.3.1)
   (1) 중앙 또는 로컬 감시용 템퍼스위치
   (2) 폐쇄 시 조작 지점에서의 경보
   (3) 조작 방지용 잠금장치 설치
   (4) 관계인 전용 울타리 및 잠금장치 설치 후 매주 점검

15 차압식 유량계의 공식

1) 유량계 종류 : 차압식, 면적식, 터빈식, 전자식 등

2) 차압식 유량계의 공식

(1) $Q = A_2 v_2 = A_2 \sqrt{\dfrac{2(P_1 - P_2)}{\rho(1 - (A_2/A_1)^2)}}$

(2) $Q \propto \sqrt{\Delta P}$

3) 소방용 유량계 : 차압면적식(Flow-cell 유량계)

모아바 www.moa-ba.com
모아소방전기학원 www.moate.co.kr

CHAPTER 13

수계소화설비

13 수계소화설비

1 소화약제로서 물의 특성

1) 물리적 특성
   (1) 밀도 1,000 kg/m³
   (2) 잠열 : 융해잠열 80, 기화잠열 539 kcal/kg
   (3) 현열, 비열 1 kcal/kg·℃로 크다.
   (4) 표면장력 : 72 dyne/cm로 크다.
   (5) 응고 시 부피가 커져 동파된다.
       기화 시 부피가 커져 1,700배 팽창한다.
   (6) 압력-온도 상태도

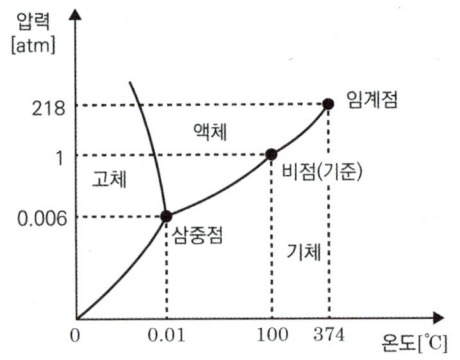

2) 화학적 특성
   (1) 원자 간 극성 공유결합
       공유결합 > 이온결합 > 금속결합
   (2) 분자 간 수소결합
       수소결합 > 쌍극자결합 > 분산력

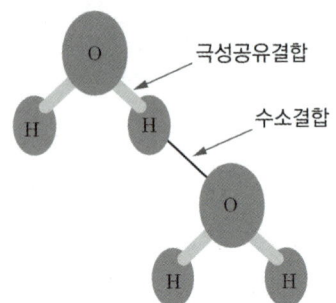

3) 소화원리 : 암 냉질유희복
   냉각, 질식, 유화, 희석, 복사열 차단
4) 단점 : 동파, B급, C급, K급 비적응성, 심부화재 침투 및 대형화재 화점 도달 어려움
5) 첨가제 : 암 첨강부증침
   첨가제, 강화액, 부동액, 증점제, 침투제
6) B급, C급, K급 비적응 소화성능 보완
   (1) B급 : 포소화설비, 물분무 소화설비
   (2) C급 : 물분무, 미분무 소화설비
   (3) K급 : 강화액 소화설비

2 스프링클러설비의 종류

1) 국내

구분	습식	건식	준비작동	일제살수	부압식
유수검지	알람	드라이	프리액션	델류지	프리액션
2차 측	가압수	압축공기	대기압(밀폐)	개방	부압수
화재감지	헤드개방	헤드개방	감지기 A,B	감지기 A,B	감지기
시험밸브	2차 측	2차 말단	국내없음	없음	2차 측

2) 그 외 NFPA에 있는 방식(부압식 없음)
   루프식, 그리드식, 동결방지식, 순환식 폐회로식, 건식/준비작동식 조합식, 다단계 스프링클러시스템

3 폐쇄형과 개방형 스프링클러설비

구분	해당장소의 구분	밸브의 종류	스프링클러 설비 종류
폐쇄형	방호구역	유수검지장치	습식, 건식, 준비작동식
개방형	방수구역	일제개방밸브	일제살수식

4 건식 스프링클러

차압식(고압식)	저압식
1) 2차 측 배관압력 감소	
2) 엑셀러레이터 작동 (차압비 5.5 : 1)	2) 액추에이터 작동 (차압비 10 : 1)
3) 중간챔버 가압	3) 중간챔버 감압
4) 클래퍼 개방	

1) 차압식의 원리 → 파스칼 원리

   (1) if $P_1 > P_2$ 라면, $A_1 < A_2$ 로 $F_1 = F_2$

   (2) 압력 유지 : $F_1 \leq F_2 + F_2 + F_3$

2) 초기 주입수(Priming Water)의 목적

   (1) 차압 균형 유지

   (2) 클래퍼의 기밀 여부 확인

3) 물기둥 현상(Water Columning)

   (1) 방지대책 : 습기필터, 고수위경보, 저압 건식 등

4) 공기 세팅압력

   (1) 릴리프밸브 개방 : 시스템 공기압 + 10 psi

   (2) 고압 경보 : 시스템 공기압 + 5 psi

   (3) 시스템 공기압 : 트립압력 + 20 psi 이상

   (4) 저압 경보 : 트립압력 + 5 psi

   (5) 트립압력 : 클래퍼가 개방될 때의 압력

5) 방수지연시간(Delivery Time)
   = 트립시간(Trip) + 소화수 이송시간(Transit)
   (트립시간 : 클래퍼 개방 시간)

   (1) 트립시간 계산식

   $$\text{Trip } t = 0.0352 \times \frac{V}{A\sqrt{T}} \times \ln\left(\frac{P_2}{P_1}\right)$$

   t : 트립시간 [sec]

   V : 밸브 2차 측 배관 체적 [ft^3]

   A : 개방된 헤드 유동면적 [ft^2]

   T : 공기온도 [°R]

   P_1 : 트립압력(절대압력)

   P_2 : 밸브 2차 측 압력(절대압력)

   (2) Trip time 대책 : 엑셀러레이터

   (3) Transit time 대책 : 이그조스터

6) NFPA의 QOD(급속개방장치)의 설치

   (1) 500 gal 이하
   설치의무 × / 60초 규정 ×

   (2) 750 gal 이하
   QOD 설치의무 / 60초 규정 ×

   (3) 750 gal 초과
   다음 중 하나의 조건 충족
   ① 말단 시험밸브 개방 시 60초 이내 방사(Full-flow Test) - 국내와 동일
   ② 설계 시 공인된 계산 프로그램으로 계산
   ③ 테스트 매니폴드로 측정

   (4) 상기 ②와 ③의 경우 용도에 따른 시간 제한

위험 구분	초기 개방된 가장 먼 S/P 수량	최대 소화수 이송시간(초)
Dwelling Unit (주거지역)	1	15
Light (경급)	1	60
Ordinary I (중급 1)	2	50
Ordinary II (중급 2)	2	50
Extra I (상급 1)	4	45
Extra II (상급 2)	4	45
High Piled (적재창고)	4	40

5 준비작동식 스프링클러

1) 인터록 시스템

 (1) 싱글 : 감지기로 작동, 배관 파손 감시

 (2) 더블 : 냉동창고 등 수손피해 방지

 (3) 넌 : 화재 확산 빠른 곳의 확실한 작동

2) 특징 비교

구분	싱글	더블	넌
밸브 개방	Only 화재감지기	화재감지기 & 헤드	화재감지기 Or 헤드
장점	배관 파손 감시 가능	오동작 최소화	빠른 동작
위험성	감지기 고장	동작 지연	수손 피해
특징	국내와 유사	건식과 동일	-

3) 시스템 제한사항

구분	싱글	더블	넌
방출시간	-	60초 이내	-
QOD	-	설치	-
2차 측 내용적	-	500 gal 이하로 제한	-
설계면적	-	30 % 증가	-
헤드개수	1000개 이하	면적 제한	1000개 이하
감시	최소 감시 압력은 7 psi		

4) 국내 준비작동식의 문제점

 (1) 교차회로 감지기 사용으로 동작 지연

 (2) 교차회로 중 한 회로 고장 시 동작 불가

 (3) 배관 압력 미감시로 파손 확인 불가

 (4) 감지기의 보(beam)에 따른 설치기준 없어 감지기 누락 보에서의 동작 지연

6 시험장치 설치기준

구분	습식, 부압식	건식
목적	경보시험	헤드 작동 시 방수 시간 측정
설치 위치	유수검지장치 2차 측 배관	유수검지장치에서 가장 먼 거리의 가지배관 끝
설치 기준	1) 구경 : 25 mm 이상 2) 개폐밸브 + 개방형 헤드 또는 동등 이상의 방수성능을 지닌 오리피스에 물받이통을 설치하여 배수	

1) 건식 : 2차 측 설비 내용적 2,840 L 초과 시 시험밸브 완전 개방 후 1분 이내 방사

2) NFPA 준비작동식 S/P 시험장치 목적

구분	목적
Single 방식	배관 파손 감시 시험장치 설치
Double	방수시간 측정
Non	동작 시험
내식성	내식성 오리피스 설치

7 SP의 감지특성과 방사특성

1) 개념
   (1) 감지특성 : 스프링클러의 동작시간을 좌우
   (2) 방사특성 : 화재제어 또는 화재진압 여부 결정

2) 감지특성 : RTI, 전도열손실계수, 표시온도

3) 방사특성 : 반사판(Deflector), 오리피스

4) 소화특성 : 화재제어, 화재진압(ADD > RDD)

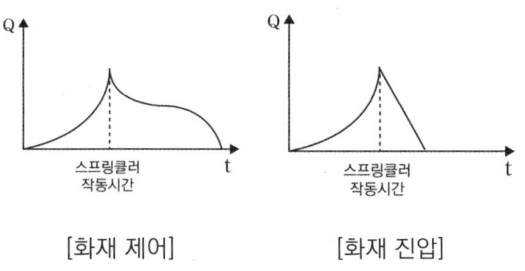

[화재 제어]   [화재 진압]

8 RTI(반응시간지수)

1) $RTI = \tau\sqrt{v}\ [\sqrt{m \cdot s}],\ \tau = \dfrac{mc}{hA}\ [s]$

   τ : 헤드 감열체 온도가 Tg의 62.8% 도달 시간

2) 구분

헤드의 구분	$RTI\ [\sqrt{m \cdot sec}]$
조기반응형	50 이하
특수반응형	50 초과 ~ 80 미만
표준반응형	80 이상 ~ 350 이하

3) 감도시험장치 : 203 × 203 각형덕트, 송풍기, 유속계, 압력계, 열전대, 그물망, 헤드

4) 개선안 : 배관수로 인한 전도냉각손실 고려 필요

5) 열반응시험 : 실제 물을 채우고 동작시간 측정
   저성장화재 콜드솔더링 확인, 전도열손실 계수 고려 가능 → Virtual RTI 개념
   • 열반응시험 합격 판정 기준

표시온도 구분(℃)		작동시간
표준반응	57 ~ 77	231초 이하
	79 ~ 107	189초 이하
조기반응		75초 이하

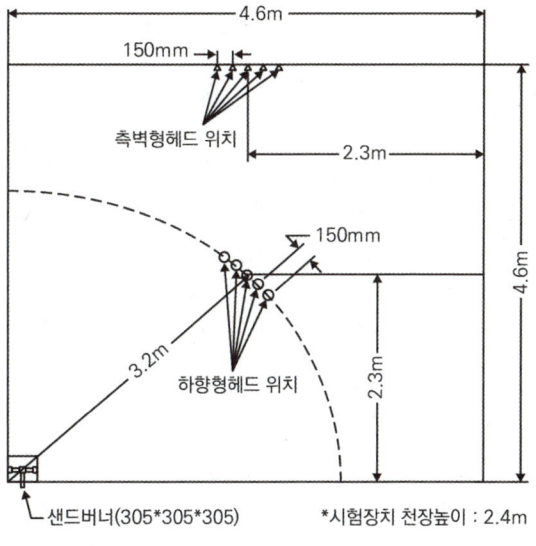

[표준반응형 헤드 열반응시험장치]

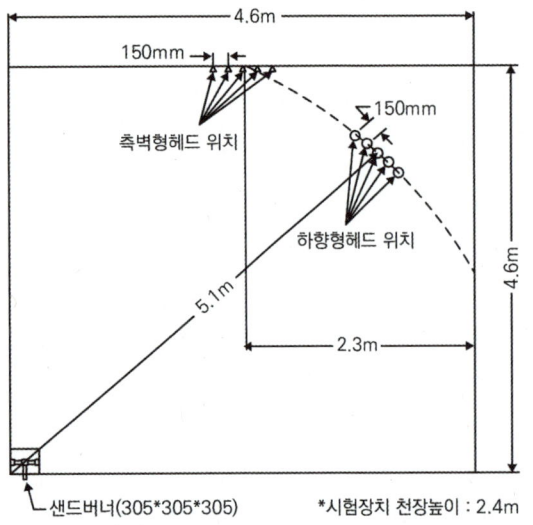

[조기반응형 헤드 열반응시험장치]

6) Virtual RTI : 열손실계수 C를 고려한 RTI 값

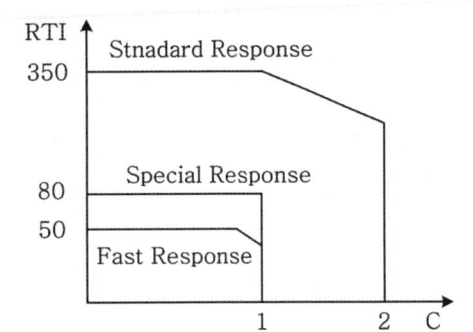

Virtual RTI	헤드 작동시간
$RTI_v = \dfrac{RTI}{1+\dfrac{C}{\sqrt{v}}}$	$t = \dfrac{RTI}{\sqrt{v}} \ln\left(\dfrac{T_g - T_0}{T_g - T_d}\right)$
Virtual RTI를 고려한 작동시간	
$t = \dfrac{RTI}{\sqrt{v}(1+\dfrac{C}{\sqrt{v}})} \times \ln\left(\dfrac{T_g - T_0}{(T_g - T_0) - (T_d - T_0)(1+\dfrac{C}{\sqrt{v}})}\right)$	

9 스프링클러 방사특성

1) 반사판 : 방수된 물은 디플렉터에 부딪혀 방수패턴이 결정(주거형 SP는 방수각도 넓게 하여 피난 보조)

2) 오리피스 : K-factor와 물입자의 크기를 결정
   - K-factor 관계식
   $$Q = 0.6597 \times C_d \times d^2 \times \sqrt{P} = K\sqrt{P}$$

10 ADD, RDD

1) 개념 : 화재진압특성을 결정짓는 요소
   (1) RDD : 필요 살수밀도.
       화재 진압 시 필요한 물의 양
   (2) ADD : 실제 침투밀도. 방수된 물 중에서 연료면에 실제로 도달된 물의 양

2) 관계식
   (1) $RDD = \dfrac{\text{요구 방수량}[lpm]}{\text{가연물 상단의 면적}[m^2]}$

   (2) ADD
   $= \dfrac{\text{실제 가연물에 도달된 방수량}[\ell pm]}{\text{가연물 상단의 면적}[m^2]}$

3) 관계
   (1) 초기소화(화재진압) 영역 : ADD > RDD

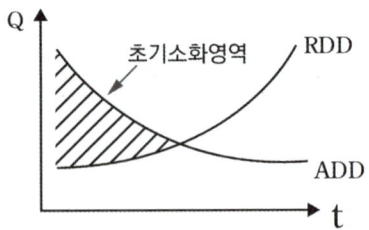

(2) RTI와 관계

RTI	헤드의 열감도	RDD	ADD	조기진화 조건
작아질 수록	빨라진다	작아진다	커진다	ADD > RDD
커질 수록	늦어진다	커진다	작아진다	

→ ESFR은 화재진압 위해 조기반응형 채택

11 스프링클러 설치기준

1) 수평거리

소방대상물	살수반경 [R]
무대부, 특수가연물 저장·취급 건축물·창고	1.7 m 이하
비내화구조 건축물·창고	2.1 m 이하
내화구조 건축물·창고	2.3 m 이하
아파트	2.6 m 이하

2) 헤드 방호면적 $S^2 = (2R\cos 45°)^2$

3) 랙식 창고 : 3 m마다 라지드롭헤드 설치

4) 조기반응형 : 암 공노거, 오피숙침, 의병입
   (1) **공**동주택, **노**유자시설의 **거**실
   (2) **오피**스텔, **숙**박시설의 **침**실
   (3) **의**원, **병**원의 **입원**실

5) 표시온도 : 암 396406 - 7912162

설치장소의 최고주위온도(T_A)	표시온도(T_m)
39 ℃ 미만	79 ℃ 미만
39 ℃ ~ 64 ℃ 미만	79 ℃ ~ 121 ℃ 미만
64 ℃ ~ 106 ℃ 미만	121 ℃ ~ 162 ℃ 미만
106 ℃ 이상	162 ℃ 이상

- $T_A = 0.9\,T_m - 27.3$

6) 헤드 설치기준
   (1) 살수반경 60 cm 확보, 벽은 10 cm 이상 이격
   (2) 천장 30 cm 이내 설치
   (3) 경사지붕 : 경사 1/10 기준, 해당 시 지붕과 평행하게 설치
   (4) 연소 우려 개구부

SP 헤드	내용
통행에 지장 없을 때	• 헤드 : 상하좌우 2.5 m 간격 설치 • 개구부폭 2.5 m 이하 : 중앙에 설치 • 이격거리 : 15 cm 이하(내측면)
통행에 지장 있을 때 (폭 9 m 이하)	• 상부 또는 측면에만 설치함 • 헤드 상호 간격 : 1.2 m 이하
드렌처설비	• 헤드 : 개구부 상부 2.5 m마다 1개 • 제어밸브 : 층마다, 바닥 0.8 ~ 1.5 m • 수원 : 드렌처 헤드 수 × 1.6 m³ • 방수압력 : 0.1 MPa 이상 • 방수량 : 80 lpm 이상 • 가압송수장치는 점검 쉽고, 재해 우려 없는 곳에 설치

(5) 측벽형 헤드

폭	내용
4.5 m 미만	• 긴 변의 한쪽 벽에 일렬로 설치
4.5 ~ 9 m 이하	• 긴 변의 양쪽에 각각 일렬설치 • 마주 보는 스프링클러 헤드가 나란히꼴이 되도록 설치
헤드 간격	• 3.6 m 이내마다 설치

(6) 보와 가까운 헤드
① 보 깊이 55 cm 이하인 경우 : 살수장애 우선

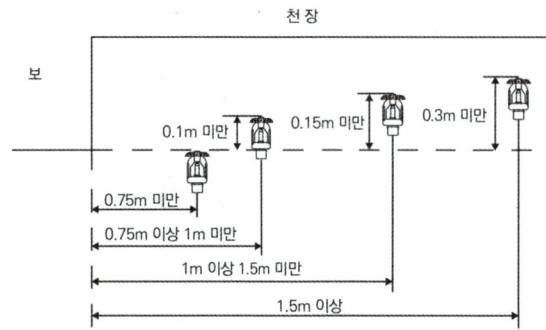

② 보 깊이 55 cm 초과인 경우 : 헤드 감열 우선
보와 헤드 사이 거리가 1/2 S 이하인 경우 천장에서 55 cm 이내 설치 가능
③ 소방청 지침 : 헤드 감열 우선
• 조건 부합 시 천장 30 cm 이내 설치 가능
• 보 폭 1.2 m 초과 시 보 아래에 헤드 추가

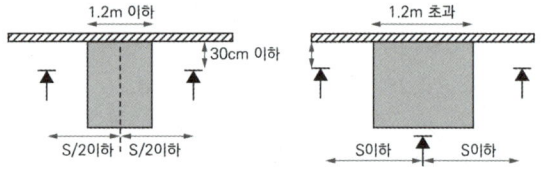

12 NFPA 3 RULES

1) Beam Rule : 국내 보 설치기준과 비슷
2) 3 times Rule : 헤드 60 cm 이내 장애물 존재 시 장애물 긴 변의 3배 이상 이격 또는 헤드 추가

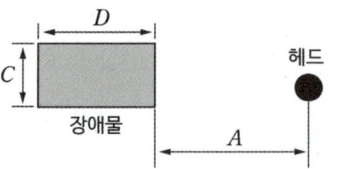

3) Wide Obstruction rule : 헤드 아래에 1.2 m 이상의 장애물 존재 시, 아래에 헤드 추가

13 스프링클러 헤드 설치 제외 장소

1) 헤드의 설치가 전혀 필요하지 않은 장소
정수장·오물처리장, 목욕실, 수영장, 물탱크실 등

2) 헤드를 설치하여도 효율성이 적은 장소
(1) 천장과 반자 사이

천장 및 반자 재료	거리
양쪽 모두 불연재	• 2 m 미만까지 제외 허용 • 벽까지 불연으로서 사이에 가연물 존재하지 않는 경우
한쪽만 불연재	• 1 m 미만까지 허용
양쪽 모두 불연재 x	• 0.5 m 미만까지 허용

(2) 계단실, 경사로, 화장실, 현관 또는 로비 등 높이가 20 m 이상, 방풍실, 대피공간 등
(3) 승강로·비상용승강기의 승강장·파이프덕트·덕트 피트·직접 외기에 개방되어 있는 복도 등

3) 헤드 설치 시 문제가 되는 장소
(1) 병원의 수술실·응급처치실 등
(2) 고온의 노 설치장소 또는 물과 격렬하게 반응하는 물품의 저장 또는 취급

(3) 통신기기실·전자기기실, 발전실·변전실·변압기, 엘리베이터 권상기실 등

(4) 영하의 냉장창고의 냉장실, 냉동창고의 냉동실

14 스프링클러 헤드의 종류

1) 속동형 : K = 80, 조기반응형이면서 살수패턴은 표준형과 같은 헤드
2) 주거형 : K = 50(국내만 해당), 조기반응형이면서 피난 관점의 넓은 살수패턴을 지님

구분	표준형	CMSA	ESFR
Orifice 공칭구경	11.3 mm	16.3 mm	17.9 mm
K-factor	80	약 160	200 ~ 360
최소방사압력(Mpa)	0.1	0.2 국내 : 0.1	0.1 ~ 0.52
RTI	80 ~ 350	80 ~ 350	28
표시온도(℃)	79,121,162	79,121,162	74
전도열손실계수(C)	2 이하	2 이하	1 이하
화재제어/진압	화재제어	화재제어	화재진압
적용장소	업무시설, 공동주택 등	고강도 화재장소	랙식 창고 등
적용설비	습식, 건식, 준비작동식	습식, 건식, 준비작동식	습식

15 간이 스프링클러

1) 대상
   (1) 연립주택, 다세대주택(2025년 1월 설치 시행)
   (2) 근린/복합(1,000 m²↑), 숙박(300 - 600 m²↑)
   (3) 의료시설, 노유자시설, 다중이용업소 등

2) 기준개수, 시간, 수원
   설치대상의 (2)의 경우 : 5개, 20분, 5 ton
   (주차장에 표준반응형 설치 시 80 lpm / 수원 8 ton)
   설치대상의 (1), (3)의 경우 : 2개, 10분, 수원 1 ton

3) 특징
   (1) 조기반응형 사용, 헤드 방수량 50 lpm
   (2) 상수도직결형, 캐비닛형, 가압수조는 시험밸브 2개 설치(기준개수 2개이므로)

4) 주택 전용 간이 S/P
   (1) 상수도에 직접 연결하는 방식
   (2) 설치순서 : 수도계량기 - 체크밸브 - 주 개폐밸브 - 세대 개폐밸브 - 간이헤드
   (3) 방수압력과 방수량은 0.1 MPa, 50 lpm 이상
   (4) 배관은 일반 간이SP 기준과 동일. 다만 세대 내 배관은 소방용 합성수지배관 설치 가능
   (5) 배관의 구경 : 상수도직결형은 주배관 32 A, 수평주행배관은 32 A, 가지배관은 25 A 이상. 하나의 가지배관에는 간이헤드 3개 이내로 설치
   (6) 간이헤드와 송수구는 일반 간이 SP와 동일

(7) 가압송수장치, 유수검지장치, 제어반, 음향장치, 기동장치 및 비상전원 없을 수 있음

구분	주택전용 방식
구성	계량기 → 체크밸브 → 개폐밸브 → 세대개폐밸브 → 간이헤드
배관 순서도	(도면)

구분	상수도직결형 방식
구성	계량기 → 급수차단장치 → 개폐밸브 → 체크밸브 → 압력계 → 유수검지장치 → 간이헤드
배관 순서도	(도면)

16 ESFR : 조기반응형(RTI = 28) + 굵은 물방울(K값)

1) 소화특성
   (1) 감지특성 : RTI 28, 표시온도 74 이하, C = 1 이하
   (2) 방사특성 : K와 P 크다. ADD > RDD, 화재진압

2) 설치장소의 구조(암 층기구 보선간환)

폭	내용
층의 기준	• 해당 층의 높이 13.7 m 이하일 것 • 2층 이상 : 바닥을 내화구조, 다른 부분과 방화구획
천장 기울기	• 168/1000 이하, 초과 시 반자를 수평
천장 구조	• 천장은 평평 • 철재나 목재 트러스구조 : 돌출부분 102 mm 이하
보의 간격	• 보 사이의 간격 : 0.9 ~ 2.3 m • 보 간격이 2.3 m 이상 : 천장 및 반자의 넓이가 28 m² 이하
창고내 선반	• 하부로 물이 침투되는 구조
저장물 간격	• 모든방향에서 152 mm 이상의 간격유지
환기구	• 공기유동이 헤드 작동온도에 영향 × • 화재감지기와 연동 환기장치를 설치 × • 자동환기장치 : 최소작동온도 180 ℃ 이상

3) 설치제외 기준 : 암 4류 타두종섬
   (1) 4류 위험물, 타이어·두루마리 종이·섬유류

4) 수원 : $Q = 12 \times 60 \times K\sqrt{10P}$
   (1) 높이 : 13.7 / 12.2 / 10.7 / 9.1 m
   (2) K값 : 360 / 320 / 240 / 200
   (3) P값 : 0.28, 0.36, 0.52, 0.24, 0.17, 0.1 MPa

5) 헤드 기준(암 방가천저 벽 온도차)
   (1) 방호면적 : 6 ~ 9.3 m²
   (2) 가지배관 사이의 거리
       천장높이 9.1 m 미만 : 2.4 ~ 3.7 m
       천장높이 9.1 ~ 13.7 m : 2.4 ~ 3.1 m
   (3) 천장과의 거리
       상향식 : 101 - 152 mm,
              배관에서는 178 mm
       하향식 : 125 - 355 mm
   (4) 저장물과의 거리 : 914 mm
   (5) 벽과의 거리 : 102 mm ~ 1/2S
   (6) 작동온도 : 74 ℃ 이하

(7) 차폐판 설치

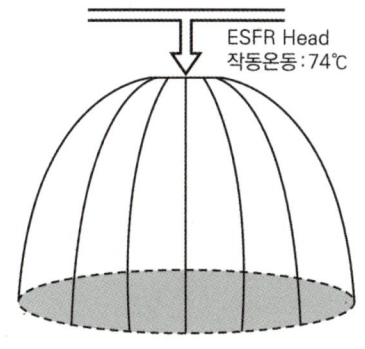

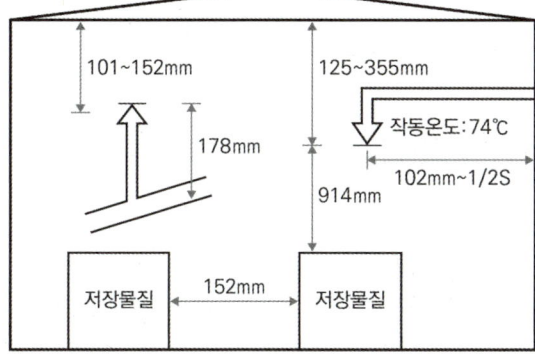

17 라지드롭헤드

1) 표준형에서 오리피스 크기를 키운 헤드
2) 국내 형식승인 K값 160
3) 창고시설 NFTC 상 방사압 0.1 Mpa 이상
4) NFPA는 CMSA라 하며, 다양한 K값 사용

18 수계 이상현상

1) Skipping(간접 냉각에 의한 미개방)
   화재로부터 멀리 떨어진 헤드가 인접한 헤드보다 먼저 작동되는 현상

   (1) 원인 : 헤드 간 근접 설치, 작동 온도가 다른 경우, 열감도가 다른 경우, 냉방기 근처 설치

   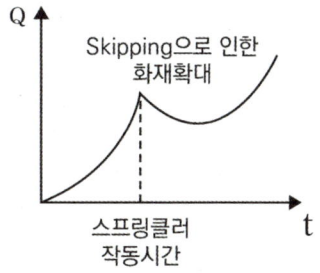

   (2) 대책
   - 최소간격 확보
     (일반 1.8 m, ESFR 2.4 m)
   - 헤드 사이 중앙에 격판(Baffle) 설치, Draft Curtain 설치하여 헤드 완전 개방
   - 같은 실에는 표시온도 및 열감도를 같게
   - 고강도 화재 시 라지드롭 헤드 설치

   (3) NFPA Baffle 기준
   - 가로 × 세로 20 × 15 cm 이상 불연성 재질
   - 헤드 상단보다 50 ~ 75 mm 높도록 설치
   - 헤드 하단 디플렉터와 평행하게 설치

2) Cold Soldering(직접 냉각에 의한 부분 개방)
   감열체가 직접 냉각되어 미개방 지역이 발생하는 현상

   (1) 원인 : 저성장 화재의 경우, 퓨즈블링크식 플러시 헤드의 부분 개방, 헤드 수직 설치 시, 대형화재로 소화수가 비산하는 경우

   (2) 대책 : 인랙 헤드, 차폐판 설치, 실제 방출 시험

3) Pipe Shadow Effect

헤드에서 방사된 물이 인접 배관에 부딪혀 미경계지역이 발생하는 현상

(1) 원인 : 상향식으로 설치, 가지배관과 헤드 간 간격이 작은 경우, 배관의 꺾임, 배관 구경 과다

(2) 대책 : 하향식, 배관 간섭 고려 시공, 가지배관과 헤드 간 간격 30 cm 이상 이격, 배관 꺾인 부분 이격, 가지배관은 50 A 이하로 시공

4) Lodgement

감열체가 탈락되어 부품의 일부가 디플렉터 등에 걸려서 살수 장애가 발생하는 현상(플러시형 헤드, 원형 헤드에서 주로 발생)

(1) 대책 : 걸림작동 시험

0.1, 0.4, 0.7, 1.2 Mpa에서 시험 후 분해 부품이 걸리지 않아야 하고, 분해되지 않는 부품은 변형 또는 파손되지 않아야 한다.

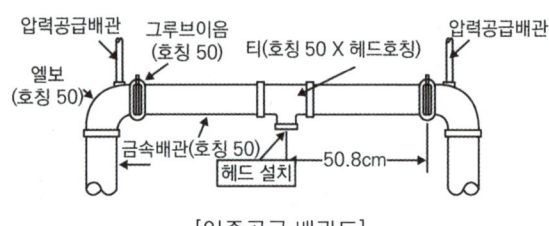

[이중공급 배관도]

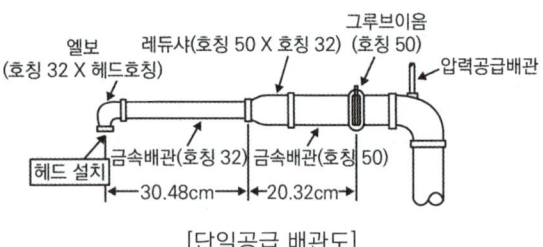

[단일공급 배관도]

19 배관방식의 분류

구분	Tree	Loop	Grid(격자형)
설계방식	규약배관방식	수리계산방식	수리계산방식
설계난이도	용이	중간	복잡
증개축	어려움	용이	용이
유량편차	크다	중간	작다
압력분포	크다	중간	작다
장치	제한 X	제한 X	습식만 가능

20 규약배관방식과 수리계산방식

1) 개념 비교

구분	규약배관방식	수리계산방식
개념	수리계산 없이 관경, 유량, 양정을 설정할 수 있는 방식	공학적 해석으로 정확한 유량, 양정, 관경을 계산하는 방식
설계방법	헤드 수에 따른 관경설정 및 규모에 따라 유량, 양정 정해짐 (국내는 양정은 직접 계산)	프로그램 또는 수계산으로 최말단 부분의 방사압력이 법정 이상 확보되도록 설계
설계자	누구나 가능	전문지식이 필요
적용 대상	소규모 건축물에 적용	대규모 건축물에 적용
시간, 비용	설계시간이 적게 소요 저비용	설계시간이 많이 소요 고비용
배관 방식	가지배관	가지배관, Loop, Grid 방식

구분	규약배관방식	수리계산방식
유량, 압력	여유율이 많음	실제에 가깝게 선정
활용	소형건축물 적용	대부분 프로그램 계산

2) NFPA 규약배관 설계 방식

   (1) 대상 : 경급 및 중급 대상 건축물에 한정 5,000 ft² 건축물은 규약식 권장 이보다 큰 경우 수리계산 의무

   (2) 방호구역의 크기 : 최대 52,000 ft²

   (3) 세부 기준

위험 용도	펌프 양정		최소유량 lpm	시간 min
	5,000 ft² 미만	5,000 ft² 이상		
경급	낙차압력 + 1.0 kgf/cm²	낙차압력 + 3.4 kgf/cm²	하한 1,900 상한 2,850	30 ~ 60
중급	낙차압력 + 1.4 kgf/cm²	낙차압력 + 3.4 kgf/cm²	하한 3,200 상한 5,700	60 ~ 90

• 최소유량 하한 : 건물이 불연성 재료이고, 최대 거실의 바닥면적이 경급은 3,000 ft² 이하, 중급은 4,000 ft² 이하인 경우에 해당
• 최소유량 상한 : 상기 사항이 아닌 경우 해당

   (4) 마찰손실 : 고려하지 않으며, 체크밸브만 제조사 사양을 받아 펌프 양정에 더할 것

   (5) 배관 구경 : 헤드 수량에 따른 규약식 표를 따름

3) 국내 규약배관 설계 방식

   (1) 대상 : 초고층건축물이 아닌 경우

   (2) 방호구역의 크기 : 최대 3,000 m²

   (3) 세부 기준

   ① 유량 : 80 lpm × 기준개수

   ② 양정 : 낙차압 + 마찰손실 + 방사압력 계산

   ③ 배관 구경 : 헤드 수량에 따른 규약식 표

4) 국내 규약식 설계방식의 문제점

   (1) NFPA는 규약설계 시 펌프 유량이 과다 설계되도록 되어 있으며, 이를 줄이기 위해선 수리계산이 필요

   (2) 국내는 규약식 펌프 유량이 수리계산 유량보다 오히려 작아 펌프 용량이 과소 선정될 수 있으므로 개정이 필요

21 국내 vs NFPA 설계방식

1) 비교

구분	국내	NFPA
위험용도 구분	없음 건축용도, 층수로 기준개수/ 수평거리 결정	위험도 따라 살수밀도-방호면적 적용
헤드 배치	수평거리를 통한 정성적 헤드 배치 살수밀도 미고려	설계면적 길이, 헤드 거리를 고려한 정량적 헤드 배치 살수밀도 고려
배관	규약식 배관방식 기본	위험도(경중/상특) 따라 규약식/수리계산
방호 면적	3,000 m²로 동일	위험용도에 따라 구분
수원량	층수 따라 구분	위험용도에 따라 구분

2) NFPA 수리계산 절차

(1) 위험용도 분류(암 양가열적인)

구분	수용품				인화성 위험물
	연료양	가연성	열방출율	적재높이	
경급	적다	낮다	적다	-	-
중급 I	중간	낮다	보통	8 ft 이하	-
중급 II	중간	중간	보통	12 ft 이하	-
			높음	8 ft 이하	
상급 I	많다	높다	매우 높다	-	적거나 없다
상급 II	많다	높다	매우 높다	-	상당량 저장

(2) 살수밀도(d) 및 설계면적(A_d)정함

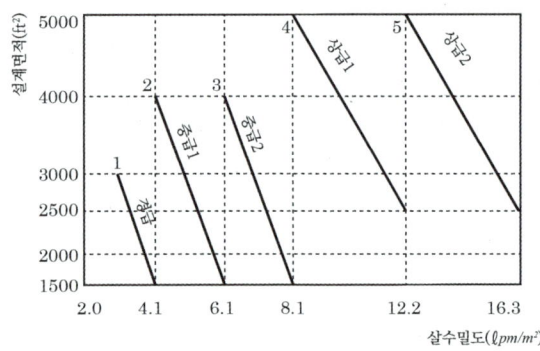

① 신축 : 각 위험도의 가장 아래 지점 기준
② 반자 내 헤드가 없는 경우 : 3,000 ft² 지점
③ 구축 유지보수 시 : 곡선 내 자유롭게 지정

구분	작동면적 화재면적	살수밀도	수원	소요압력	헤드개방
낮은점 (효율적)	작아짐	높다	감소	높다	적다
높은점 (보수적)	커짐	낮다	증가	낮다	많다

(3) 설계면적의 길이를 결정
- $L = 1.2 \times \sqrt{A_d}$

(4) 설계면적의 길이 방향으로 헤드 수량을 결정
- $N_s = L \div S$ (S : 헤드간격)

(5) 설계면적 내 헤드 수량 및 배열을 결정
- A_d / A_s (설계면적/헤드 하나 방호면적)

(6) 수리적 최원거리의 헤드의 최소유량 결정
- $Q = d \times A_s$
  (A_s : 헤드 1개 방호면적, d : 살수밀도)

(7) 수리적 최원거리의 헤드의 필요 압력 결정
- $Q = K\sqrt{P}$

(8) 각 배관구간에 대한 마찰손실, 유량을 구함
- 마찰손실 계산
$$P = \frac{6.174 \times 10^5 \times Q^{1.85}}{C^{1.85} \times d^{4.87}} \times L$$
- $Q_1 = K\sqrt{P_1}$,
  $Q_2 = K\sqrt{P_{1-2} + P_1}$

3) 그 밖의 NFPA 고려사항

(1) 최대 방호면적
: 경급/중급 : 52,000 ft²,
 상급 : 40,000 ft²

(2) 급수시간 : 위험도 따라 30 / 60 / 90분

22 스프링클러·물분무·미분무 소화설비의 비교

항목	스프링클러	물분무	미분무
물입자 크기	1 ~ 2 mm	0.2 ~ 0.8 mm	$D_V 0.99 \leq 400\mu m$
낙하 운동	• 자중 낙하 • 운동량 없다	• 운동 낙하 • 운동량 크다	• 비산 낙하 • 운동량 작다
대상 장소	• 구획된 넓은 지역 방호	• 장비표면 보호 • 터널 • 한정된 장소	• 소규모 구획실의 장비 방호
소화 효과	• 냉각효과 • 질식효과 • 희석효과	• 냉각소화 • 질식소화 • 유화효과 • 희석효과 • 동적효과 (Kinetic Effect)	• 냉각소화 • 질식효과 • 복사열 차단 • 동적효과 (Kinetic Effect)
성능 목표	• 화재제어 • 화재진압	• 소화 • 제어 • 확산방지 • 출화예방	• 진압 • 소화 • 화재제어 • 온도제어 • 노출부 방호
적응	A급	A·B·C급	A·B·C급 + K급
방사 압력 (MPa)	0.1 ~ 1.2	0.35 이상	• 저압 : ~ 1.2 • 중압 : 1.2 ~ 3.5 • 고압 : 3.5 ~
살수 밀도	표준 : 80 ℓpm	10 ~ 20 $\ell pm/m^2$	0.05 ~ 0.5 $\ell pm/m^2$
냉각	1 순위	2 순위	3 순위
질식	3 순위	2 순위	1 순위

23 물분무 소화설비

1) 설치대상(물분무등) : 암 항주82 기20, 전3 방문터

   (1) 항공기 및 자동차 관련 시설 중 **항**공기격납고

   (2) 차고, **주**차용 건축물, 철골 조립식 주차시설 : 연면적 $800 m^2$ 이상

   (3) 건물 내부 차고·주차장 : 바닥 $200 m^2$ 이상

   (4) **기**계장치에 의한 주차시설 : **20**대 이상 주차

   (5) **전**기실·발전실·변전실 등 바닥 $300 m^2$ 이상

   (6) 소화수 수집·처리 설비없는 중·저준위 **방**사성폐기물의 저장시설(가스계)

   (7) 지정**문**화재 중 소방청장이 문화재청장과 협의

   (8) 예상교통량, 경사도 등 고려한 **터**널(물분무)

2) 소화원리 : 냉질유(에멀전, 유화층)희

3) 적응장소 : 암 일전인고

   일반가연물, **전**기적인 위험, **인**화성가스·액체, 특정한 위험이 있는 **고**체

4) 비적응 장소 : 암 물고운 260

   (1) **물**에 심하게 반응하는 물질을 저장·취급 장소

   (2) **고**온 물질 및 증류 범위가 넓어 끓어 넘치는 위험물질을 저장·취급 장소

   (3) **운**전 시 표면온도가 260 ℃ 이상으로 직접 분무 시 기계장치에 손상 우려 장소

5) 설계 목적 : 암 소제확예

   소화, **제**어, **확**산방지, 출화**예**방 설계 목적에 따라 수원량 차등

6) 수원량 : 암 특절콘케차 / 10 10 10 12 20

소방대상물	유량
특수가연물의 저장·취급	10 ℓpm
절연유 봉입 변압기	10 ℓpm
콘베이어 벨트	10 ℓpm
케이블 트레이, 케이블 덕트	12 ℓpm
차고·주차장	20 ℓpm

7) 헤드 종류 : 암 **선디슬충분**(표준방사압 0.35 MPa)

선회류형, **디**플렉터형, **슬**릿형, **충**돌형, **분**사형

8) 고압기기 이격거리 : 전기적 단속성을 위해 확보

전압(kV)	거리(cm)	전압(kV)	거리(cm)
66 이하	70 이상	154-181	180
66-77	80	181-220	210
77-110	110	220-275	260
110-154	154	-	-

9) 배수설비

(1) 10 cm 경계턱 설치

(2) 기울기 2/100 이상

(3) 40 m마다 피트(기름분리장치) 설치

(4) 배수펌프 설치 및 용량은 충분할 것

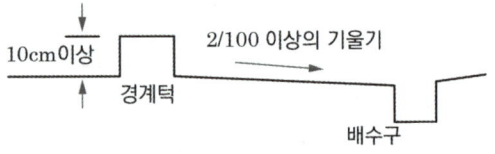

24 미분무 소화설비

1) 국내 기준 : 누적체적분포 99 %가 400 μm 이하이며, ABC급 적응성인 설비 Dv 0.99 ≤ 400 μm

누적체적분포 Dv 0.99 ≤ 400μm	총 체적 중 직경이 400 μm 이하인 입자의 체적 비율이 99 %
누적입도분포 Dn 0.99 ≤ 400μm	총 입자 수 중 직경 400 μm 이하인 입자의 개수 비율이 99 %

2) NFPA : Dv 0.99 ≤ 1,000 μm

(1) 200 μm 미만 : BC급 화재 적응성

(2) 400 μm 미만 : ABC급 화재 적응성

(3) 1,000 μm 미만 : A급 화재 적응성

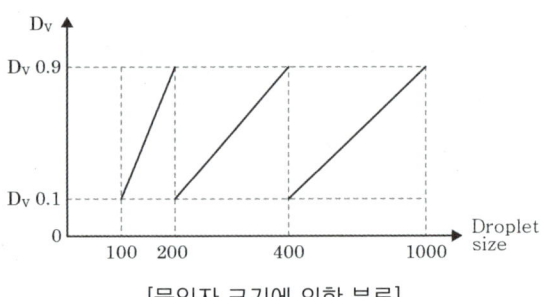

[물입자 크기에 의한 분류]

3) 소화원리

(1) 잠열냉각 : 539 kcal/kg

(2) 질식, 산소치환 : Pulsing을 통한 산소농도↓

(3) 복사열 차단 : 에너지 투과율 감소, 흡수

4) 적응장소 : 암 **일인가스 전통**

일반 가연물, **인**화성 및 가연성 액체, **가**스 제트화재, **전**기위험, **통**신장치 등 전자장치

5) 비적응장소 : 🅰 활카 염실 초저온 오황
   (1) 물과 반응하는 **활**성금속(K, Na, Mg, Li 등)
   (2) **카**바이드(CaC_2)
   (3) 할로겐화합물(**염**화벤조일)
   (4) **실**란(3염화메틸실란)
   (5) **초저온**액화가스(LNG)
   (6) 황화물(**오황**화인 : P_2S_5)

6) 성능목적 : 진소제온노
   화재**진**압, 화재**소**화, 화재**제**어, **온**도제어, **노**출부분의 방호

7) 방사압 구분(MPa)
   1.2(저압) / 1.2 ~ 3.5(중압) / 3.5 초과(고압)

8) 미분무 시스템의 4가지 변수
   (1) 방출방식의 적용(System Application) : 국소, 전역, 구역방출방식, 용도 보호방식, 프리-엔지니어드 방식
   (2) 노즐형식(Nozzle type) : 폐쇄, 개방, 혼합형
   (3) 시스템의 작동방법(System Operation Method) : 습식, 건식, 준비작동식, 일제살수식
   (4) 시스템 매체 종류(System Media Type) : 단일유체, 이종유체

9) 수원 산정공식
   (1) $Q = N \times D \times T \times S + V \, [m^3]$
   N : 방호구역 내 헤드의 개수
   D : 설계유량 $[m^3/min]$
   T : 설계방수시간 [min]
   S : 안전율(1.2 이상)
   V : 배관의 총체적 $[m^3]$

10) 클로깅(Clogging)
    (1) 물속에 부식물질이나 이물질 등이 함유되어 미분무설비의 노즐이 막히는 현상
    (2) 메커니즘 : Pipping → Bridging → Clogging
    (3) 대책 : 2종 유체, 내식 배관(STS 304), 용접 시 찌꺼기 청소 및 부식 없는 TIG 용접, 배관 주기적 청소, 필터, 스트레이너 설치(오리피스 지름의 80% 이하), 부식방지제, 막힘 개선 노즐 사용

11) 설계도서 작성 : 일반설계도서 / 특별설계도서
    (1) 고려사항 : 🅰 점초화공문시
      ① **점**화원의 형태
      ② **초**기 점화되는 연료 유형
      ③ **화**재 위치
      ④ **공**기조화설비, 자연형(문,창문) 및 기계형 여부
      ⑤ **문**과 창문의 초기상태 및 시간에 따른 변화상태
      ⑥ **시**공 유형과 내장재 유형
    (2) 일반설계도서 : 🅰 건사실가연환최 특성 고려
      평가 : 실제 화재 및 실제 방출시험
      ① **건**물사용자 특성
      ② **사**용자의 수와 장소
      ③ **실** 크기
      ④ **가**구와 실내 내용물
      ⑤ **연**소 가능한 물질들과 그 특성 및 발화원
      ⑥ **환**기조건
      ⑦ **최**초 발화물과 발화물의 위치

(3) 특별설계도서 : (일) 앱 피비감소화외 - 6가지

평가 : 시뮬레이션을 통한 ASET > RSET 검증

화재발생 장소	화재상황
피난로	내부 문 개방 → 급격한 화재연소
비 상주실	많은 재실자에게 위험상황
감지기·헤드 없는 곳	재실자가 많은 곳으로 연소확대
소방시설 작동범위 이외 장소	아주 천천히 성장 화재
화재하중이 큰 장소	아주 심각한 화재
건물 외부	본 건물로 화재 확대

(4) 마찰손실 계산 : 저압식은 하젠-윌리엄스 식, 그 외에는 Darcy Weisbach 식 사용. 150 L 이상의 부동액 주입 시 D-W로 계산

12) 누적체적분포 측정방법(NFPA 권장안)
   (1) 광영상(Optical Imaging) : 작은 체적의 미스트속의 물방울을 사진 촬영하거나, 또는 전자영상을 만드는 방법
   (2) 회절 : 평행광원을 미분무수 속으로 통과시키는 방법
   (3) 도플러 굴절 : 서로 교차되는 한 쌍의 레이저 광선에 의해서 형성되는 샘플 체적 속으로 미분부수를 통과시키는 방법

13) 국내 성능인증 및 제품검사 기술기준
   (1) 헤드 분무특성에 따라 중실형, 중공형으로 구분하여 측정
   (2) 분사부분 1 m 아래에서 측정
   (3) 최소설계 압력 도달 후 압력이 안정된 시점부터 측정
   (4) 측정값이 설계범위 내인지 확인

25 고층건축물 수계소화설비

1) 고층, 초고층 공통 기준
   (1) 옥상수조 1/3 저장, 비상전원 예비펌프 필수
   (2) 배관 겸용 불가, 옥내 - SP 각각 설치
   (3) 옥내소화전-연결송수관만 겸용 가능

2) 차이점

구분	고층(30층)	초고층(50층)
수원	40분	60분
수직배관	1개소	2개소
유수 검지장치	1개소	2개소 격자식(Grid)
마찰손실	규약배관 가능	수리계산

26 내진 개요

1) 내진 개념

광의의 내진		
지진의 피해 줄이는 포괄적 개념(소방 내진설계)		
협의의 내진 +	면진 +	제진
지진하중에 견디는 저항력	지진 고유주기 감쇠	지진력을 제어
버팀대 내진앙카	지진분리장치 가요성이음	지진추 진동복합제어

2) 대상 : 옥내소화전, 스프링클러, 물분무등 설비

3) 제외 : 성능시험배관, 지중매립관, 배수관

4) 소방설비의 중요도계수(Ip) = 1.5

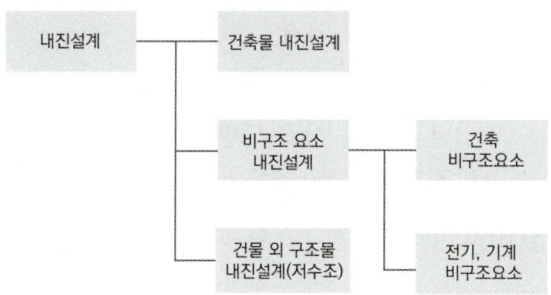

27 지진하중 산정(공통 적용사항 1)

1) 「건축물 내진설계기준」 중 '비구조요소의 설계지진력 산정방법'을 따름
   (1) 동적해석방법
   (2) 등가정적해석방법
   (3) 허용응력설계법 등

2) 허용응력설계법 설계 시 그 외 하중 계산방법으로 계산한 값을 사용하려면 해당 지진력에 0.7을 곱하여 적용한다.

3) 소화배관의 수평지진하중(Fpw)은 허용응력설계법으로 계산한다.
   이 경우 2) 항목에 관한 사항을 적용하며, 허용응력설계법 Fpw = Cp × Wp

28 앵커볼트 설치방법(공통 적용사항 2)

1) 「건축물 내진설계기준」의 '비구조요소의 정착부' 기준 따름

2) 최대허용하중 고려사항 : 암 두간모강균 단/그(정착부 두께, 볼트설치 간격, 모서리까지 거리, 콘크리트 강도, 균열 콘크리트 여부, 앵커볼트의 단일/그룹 설치)

3) 흔들버(흔들림방지 버팀대) 앵커볼트 최대허용하중은 설계사 제시값에 0.43를 곱할 것

4) 프라잉효과, 편심을 고려할 것

5) 팽창성, 화학성, 부분타설 콘크리트에 정착 시, 수평지진하중을 1.5배 증가하여 적용

29 수평지진하중 산정방법

1) 동적해석과 정적해석

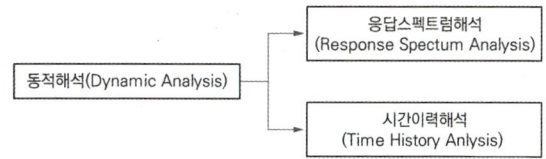

하중의 변화가 시간에 따라 다름을 반영

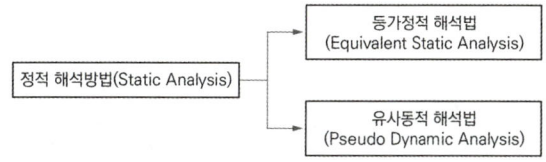

하중의 변화는 시간과 무관하게 고정

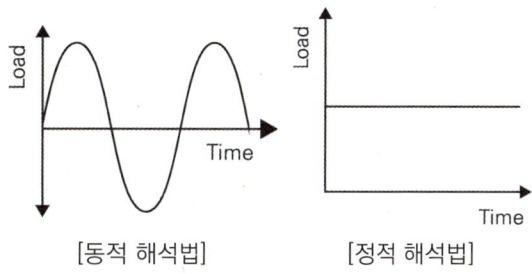

[동적 해석법]   [정적 해석법]

2) 등가정적해설법
   (1) 응답스펙트럼 해석값과 동일한 동적 하중을 등가의 정적 하중으로 변환
   (2) 공식 : $Fp = \dfrac{0.4 a_p S_{DS} W p}{\left(\dfrac{R_p}{I_p}\right)} \left(1 + 2\dfrac{z}{h}\right)$

여기서,
$0.3\,S_{DS}\,I_p\,W_p \leq F_p < 1.6\,S_{DS}\,I_p\,W_p$

3) 허용응력설계법
　⑴ 지진력의 다양한 변수를 고려하지 않은 간편 계산값. 동적 또는 정적 해석방법에 의해 저층은 과다, 고층일수록 과소하게 계산됨
　⑵ 공식 : $Fpw = Cp \times Wp$
　　허용응력설계법 외의 설계 지진력을 적용 시 해당 설계지진력(Fp) × 0.7을 적용
　⑶ Cp의 선정
　　지진구역계수(Z) 선정
　　→ 유효수평지반가속도(S) 계산
　　　S = Z × I(2.0)
　　→ 단주기응답지수(Ss) 계산
　　　S = S × 2.5
　　→ [별표 1]에서 직선보간법으로 선정

30 수원

1) 구조안전성 확인 : 기초(패드포함), 본체, 연결부
2) 구조부재 고정 : 파손(손상), 변형, 이동, 전도 없을 것
3) 가요성이음장치 설치 : 소화배관 연결부위

31 펌프

1) 방진장치

구분	내용
내진성능 있음	방진장치만 설치
내진성능 없음	내진스토퍼 설치

2) 스토퍼
　⑴ 3 mm 이상 이격
　⑵ 6 mm 이상 이격 시 수평지진하중 2배
　⑶ 인발력 작용 시 전도방지형, 없으면 이동방지형 스토퍼 사용
3) 가요성이음장치 : 소화배관 연결부위

32 제어반

1) 수평지진하중 산정하거나, 하중 450 N 이하 + 구조체 고정 시 8 mm 볼트 4개 가능
2) 기준 - 구조고정 / 전도방지 / 기능유지

33 함

제어반과 동일 + 개폐 장애 없을 것

34 배관 이격

1) 이격거리 확보

배관 호칭구경	슬리브(Sleeve) 호칭구경
25 mm ~ 100 mm 미만	배관 호칭구경 + 50 mm 이상
100 mm 이상	배관 호칭구경 + 100 mm 이상

2) 예외
　⑴ 해당 부분 300 mm 이내에 지진분리이음 설치
　⑵ 관통부가 내화성능이 요구되지 않는 석고보드 또는 이와 유사한 부서지기 쉬운 부재

35 지진분리이음

1) 배관의 축방향 변위, 회전, 1° 이상의 각도 변위를 허용하는 이음(단, 구경 200 mm 이상은 0.5° 이상)
2) 배관 변형을 최소화, 설비 주요부품 사이의 유연성을 증가시킬 필요가 있는 위치에 설치
3) 구경 65 mm 이상의 배관

수직직선배관		내용
단층	2.1 m 초과	상·하부의 단부 0.6 m 이내
	0.9 ~ 2.1 m	하나의 지진분리이음
	0.9 m 미만	설치제외 가능
2층 이상		• 바닥 0.3 m, 천장 0.6 m 이내 • 천장 아래의 신축이음쇠를 입상관의 연결부보다 높이 있고, 연결부가 수평인 경우 : 0.6 m 이내 수평부
중간지지부 (수직/입상관)		지지부 위아래 : 0.6 m 이내

36 지진분리장치

1) 설치장소 : 지상층에 설치된 배관으로 건축물 지진분리이음구간과 소화배관 교차부 또는 지상노출배관이 건축물로 인입되는 위치에 설치
2) 건축물 지진분리이음의 변위량을 흡수할 수 있도록 설치
3) 지진분리장치 전단과 후단의 1.8 m 이내에는 4방향 흔들림 방지 버팀대를 설치
4) 지진분리장치 자체에는 흔들림 방지 버팀대를 설치하지 않을 것

37 가지배관 말단 고정장치

1) 와이어타입 고정장치는 행가로부터 600 mm 이내에 설치. 와이어 고정점에 가장 가까운 행거는 가지배관의 상방향 움직임을 지지할 수 있도록 할 것
2) 환봉타입 고정장치는 행가로부터 150 mm 이내에 설치
3) 환봉타입 고정장치의 세장비 : 400 이하. 단, 양쪽 방향으로 두 개의 고정장치를 설치하는 경우 세장비 미적용
4) 고정장치는 수직으로부터 45° 이상의 각도로 설치, 설치각도에서 최소 1340 N 이상의 인장 및 압축하중을 견뎌야 함. 와이어를 사용하는 경우 1960 N 이상의 인장하중을 견디는 것으로 설치
5) 가지배관 상의 말단 헤드는 수직 및 수평으로 과도한 움직임이 없도록 고정
6) 가지배관에 설치되는 행가는 헤드와 헤드 사이에 설치하며, 3.5 m 간격으로 설치
7) 가지배관 고정에 사용되지 않는 건축부재와 헤드 사이의 이격거리는 75 mm 이상을 확보

38 버팀대, 가지배관 고정장치 설치 면제 기준

행가가 다음 기준을 모두 만족하는 경우 고정장치 면제가 가능

1) 건축물 구조부재 고정점으로부터 배관 상단까지의 거리가 150 mm 이내일 것
2) 배관에 설치된 모든 행가의 75 % 이상이 1)의 기준을 만족할 것

3) 배관에 연속하여 설치된 행가는 1)의 기준을 연속하여 초과하지 않을 것

39 세장비

1) $$\lambda = \frac{L}{r} \text{ 이고, } r = \sqrt{\frac{I}{A}}$$

L : 버팀대 길이 [cm]
I : 2차단면모멘트 [cm^4]
r : 최소단면2차반경 [cm]
A : 지지대 단면적 [cm^2]

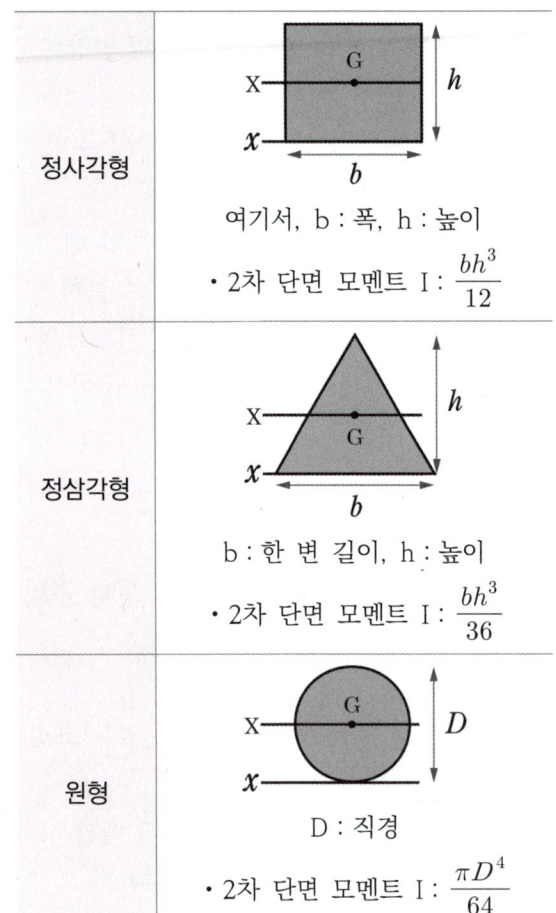

정사각형	여기서, b : 폭, h : 높이 • 2차 단면 모멘트 I : $\frac{bh^3}{12}$
정삼각형	b : 한 변 길이, h : 높이 • 2차 단면 모멘트 I : $\frac{bh^3}{36}$
원형	D : 직경 • 2차 단면 모멘트 I : $\frac{\pi D^4}{64}$

CHAPTER 14

소방전기이론

14 소방전기이론

1 전기기초

이름	내용
옴의 법칙	V = IR [V]
줄의 법칙	H = I^2Rt [J]
KCL	Σ 유입전류 = Σ 유출전류
KVL	Σ 기전력 = Σ 전압강하
암페어 오른나사	• 엄지 전류 - 자기장 반시계 방향 • 엄지 자기장 - 전류 반시계 방향
패러데이, 렌츠의 법칙	• 회전체에서의 유도기전력 : $E = 4.44fN_2\Phi$ • 코일에서의 유도기전력 : $e = -N\dfrac{d\phi}{dt}$ • (-) 부호 : 자기장의 변화를 상쇄하는 방향으로 역기전력이 흐른다는 렌츠의 법칙 의미

구분	플레밍의 왼손 법칙(FBI)	플레밍의 오른손 법칙(MBC)
정의	• 전류 흘릴 때 작용하는 힘 방향 • 전자력의 방향을 결정하는 법칙	• 도체 운동 시 유도기전력 방향 • 유도기전력 방향 결정하는 법칙
적용	전동기(전자력)	발전기(유도기전력)
구성 요소	• 힘 방향 (F) • 자기장 방향 (B) • 전류 방향 (I)	• 운동 방향 (M) • 자기장 방향 (B) • 유도기전력 방향 (e, c)
공식	$F = Bil\sin\theta$ [N]	$e = Blv\sin\theta$ [V]

2 열전효과 3형제

• 열과 전기에너지의 상호작용에 관한 효과

이름	내용	개념도
제백 효과	• 열전대에 온도차 발생 시 전류 생성 • $V_S = \alpha \times \Delta T$	금속 A T_1 T_2 V 금속 B
펠티에 효과	• 열전대에 전류 흐를 시 온도차 발생 • $Q = \pi I$	금속 B 발열 흡열 금속 A
톰슨 효과	• 동일금속에 온도차 및 전류 발생 시 흡열 또는 발열 • $Q = \sigma I \Delta T$ • 부(-) Pt, Ni, Fe • 정(+) Cu, Sb	발열 고온 I(전류) 저온

3 광전효과

• 빛과 전기에너지의 상호작용에 관한 효과

1) 광양자의 에너지 : $E = hf$
2) 광전자 방출 일함수 : $W = hf_o$
   빛의 양이 중요하지 않고, 빛의 파장에 따라 방출

3) 방출되는 광전자의 최대 운동에너지

$$E_k = \frac{1}{2}mv^2 = E - W = h(f - f_o)$$

4) 적용

(1) 외부 광전효과

검출소자	적용
태양전지, 광전지 (Ag-O-Cs, Sb-Cs)	자외선(UV) 감지기, 태양광 판넬

(2) 내부 광전효과

광센서 구분	검출소자	적용
광도전 효과	황화납, 세렌화납 등 광도전 셀	적외선 감지기 (CO_2, 공명방사, IR2, IR3)
광기전력 효과	포토다이오드, 포토 트랜지스터	적외선 감지기 (정방사 방식), LED

4 서미스터 : 측온저항계

1) 온도에 따라 저항이 달라지는 반도체
2) 공식 : $\Delta R = k \Delta T$
3) k에 따른 구분
   (1) PTC : k > 0 (2) NTC : k < 0 (3) CTR

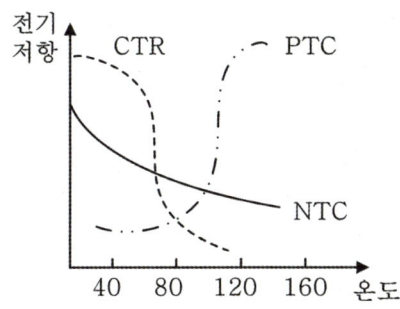

4) 적용 : 정온식, 차동식 스포트형 감지기

5 휘스톤브리지

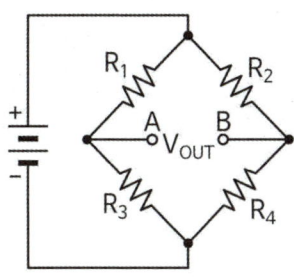

1) 저항 4개로 구성된 브리지 회로
2) 사용방법
   (1) 평형 휘스톤브리지 : 미지의 저항 산출, $R_1/R_3 = R_2/R_4$
   (2) 불평형 휘스톤브리지 : 서미스터와 결합해 온도차에 의한 전류 흐름 만들어내 감지기로 사용
3) 적용 : 반도체식 열감지기

6 교류전력의 종류

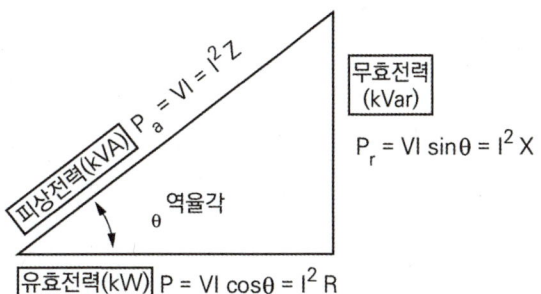

이름	내용
피상전력[VA]	$P_a = VI\cos\theta + jVI\sin\theta$
유효전력[W]	$P = VI\cos\theta$
무효전력[Var]	$P = jVI\sin\theta$
역률	$\cos\theta = P/P_a$

- $kW = kVA \times \cos\theta$
- $kVar = kVA \times \sin\theta$
- $kVA = \sqrt{(kW)^2 + (kVar)^2}$
- $\cos\theta = \dfrac{VI\cos\theta}{VI} = \dfrac{P}{P_a}$

1) 교류전력의 임피던스

   (1) $Z = R + j(X_L - X_C)$
   $= R + j(wL - \dfrac{1}{wc})$

   (2) 임피던스 = 저항 + 리액턴스(유도성/용량성)

2) X_L : 유도성 리액턴스. 코일(인덕터)로 발생
   X_C : 용량성 리액턴스.콘덴서(커패시터)로 발생

인덕터(=리액터), 코일(L)	커패시터, 콘덴서(C)
유도성 리액턴스(X_L)	용량성 리액턴스(X_C)
$X_L = wL = 2\pi fL$	$X_C = \dfrac{1}{wc} = \dfrac{1}{2\pi fc}$

3) X_C는 진상역률로 전류가 90도 앞선다.
   CIVIL X_L은 지상역률로 전류가 90도 뒤진다. CIVIL

4) 페란티효과

   무부하, 경부하 시 분포 커패시턴스에 의해 진상역률 과다 → 수전단 전압 > 송전단 전압이 되는 현상. 장비 및 계통에 악영향을 준다.

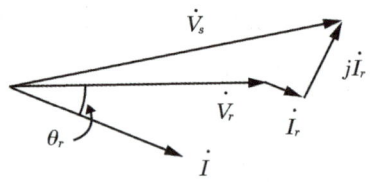

5) 역률개선방법 : 동기조상기, 진상용콘덴서, 자동역률보상장치, 무효전력보상장치 설치
6) 설치위치 : 집합식, 개별식으로 구분

7 전압강하

1) 1가닥에서의 전압강하 유도

   (1) $e = IR$, $R = \rho\dfrac{L}{A}$

   (2) 표준연동선 고유저항 1/58, 퍼센트 도전율 97 %을 고유저항의 역수로 적용 시
   $\rho = \dfrac{1}{58} \times \dfrac{100}{97}$ 이므로
   $\therefore e = \dfrac{17.8LI}{1,000A}$

2) 전압강하식

구분	전압강하	비고
단상2선식	$e = \dfrac{35.6LI}{1000A}$	2가닥의 전압강하
3상3선식	$e = \dfrac{30.8LI}{1000A}$	선전류 $I = \sqrt{3}\,i$
3상4선식 단상3선식	$e = \dfrac{17.8LI}{1000A}$	중성선은 전류 ×, 1가닥의 전압강하

8. 펌프 모터 기동방식 비교 (※ α값은 2~2.5)

구분	직입기동	Y-Δ기동	Reactor 기동	기동보상기 기동
기동 방식	전전압	감전압	감전압	감전압
용량	11 kW 이하	11 kW 이상	55 kW 이상	55 kW 이상
기동 전류	기준값	1/3	$1/\alpha$	$1/\alpha^2$
기동 토크	기준값	1/3	$1/\alpha^2$	$1/\alpha^2$

9. Y-△ 기동 기동전류와 기동전압 비교

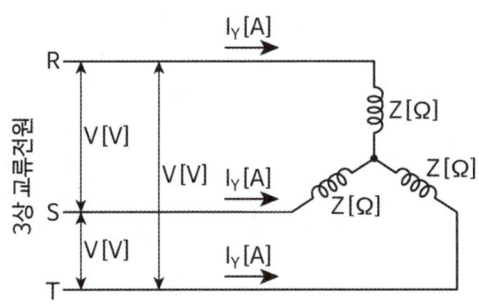

[Y 기동]

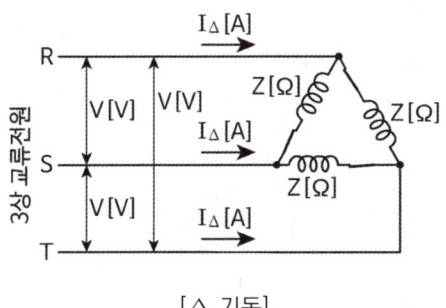

[△ 기동]

1) Y 기동
   (1) 선전류 = 상전류, 선간전압
       = 상전압 × $\sqrt{3}$

2) △ 기동
   (1) 선전류 = 상전류 × $\sqrt{3}$, 선간전압
       = 상전압

3) 계산
$$\frac{I_Y}{I_\Delta} = \frac{\frac{V}{\sqrt{3}Z}}{\frac{\sqrt{3}V}{Z}} = \frac{1}{3}, \quad V_Y = \sqrt{3}E$$
$$I_\Delta = \sqrt{3}i$$

4) 결론 : $I_Y/I_\Delta = 1/3$, $V_Y/V_\Delta = 1/\sqrt{3}$

10. 통신유도장애

1) 전자유도장애 : 지락, 누전 발생 시 전력선 - 통신선 간 상호 인덕턴스에 의해 발생
$$E_m = -jwMl(3\dot{I_0})$$

2) 정전유도장애 : 전력선에 통신선 근접 설치 시 전력선 - 통신선 간 상호 정전용량에 의해 발생
$$V_S = \frac{C_1}{C_1 + C_2}V_0$$

11. 빛의 산란

1) 파장의 종류 : **암** 감액자가(400-780) 적전라
   (1) **감**마선 (2) **엑**스레이 (3) **자**외선
   (4) **가**시광선 (5) **적**외선 (6) **전**자파
   (7) **라**디오파

   좌측일수록 λ, T 짧고 f, E, 온도 높다.

2) 산란의 종류

레일리 산란	파장 > 입자크기 산란도↓, 방향성 없음
MIE 산란	파장 = 입자크기 산란도↑, 방향성 있음 산란광식 감지기에 적합

3) 광원 종류

  (1) 적외선 LED : 0.95 μm

  (2) 청색 LED : 0.47 μm

  (3) 크세논 램프 : 0.3 μm

  (4) 레이저빔 : 0.005 μm

4) 연기 입자 크기

  (1) A급 : 1.0 μm 이상

  (2) B급 : 0.1 ~ 0.4 μm

12 저항의 용어

1) 절연내력, 절연저항 : 클수록 좋음

2) 접촉저항, 접지저항 : 작을수록 좋음

3) 위험전압 : 누전 또는 지락 시 감전 위험 전압

보폭전압	지락전류 접촉 시 양 발 간의 전위차 $E_w = I \times (R_i + 2R_f)$
접촉전압	누전전류 접촉 시 대지-누전기기 간 전위차 $E_t = I \times (R_c + R_i + R_f/2)$

I : 지락전류 또는 누전전류
R_c : 누전장비 접촉저항
R_i : 인체 내부저항
R_f : 발에서의 저항

4) 국가별 안전전압

국가명	한국	독일, 영국	네덜란드	일본
안전전압(V)	30	24	50	24 ~ 30

13 접지시스템

1) 종류 : 단독, 공용, 통합접지

2) 구분 : 계통, 보호, 피뢰접지

  (1) 계통접지 : 전원계통을 중성선 접지해 보호

  (2) 보호접지 : 누전으로부터 인체 감전 보호

  (3) 피뢰접지 : 피뢰로부터의 설비 및 인명 보호

3) 계통접지 방식

  TN(TN-S, TN-C, TN-C-S), TT, IT

  (1) 첫 번째 문자 : 전원계통 접지 여부(T/I)

  (2) 두 번째 문자 : 노출도전부 접지 여부(T/N)

  (3) 세 번째 문자 : 중성선(N)과 보호도체(PE)

4) 접지저항 측정

  (1) 전위강하법(3선식 측정법)

  P 전극의 위치는 E-C의 61.8 % 지점

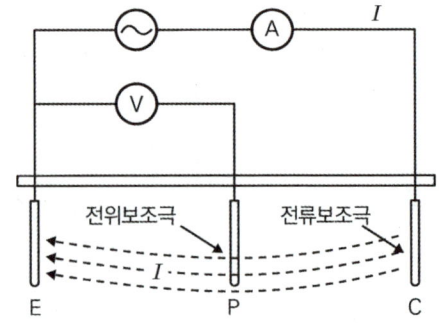

  (2) 클램프 온(Clamp-on) 측정방법
  다중접지방식의 간편 측정법

5) 접지저항 저감방법
   (1) 수평공법 : 접지극 병렬접속, 접지극의 치수 확대, 매설지선 및 평판접지극, Mesh 공법
   (2) 수직공법 : 보링공법, 접지극 깊이 박기
   (3) 화학적 저감제 사용공법
       ① 비반응형(공해) 저감제 : 염, 황산, 암모니아분말, 벤젠나이트 등
       ② 반응형(무공해, 주로사용) 저감제 : 화이트아스론, 티코겔, 탄소탈, Grout, LMCX

6) 화학적 저감제 구비조건
   (1) 인체나 동식물에 무해할 것
   (2) 토양에 비해 도전성 우수할 것
   (3) 경년변화에 따른 저항값 일정하게 유지할 것
   (4) 전극을 부식시키지 않을 것

7) 화학적 저감제 시공방법

종류	시공방법
타입법	막대 접지극, 접지극 틈새에 저감재 주입
보링법	보링공법으로 구멍을 뚫어 주입
수반법	접지전극 부근의 대지에 저감재 유입
구법	전극 주변에 홈을 파서 저감재 유입
체류조법	접지전극 주위에 저감재를 넣고 되메우기

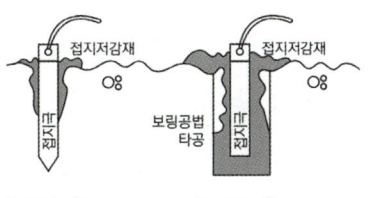

[타입법] [보링법]

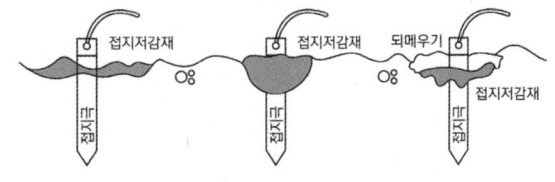

[수반법] [구법] [체류조법]

8) 소방분야의 접지설비

소방전기	소방기계
• 방재센타 접지단자함 • P, R형 수신반의 접지 • 중계기 및 각 종 전기적 외함도체 접지 • 동력제어반 또는 소방용 MCC접지 • 주·충압 펌프용 전동기 외함접지 • 아나로그 감지기등의 쉴드선의 차폐선 접지 • 뇌서지의 침입우려 부분 접지와 SPD설치	• 다른 금속재 배관과 소방용 배관등의 등전위 접지 • 펌프와 펌프배관의 등전위 접지 • 펌프 또는 비상 발전기 철재 가대의 접지 • 비상발전기의 외함 접지

14 절연저항

1) 저압전로 판정기준

전로의 사용전압(V)	DC 시험전압 (V)	절연저항 ($M\Omega$)
SELV 및 PELV	250	0.5
FELV, 500 V 이하	500	1.0
500 V 초과	1,000	1.0

• ELV : AC 50 V, DC 120 V 이하
• SELV : 비접지, 절연   * PELV : 접지, 절연
• FELV : 접지, 비절연

2) 화재안전기술기준 절연저항

구분	전원회로 기준	부속회로 기준	
비상방송설비	• 전로 ↔ 대지 사이 간 • 배선 ↔ 배선 상호 간	• 전로 ↔ 대지 사이 간 • 배선 ↔ 배선 상호 간	1 경계구역마다 DC 250 V 절연저항계 사용
	전기기술기준 따름	절연저항 0.1 MΩ 이상	
비상콘센트설비	• 전원부 ↔ 외함 사이 • 500 V 절연저항계 측정	[절연내력 시험] • 150 V 이하 : 전원부와 외함 사이에 1,000 V 실효전압 • 150 V 초과 : (정격전압 × 2) + 1,000 V의 실효전압	
	절연저항 20 MΩ 이상	절연내력 시험에서 1분 이상 견딜 것	

자동화재탐지설비 등의 절연저항 기준도 비상방송설비와 유사함

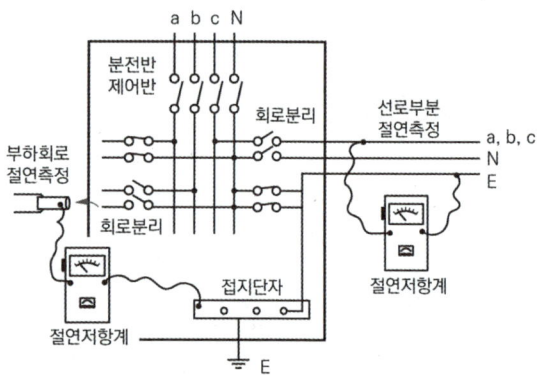

[절연저항 측정방법]

15 피뢰설비

1) 낙뢰 메커니즘

뇌운형성
⬇
지표면의 양전하(+) 축적
⬇
구름과 지면 사이의 전압차 상승
(대지전계 3 ~ 10 kV/cm)
⬇
공기가 절연이 파괴, 낙뢰 발산
(스트리머 방전)
⬇
전진과 휴지를 반복하며 스트리머 하강
(100 km/s)

2) 종류 : 돌침 방식, 수평도체 방식, 케이지 방식, 선형스트리머 방식, 독립가공지선 방식

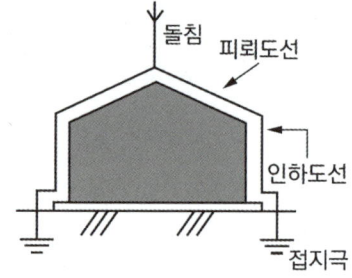

2) 설치대상 : 낙뢰의 우려가 있는 건축물, 높이 20 m 이상의 건축물·공작물

3) 보호등급 : 완전, 증강, 보통, 간이 보호 (LEVEL Ⅰ ~ Ⅳ)

4) 설치기준

(1) 피뢰 장소별 피뢰레벨 등급에 적합할 것

(2) 위험물저장 및 처리시설은 레벨 Ⅱ 이상

(3) 돌침은 건물 최상단보다 25 cm 이상 돌출

(4) 피뢰설비의 최소 단면적은 나동선을 기준으로 50 mm² 이상(수뢰부, 인하도선, 접지극)

(5) 인하도선을 대신하여 철골·철근구조체 등을 사용 시 전기적 연속성이 보장될 것
(6) 최상단부 - 지표면 사이 전기저항 : 0.2 Ω 이하
(7) 측면부 낙뢰 방지 조치를 할 것
(8) 접지로 환경오염을 일으키지 않도록 할 것
(9) 금속배관 및 금속재 설비는 전위가 균등하게 이루어지도록 전기적으로 접속할 것
(10) 통합접지공사 시 서지보호장치(SPD)를 설치

5) 설계방법 : 보호각법, 회전구체법

16 서지보호장치(SPD)

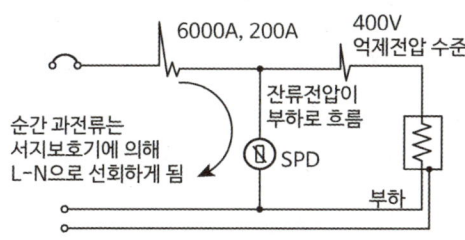

1) 설치목적
   (1) Surge 전압에 대한 기기보호
   (2) 선로의 이상전압 억제
   (3) 소방비상부하 전력계통의 신뢰성 증대

2) 설치대상
   (1) 통합접지의 전기시설
   (2) 안전구조센터, 의료기관, 공공기관, IT센터, 박물관, 호텔, 은행 등 장소
   (3) 기타 서지 유입 우려장소

3) 종류 : 전압스위칭형 / 전압제한형 / 조합형

4) 동작원리

구분	전압 스위치형 SPD	전압 제한형 SPD
특성	· 서지 유입 시 순간적(1 ~ 2cycle) 동안 방전	· 전압을 특정 레벨(제한전압)까지 제한
동작원리	· 평상시 개방 상태 · 방전개시전압 초과 시 순간 단락의 도통상태 · 도통상태는 최대 약 2 cycle간 지속 · 서지가 제거되면 자동적으로 개방 상태로 복귀	· 평상시 고임피던스 상태 · 서지 유입 시 임피던스 연속적 저하 · 연속적 전압·전류 특성으로 바리스터, 억제다이오드 방식 사용
구성	· Gas Tube, Air Gap 소자 · 방전 갭, 가스관, 사이리트터 등 · 크로바형 (Crowbar Type)	· MOV(Metal Oxide Varister) · 애벌런치 다이오드, Sidactor 등 · 클램핑형 (Clamping Type)

5) SPD 형식

등급별	시험항목	비고
Ⅰ등급	임펄스 전류 I_{imp}	직격뢰
Ⅱ등급	공칭방전 전류 I_n	유도뢰
Ⅲ등급	개방회로 전압 U_{oc}	기타서지

6) 설치기준
   (1) 설치 위치(보호도체 - 중성선 미 연결 시)
      ① 상도체와 주접지단자 또는 보호도체 사이
      ② 중성선과 주접지단자 사이 또는 보호도체 사이

(2) SPD 연결도체의 길이 : 0.5 m 이하

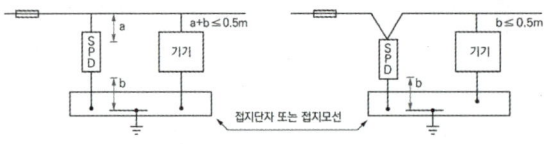

[설비 인입구나 그 부근에서 SPD 설치]

(3) 연결도체 단면적 : 10 mm² 이상
    피뢰설비 없는 경우 : 4 mm² 이상

(4) 과전압에 민감한 기기, 보호대상과 SPD와 거리가 먼 경우에는 추가보호를 해야 한다.

7) 고장 시 개폐장치 설치방식

(1) 전원의 연속성 방식

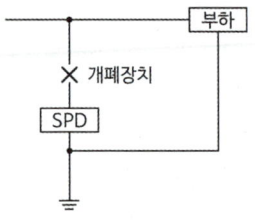

(2) 보호의 연속성 방식

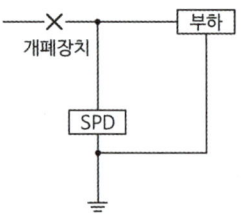

(3) 전원 및 보호의 연속성 방식

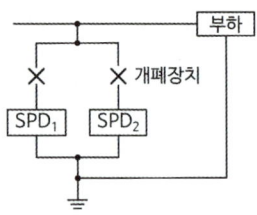

17 전기화재 원인
암 단지 절정과 아접반누열

원인	특징
단락	• 두 가닥의 전선이 붙어버리는 현상으로, 짧고 대단히 큰 전류가 발생하여 발화
지락	• 땅으로 누전이 발생하는 경우 • 감전 또는 지락전류로 인한 화재 발생
절연 열화	• 절연체의 열적 누적으로 절연 손상되어 발열 또는 탄화되어 발화(트래킹, 흑연화, 가네하라)
정전기	• 대전에 의해 축적된 전하가 방전되어 발화
과전류	• Joule의 법칙에 의해 화재 발생(Q = I²Rt) • 정격전류 200 ~ 300 %이면 피복 변질되고, 500 ~ 600 %이면 적열 후 용융
아크 스파크 낙뢰	• 스위치의 on/off 시의 스파크에 의해 발화 • 대규모 아크에너지 E = V/d [V/cm]로 발화 • 수만 A 이상의 전류가 흘러 절연 파괴되고 발화
접속부 과열	• 전기적인 접촉상태가 불량한 경우 접촉부의 저항에 의해 발화 • 전선류(동)에서는 아산화동 발열 현상과 접촉 저항에 의해 발화
반단선	• 전선이 일부 단선되며 전선단면적의 감소 발생 이후 전류가 쏠리며 주울열에 의해 온도 상승
누전	• 절연성능이 저하로 누설전류가 저항이 낮은 곳으로 흐르고 경로에 열화된 절연체 등 발화
열적 경화	• 방열이 잘 이루어지지 않는 전기기기의 열 축적에 의해 발화

1) 과전류와 발열량의 관계 - 주울의 법칙 (Joule's Law)
   (1) 발열량은 전류량의 제곱에 비례하여 증가
   (2) 방열량은 선형적으로 증가
   (3) 방열 < 발열 시 온도 상승, 축열 후 발화

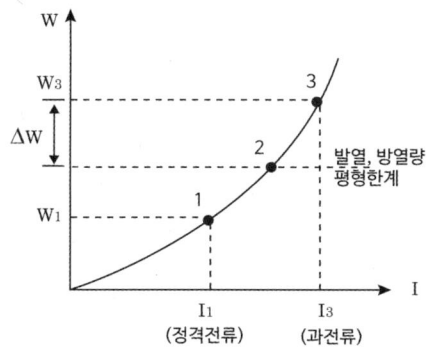

2) 아크와 스파크

구분	아크(Arc)	스파크(Spark)
정의	공기와 같은 절연매체 사이에서의 지속적인 방전 현상	공기와 같은 절연매체 사이에서의 순간적인 방전 현상
발생 원리	접점 개방 시 발생	접점 투입 시 발생
전위	두 접점의 전위가 같을 때 발생	두 접점 전위가 다를 때 발생
위험성	빛과 열 발산	빛과 열 발산, 고온의 고체입자 발생

3) 누전의 3요소 : 누 → 접 → 출

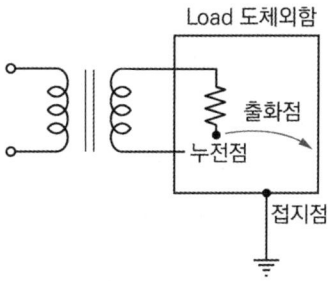

[누전의 경로]

4) 아크차단기와 누전차단기

구분	아크차단기	누전차단기
기능	아크 차단	과전류, 누설전류 차단
구성	아크필터, 증폭기, 논리회로, 영상변류기	차단장치, 영상변류기, 증폭기
국내	설치 규정 없음	주택에 설치 의무화
미국, 캐나다	주거시설 125 V 단상 15 A와 20 A에 설치 의무화	감전위험이 높은 곳에 설치(욕실, 부엌 등)
설치 목적	전기화재 예방	감전사고 예방

   (1) 아크의 종류
      ① 병렬아크 : 절연열화, 트래킹 등에 의한 전극간 방전. 아크 에너지가 크다.
      ② 직렬아크 : 접촉불량, 반단선 등의 직렬회로 아크로, 누설량이 적어 누전차단기 감지 불가
      ③ 접지아크

5) 탄화현상 : 트래킹, 흑연화(그래파이트), 가네하라
   (1) 부도체가 흑연화로 인해 도전성을 띰
   (2) 흑연화는 가네하라 현상이라고도 함

구분	트래킹	흑연화
발생 원인	습기, 오염이 의한 전기기기 표면간 방전으로 탄화도전로 형성	스파크로 인한 절연체의 절연열화로 탄화도전로 형성
발생 장소	전기 기계, 기구	유기절연체 (목재, 플라스틱, 고무 등)
발화 개념	출화 여부 미포함	출화 포함
개념도	(트래킹, 전해물 축적, 유기절연물)	(Spark, 스위치, 흑연화, 유기물)

6) 아산화동(CuO_2) 증식 발열 현상
   (1) 전기기기의 전선 단락 유발
   (2) 1,050℃ 부근에서 3Ω으로 저항↓, 전류 집중

18 정전기

1) 정의 : 대전에 의해 발생한 전하가 절연체에서 더 이상 이동하지 않고 정지해 있는 전기. 이후 방전되며 스파크 발생

2) 관계식
   (1) 방전 에너지
   $$W = \frac{1}{2}QV = \frac{1}{2}CV^2 \ [mJ]$$
   (2) 정전기력 $F = k \times \dfrac{Q_1 Q_2}{r^2} \ [N]$

3) 문제점
   (1) 전격재해
   (2) 생산장해
   (3) 화재 및 폭발재해

4) 영향인자

영향 인자	특징
대전 서열	2개 물체의 대전서열 중에서 서로 가까우면 정전기가 작고, 멀어질수록 증가 (+) 나이론 - 면 - 종이 - 철 - 동 - 고무 - PE - 실리콘 (-)
표면 상태	물체 표면의 거칠기 또는 매끄러움이 정전기가 발생에 많은 영향을 준다. 표면에 수분·기름·오염·부식 등은 정전기 발생을 증가시킬 수 있다.
이력	정전기는 처음 접촉·분리 시 가장 크고, 반복되면서 서서히 작아진다.
접촉 면적	접촉면적이 넓을수록 대전 범위가 증가되어 정전기 발생이 많아진다.
접촉 압력	접촉압력이 클수록 대전 현상이 발생할 가능성과 그 크기가 증대할 수 있다.
분리 속도	분리속도가 빠르면 전하의 분극발생이 증대하여 대전에너지가 증대한다.

5) 정전기의 대전(암 마유충분교박비적침)
   마찰, **유**동, **충**돌, **분**출, **교**반, **박**리, **비**말, **적**하, **침**강

6) 정전기의 방전(암 코불연브)
   코로나방전, **불**꽃방전, **연**면방전, **브**러쉬 방전, 글로우방전

7) 대책
   (1) 도체 : 접지, 본딩, 액체 유속제한, 정치시간
   (2) 부도체 : 가습, 대전방지제(전도성부여), 제전기
   (3) 인체 : 손목접지대, 대전방지용(작업복, 안전화)

19 제전기

구분	전압 인가식	자기 방전식	방사선식
원리	고전압 인가에 의한 이온발생	대전에 의한 이온발생	방사선의 공기 전리작용
종류	송풍형, 방폭형, 직류형	Bar Type, Rolling Type	α, β, χ 선원
제전 능력	대	중	소
구조	복잡	단순	단순
발화 위험	있음	없음	없음
취급	복잡	간단	간단
설치 장소	필름, 종이, 직물, 분체 등 다양한 장소에 사용	필름, 종이, 직물 등 제조 및 가공장소	밀폐공간에 사용

모아바 www.moa-ba.com
모아소방전기학원 www.moate.co.kr

CHAPTER 15

자동화재 탐지설비

15 자동화재탐지설비

1 자동화재탐지설비의 구성

1) 국내 : 수-중-감-발
2) NFPA : 입(IDC)-통(NAC)-신(SLC)
   (1) 입력장치회로
       아날로그식 입력장치(T.S, P.S, L.S 등)
       자동소화장치(A.V, S.V.P 등)
       비재용형 감지기
       감지기(일반)
   (2) 통보장치회로 : 청각용, 시각용, 촉각용
   (3) 신호선로회로 : R형 수신기, 중계기, 아날로그 및 주소형 감지기

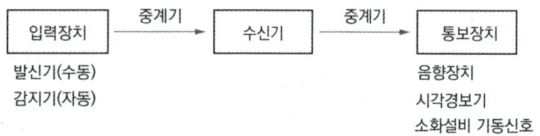

2 NFPA 72의 Class

1) 고장 종류 : 단선 - 지락 - 단락
2) Class A : 이중배선, Loop형, 단선/지락 경보

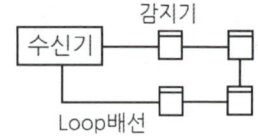

3) Class B : 송배전, 지락만 경보

4) Class X : 네트워크 방식, Isolator, 양방향 통신, Peer to Peer, Stand Alone, 단선, 지락, 단락 경보

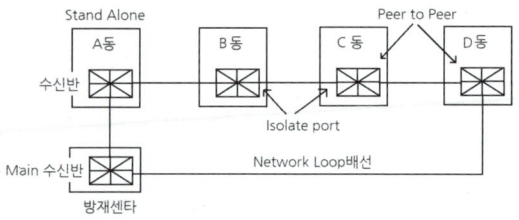

5) 기타 : C(통신감시), D(Fail Safe 동작), E(없음), N(통신 방식의 Class A 방식)

3 회로잔존능력(Pathway Survivability)

1) 개념 : 자탐 회로의 보호 등급을 규정
2) 구분 : 암 1-도케레 2-회케방대
   (1) Level 0 : 회로 잔존능력 없음
   (2) Level 1 : 내부도체, 케이블, 금속레이스웨이 등에 자동식 스프링클러설비 방호된 경로
   (3) Level 2 : 다음 중 하나 이상의 경로
       ① 2시간 내화도 능력의 회로 케이블
       ② 2시간 내화도 능력의 케이블 설비(전기적 보호기능 보유)
       ③ 2시간 내화도의 방호구역이나 방화구획

④ 승인된 2시간 내화성능 대체설비
(4) Level 3 : Level 1 + Level 2
(5) Level 4 : Level 2에 1시간 내화도의 설비

4 공유 경로(Shared Pathway)

1) 개념 : 일반적인 신호선로가 아닌 데이터 전송되는 통신방식에서의 소방회선 보호 등급
2) 공유경로의 구분
   (1) 우선순위(Prioritize) : 인명에 관한 선로에 우선순위를 둔다.
   (2) 분리(Segregate) : 인명에 대한 중요경로와 기타경로를 분리한다.
   (3) 전용(Dedicated) : 인명에 대한 중요경로를 전용경로로 설치한다.
3) 공유경로의 Level

Level	특징
Level 0	• 비인명안전 데이터에 대한 인명안전 데이터의 우선순위나 분리가 요구하지 않음
Level 1	• 우선순위(Prioritize) • 인명안전 데이터와 비인명안전 데이터를 분리할 필요는 없지만 모든 인명안전 데이터를 우선해야 한다.
Level 2	• 분리(Segregate) • 모든 인명안전 데이터를 비인명 안전데이터와 분리해야 한다.
Level 3	• 전용(Dedicated) • 인명안전설비 전용장치를 사용해야 한다.

5 비화재보(NFPA 72) : 암 말 누 언인 노운

1) 악의적 경보(Malicious False Alarm)
   (1) 인위적 요인에 의한 비화재보
2) 비화재보(Nuisance Alarm)
   (1) 환경적, 설비적 요인에 의한 비화재보
   (2) 기능적 결함, 기기적 결함, 부적절한 설치, 유지관리 미비, 기타 원인을 알 수 없는 경보 → 암 기기부유원
3) 우발경보(Unintentional Alarm)
   (1) 사람의 실수로 경보가 발령
   (2) 성능시험 도중에 실수로 경보를 발령하는 경우
4) 미확인 경보(Unknown Alarm)
   원인을 확인할 수 없는 경보발령

6 수신기의 기준

1) 축적형 수신기 장소 : 암 지무환 / 실면 40 / 2.3
   (1) 지하층, 무창층으로서 환기가 잘되지 않는 곳
   (2) 실내면적이 40 m² 미만인 장소
   (3) 감지기의 부착면과 실내바닥과의 거리가 2.3 m 이하인 곳
2) 제외 장소 : 특수감지기(암 불정복분광축다아)
   (1) 불꽃감지기
   (2) 정온식 감지선형 감지기
   (3) 복합형 감지기
   (4) 분포형 감지기
   (5) 광전식 분리형 감지기
   (6) 축적방식의 감지기

(7) **다**신호방식의 감지기

(8) **아**날로그방식 감지기

3) 수신기 설치기준 : 압 **수일음경2종표높 + 단**

(1) **수**위실 등 상시 사람 근무 장소에 설치할 것

(2) 수신기가 설치된 장소에는 경계구역 **일**람도를 비치할 것(주수신기만 해당)

(3) 수신기의 **음**향기구는 그 음량·음색이 다른 소음 등과 명확히 구별될 수 있는 것

(4) 수신기는 감지기·중계기 또는 발신기가 작동하는 **경**계구역 표시할 수 있는 것

(5) **2**개 이상의 수신기 설치 시, 상호 간 화재상황을 각 수신기마다 확인할 수 있을 것

(6) 화재·가스·전기등의 **종**합방재반을 설치 시, 수신기와 연동하여 경계구역 표시할 것

(7) 하나의 경계구역은 하나의 **표**시등 또는 하나의 문자로 표시할 것

(8) 조작 스위치는 바닥부터 **높**이가 0.8 ~ 1.5 m 이하 장소에 설치할 것

(9) 화재로 지구음향장치 또는 배선이 **단**락되어도 다른 층의 화재통보에 지장 없을 것

4) 수신기의 종류 : P형, R형, GP/GR형, 복합식

(1) 복합식 수신기 : 수신기 + 감시제어반

구분	수신기	감시제어반
평상시	화재감시	설비감시
화재 시	화재경보	설비동작
장소	상시근무	피난층/B1F
방화구획	×	○
설비기준	×	비상조명설비 환기, 무통보조설비 최소면적기준

5) P형 수신기 시험방법 : 압 **도동예공저항 시험**

(1) **도**통시험

(2) **공**통선 시험

(3) **동**시작동시험

(4) **저**전압 시험

(5) **예**비전원시험

(6) 회로저**항** 시험

7 다중전송방식(Multiplexing)

1) 정의 : 2가닥 신호선으로 정보전송(SLC 회로) 간선 수가 줄어들어 대규모 건축물에 적합

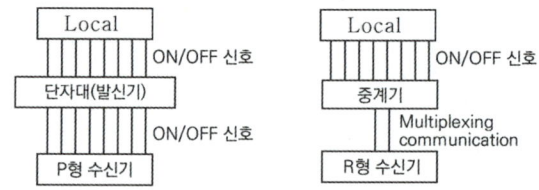

2) 변조(PCM) + 번지지정방식 + 시분할다중화

3) 변조 : 압 **표양부복**

표본화 – **양**자화 – **부**호화 – **복**호화

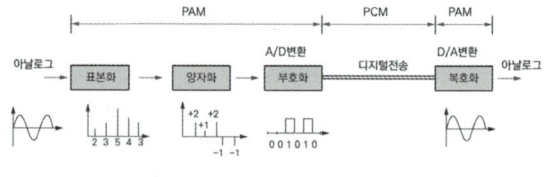

[PCM 방식의 구성]

(1) 샤논의 법칙(나이퀴스트 정리)
: 표본화 횟수 = 최고주파수 × 2
표본화 간격 = 1 / 표본화 횟수

4) 신호전송 : 시분할다중화(TDM)

5) 주파수분할(FDM), 코드분할 다중화(CDM)과의 차이점

구분	TDM	FDM	CDM
전송매체	시간	주파수	부호
장점	채널 사용효율 좋음	동기를 위한 장치가 불필요해 구성이 간단	동일시간, 동일채널을 사용하므로 채널 사용효율이 가장 우수
단점	송수신 동기가 정확해야 하므로 구성이 복잡	사용효율이 낮음	광대역이 필요하고 구성이 복잡함

8 중계기

구분	집합형	분산형
상용전원	외부전원 AC 220 V	수신기 전원 중계기 전원반 전원 DC 24 V
비상전원	축전지 내장	수신기의 축전지
전압강하	적음	큼
회로	대용량(32/32)	소용량(2/2, 4/4)
설치장소	EPS 3개 층마다	발신기함 기기당 1개씩

9 감지기 분류

1) 감지원리에 따른 분류

(1) **열**감지기

🔑 **열**차정보 : **차**스분 / **정**스감 / **보**스
(정온식만 특종 / 1종 / 2종)

구분	감지범위	감지원리 및 감지방식
차동식	스포트형	• 공기식(다이아프램) : 샤를의 법칙 • 전기식(열반도체/열기전력) : 제백효과, 서미스터, 휘스톤브리지
	분포형	공기관식, 열전대식, 열반도체식(서미스터)
정온식	스포트형	바이메탈, 반도체 등
	감지선형	가용절연물
보상식	스포트형	다이아프램, 바이메탈

(2) **연기**감지기

🔑 **연이광** : **이**스 / **광**스분흡
(산란광 / 감광식)

구분	감지범위	감지원리 및 감지방식
이온화식	스포트형	Americium 241 전리전류 변화
광전식	스포트형	산란광형 방식, MIE 산란 및 내부광전효과 (광도전, 광기전력)
	분리형	감광형 방식, Lambert-Beer
공기**흡**입형(ASD)		Cloud Chamber, Xenon Lamp, Laser Beam Type

(3) 불꽃 : 자외선, 적외선, 복합형

구분	감지원리 및 감지방식
자외선	UV 감지기 : 외부 광전효과
적외선	IR 감지기, IR2/3, CO_2 공명방사, 정방사, Fliker, Spark-ember : 내부 광전효과
복합형	UV/IR 방식

(4) 복합 : 열복합, 연기복합, 열연기 복합형

구분	감지원리 및 감지방식
열복합형	차동 + 정온식
연복합형	이온화 + 광전식
열연복합형	(차동 or 정온) + (이온화 or 광전식)

(5) 화재가스감지기
① 즉시 경보형, 경보 지연형, 반한시 경보형
② 반도체식, 접촉연소식, 기체 열전도식
③ G형, GP형, GR형 수신기

(6) 멀티센서감지기
OT, OTI, OT^{blue}, O^2T, OTG, 이중 파장 연기감지기

2) 발신방법에 따른 분류
단신호식, 다신호식, 아날로그식, 단독경보형, 무선식

3) 높이에 따른 분류
(1) 4 m 미만 : 전부 다
(2) 4 - 8 m : 3종 열감지기 제외(정온식은 2종)
(3) 8 - 15 m : 열감지기 제외(차동식 분포형 제외)
(4) 15 - 20 m : 열감지기 제외, 연기 2종 제외
(5) 20 m 이상 : 불꽃, 아날로그 광전식(분/공흡)

4) 정온식, 차동식, 보상식 감도
(1) A : 급격 B : 완만 c : 일시적 온도상승
(2) x : 자동식, y : 정온식, z : 보상식

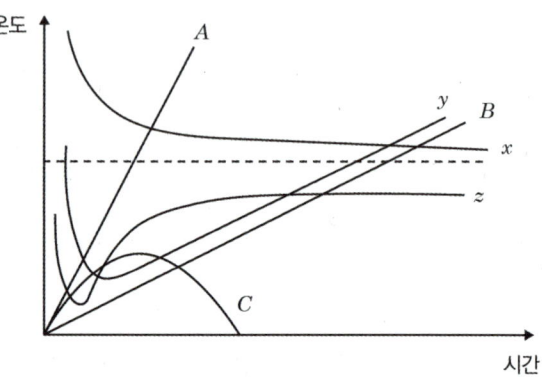

감지기	적응성	동작원리	특성
차동식	불꽃연소	15℃/min 이상 시 동작	훈소 비적응성, 비화재보 발생
정온식	불꽃연소, 훈소	정온점 이상 온도 상승	시간지연 발생
보상식	불꽃연소, 훈소	차동식 + 정온식	일시적 온도상승에 비화재보 발생

10 차동식 스포트형 열감지기

1) 공기팽창식 : 샤를의 법칙
2) 열기전력식 : 제벡 효과
3) 반도체식 : NTC 서미스터
4) 설치기준
   (1) 공기유입구 1.5 m 이격
   (2) 천장, 반자 옥내 면하는 부분 설치
   (3) 정온점 : 최고온도 + 20℃

(4) 부착 높이에 따른 1대당 감지면적 [m²]

부착높이에 따른 면적 [m²]	차동식/보상식		정온식		
	1종	2종	특종	1종	2종
4 m 미만	90	70	70	60	20
4~8 m	절반				-

11 차동식 분포형 열감지기

1) 공기관식(샤를의 법칙) 설치기준
   (1) 공기관 길이 : 20 m 이상 100 m 이하
   (2) 구조와의 수평거리 : 1.5 m 이하
   (3) 공기관 상호 간 거리 : 6 m / 9 m(내화구조)
   (4) 도중에서 분기하지 않을 것
   (5) 검출부는 5° 이상 기울어지지 ×, 0.8 - 1.5 m

12 정온식 감지선형 열감지기 : 비재용형 감지기

1) 강철선, 열가소성 절연체, 바인더, PVC 쉬스
2) 원리 : 열가소성 피복 용융, 꼬임힘에 의한 단락
3) 분류 : 적-청-백, 120-90-70도 정온점
4) 설치기준 : 암 보단굴수 케지분시
   (1) 보조선이나 고정 금구를 사용하여 감지선이 늘어지지 않도록 할 것
   (2) 단자부와 마감 고정금구와의 설치 간격은 10 cm 이내

(3) 감지선형 감지기의 굴곡 반경은 5 cm 이상
(4) 감지기와 감지구역 각 부분과의 수평거리

수평거리	1종	2종
내화구조	4.5 m 이하	3 m 이하
기타구조	3 m 이하	1 m 이하

(5) 케이블 트레이에 설치 시에는 케이블 트레이 받침대에 마감금구를 사용하여 설치할 것
(6) 창고의 천장 등에 지지물이 적당하지 않은 경우 보조선을 설치하고 그 보조선에 설치할 것
(7) 분전반 내부에는 접착제로 돌기를 바닥에 고정시키고, 그 곳에 감지기를 설치할 것
(8) 그 밖의 설치 기준은 형식승인 내용 또는 제조사의 시방에 따를 것

13 광센서 선형 감지기 : 정온식 감지선형 아날로그식

1) 원리(빛의 전반사) : 광을 입사할 때 임계각에 도달하면 굴절 현상과 손실 없이 완전히 반사
2) 구성

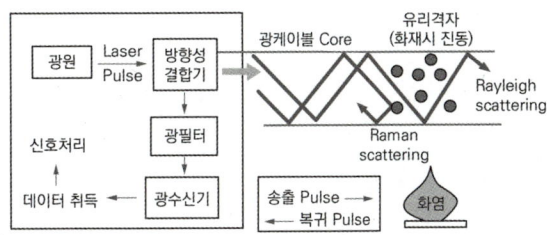

3) 발생광 : 레일리 산란, 브릴로인 산란, 라만 산란
4) 라만 산란(Raman Scattering)
    (1) Stokes 광 : 온도와 무관
    (2) Anti-Stokes 광 : 온도상승 시 역 산란광 발산
5) 거리(D) = 시간(t) × 속도(v) × 1/2(왕복)
6) 기능 : Class X 및 아날로그 감지성능 지원
7) 설계방법 : 단선 6 km 포설, Loop back은 4 km

14 정온식 감지선형과 광센서 선형 감지기 비교

구분	정온식 감지선형	광센서 감지선형
감지 매체	2가닥 절연체의 구리와 철 도체	난연성 광섬유 케이블
감지 방식 및 원리	정온식(용융에 의한 단락 검출)	정온식 아날로그 광학적인 변화 (Laser 펄스 변화)
재사용	비재용형	재용형
설치높이/방호길이	8 m 미만 / 700 m	20 m 이상 / 6 km
감지시간/온도	2분 이상 / 70, 90, 130℃	15 ~ 20초 / -40 ~ 90℃
예비경보, 온도조정	불가능	가능
오차율	크다	적다 (±0.1℃, ±1 m)
감지 부분	단일 국소부분	단일 국소 부분과 광범위 동시 감지

15 이온화식, 광전식 스포트형 연기감지기

1) 이온화식 : Am241, 전리전류 변화율 이용
2) 광전식 : MIE 산란에 의한 수광량 변화, 내부광전효과로 수광소자의 저항치 변동
3) 설치장소
    (1) 계단·경사로 및 에스컬레이터 경사로
    (2) 복도(30 m 미만 제외)
    (3) 엘리베이터 승강로(권상기실)·린넨슈트·파이프 피트 및 덕트 등
    (4) 천장 또는 반자의 높이가 15 ~ 20 m인 장소
    → 암 경계복(30 m 미만 제외) 엘천(15 - 20 m)
    (5) 취침, 숙박, 입원 등으로 사용하는 거실로써 오피스텔, 공동주택, 근생중 입원실이 있는 의원, 의료시설, 숙, 노, 련, 근생 중 고시원, 근생 중 조산원 및 합숙소, 교정 및 군사시설
    → 암 오공 입원의 숙노련 조합 교군
4) 설치기준
    (1) 낮고 좁은 실내 - 출입구 부근 설치
    (2) 배기구 부근 설치
    (3) 벽, 보에서 0.6 m 이격
    (4) 부착높이, 바닥면적당 설치 대수

부착높이	연기감지기	
	1, 2종	3종
4 m 미만	150	50
4 - 20 m	75	-
복도	보행거리 30 m	보행거리 20 m
계단	수직거리 15 m	수직거리 10 m

5) 이온화식 광전식 비교

구분	이온화식	광전식
연기 입자	작은 연기입자에 유리 0.01 ~ 0.3 μm	큰 연기입자에 유리 0.3 ~ 1 μm
적응성	B급 / 불꽃화재	A급 / 훈소화재
연기 색상	무관	밝은 색 연기 유리
민감성	주변환경에 민감 (온도, 습도) 먼지 흡착 시 고장	다른 파장의 빛, 전자파에 민감
전자파	영향 없음	전자파 오동작 우려
신뢰도	낮다(오동작↑)	높다(오동작↓)

6) 입자크기에 대한 감도 비교

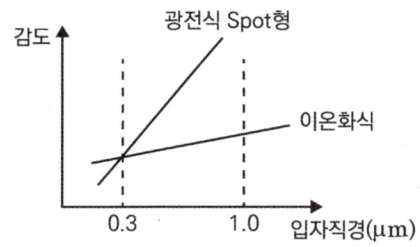

7) NFPA의 스포트형 연기감지기 설치기준
   (1) 빔(Beam)의 깊이 < 0.1 H
       평평한 천장으로 간주하여 빔 하단 또는 포켓에 설치
   (2) 빔(Beam)의 깊이 > 0.1 H
       ① W < 0.4 H
          · 평평한 천장으로 간주하여 빔 하단 또는 포켓에 설치
          · 빔의 수직방향 감지기 간격은 1/2S
       ② W > 0.4 H
          · 각각의 빔 포켓에 설치
   (3) 복도의 폭이 4.6 m 이하이고 수직인 빔(Beam) 또는 장선(Joist) : 천장, 벽 또는 빔/장선 하부에 설치

   (4) 84 m² 이하의 작은 구역 : 천장이나 빔 하부에 설치

16 광전식 분리형 연기감지기 : 감광식

1) 구성

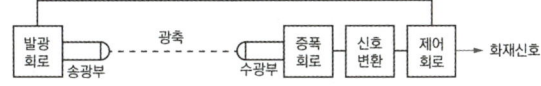

2) 설치기준
   (1) 수광부 햇빛 안 받도록 설치
   (2) 광축 벽에서 0.6 m 이상 이격
   (3) 송수광부는 뒷벽 1 m 이내 설치
   (4) 높이는 천장 80 % 이상(단층화 대비)
   (5) 공칭감시거리 이내 및 시방서 따름

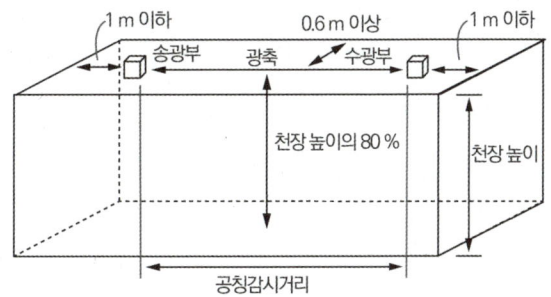

17 광전식 공기흡입형 연기감지기

1) 시스템 구성
   (1) 4개의 샘플링 튜브(적색 25 A ABS 플라스틱), 50 m × 4 Pipe = 200 m 이내
   (2) 25 EA × 4 Pipe = 100개 이하 샘플링 홀
   (3) 필터, 챔버(Detector), Aspirator, 제어반, 소프트웨어

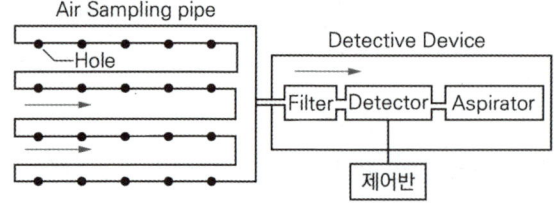

2) 연기농도 0.005 % 초미립자 연기 감지

3) 단계별 대응 : Alert 1, 2 / Fire 1, 2

수평거리	감지농도 세팅	알람의 단계
보이지 않는 연기	0.8 % obs/m	Alert (경계), 예비1
	1.2 % obs/m	Action (실행), 예비2
	2.0 % obs/m	Fire1 (화재알람)
보이는 연기	3.0 % obs/m	Fire2 (화재알람)

4) 산란방식

 (1) Cloud Chamber : 100 % 습도 암실

 (2) Xenon Lamp : 0.3 μm 파장

 (3) Laser Beam : 0.002 μm 파장

5) 고려사항

 (1) Balance 60 % 이상 : 첫 번째와 마지막 샘플홀의 비율

 (2) Share 70 % 이상 : 샘플홀과 엔드캡홀의 비율

18 불꽃감지기

1) 적외선식

 (1) CO_2 공명방사 : 4.4 μm, 세렌화납 소자 사용, 3.5 ~ 5.5 μm 광학 Pass Filter 사용

 (2) 2파장 / 3파장식 : 태양전지, PbS 소자 사용

 (3) 정방사식 : 근적외선, 실리콘 포토다이오드, 0.72 μm 적외선필터 사용

 (4) Flicker 감지식 : 2 ~ 20 Hz, 초전형 적외선 센서 사용

2) 자외선식

 (1) 200 nm 파장, UV 트론 등 수광소자 사용

3) 감지방식

 (1) 광전효과 : UV 트론 소자

 (2) 광기전력 효과 : SPD 소자, 빛 → 기전력 생성

 (3) 광도전 효과 : PbS 소자, 빛 → 도전체가 됨

4) 설치기준

 (1) 공칭감시거리, 공칭시야각은 형식승인에 적합

 (2) 감시구역이 모두 포용될 수 있도록 설치할 것

 (3) 화재를 유효하게 감지할 수 있는 모서리 또는 벽 등에 설치

 (4) 천장에 설치하는 경우 바닥을 향하여 설치

 (5) 수분이 많은 장소에는 방수형으로 설치

 (6) 그 밖의 설치기준은 형식승인 및 제조사의 시방서에 따라 설치

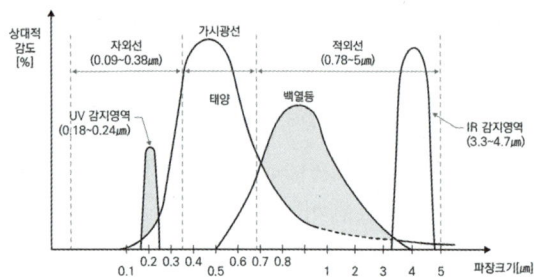

[빛의 파장크기에 대한 불꽃감지기의 영역]

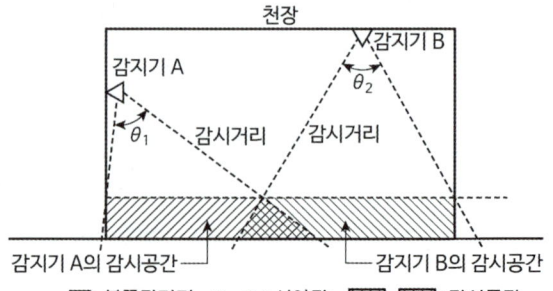

19 아날로그 감지기

1) 종류 : 열(정온식) / 연기(이스, 광스, 광분)
2) 작동원리
   (1) 연속적인 출력신호
   (2) 화재 판단은 수신기에서
   (3) 하나의 감지기는 하나의 감시구역
   (4) 배선은 신호선(실드선)

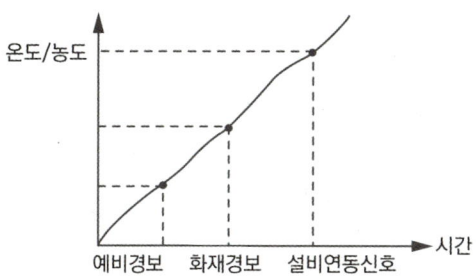

3) 기능 : 암 자가오탈환감복
   (1) **자가**진단기능
   (2) **환**경 보정기능
   (3) **오**염도 경보기능
   (4) **감**도 조정기능
   (5) **탈**착 감시기능
   (6) 자동 **복**구기능

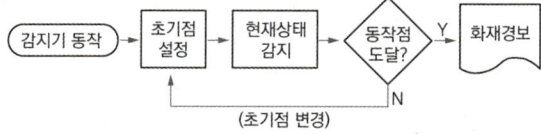

[감도 또는 환경 보정기능]

4) 주소형 : 주소기능 및 자가오탈 기능이 있으나 신호의 연속출력은 안됨. 실드선 사용

20 복합형 vs 보상식 vs 다신호식 감지기

1) 복합형 : 서로 다른 감지소자를 복합화, OR 또는 AND 회로로 사용
2) 다신호식 : 감지소자는 동일하나 감지온도나 농도를 차등해 AND 회로로 구성
3) 보상식 : 정온식, 차동식의 OR 회로인 열 감지기

21 멀티센서 감지기

1) 기호에 따른 의미
   (1) T : 열 감지
   (2) I : 이온화식
   (3) O : 광전식(적색 LED)
   (4) G : CO 감지 센서
   (5) O^2 : 2개의 광전식 발광부 설치(비화재보↓)
   (6) O T^{blue} : 청색 LED 사용으로 조기 감지
2) Two Angle 원리
   (1) 순방향 산란 : 백색 연기 감도 높음
   (2) 역방향 산란 : 흑색 연기 감도 높음
   (3) Two angle : 순 + 역방향 산란으로 색상과 무관

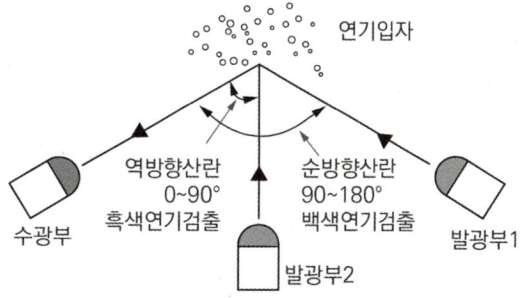

3) 메커니즘
   (1) 평상시 : 둔감한 감도 유지
   (2) 화재 시 : 빠른 센서 작동 → 멀티센서로 판단
4) 종류
   (1) OT^{blue}, OTI, O^{2}T, OTG 등 다양

22 단독경보형 감지기

1) 화재발생 상황을 단독으로 감지하여 자체에 내장된 음향장치로 경보하는 감지기로, 수신기 없이 동작
2) 종류 : 건전지식, 전기식
3) 설치대상
   (1) 연립주택, 다세대주택 : 연동형 단독경보형 감지기 적용(하나의 감지기 동작 시 무선 연동에 의해 함께 경보를 발하는 감지기)
   (2) 일반 단독경보형 감지기
      ① 연면적 400 m^2 미만의 유치원
      ② 교육연구시설 내의 기숙사, 합숙소 연면적 2,000 m^2 미만
      ③ 수련시설 내의 기숙사, 합숙소 연면적 2,000 m^2 미만 등
4) 설치기준
   (1) 각 실마다 설치하되, 바닥면적이 150 m^{2}를 초과하는 경우에는 150 m^{2}마다 1개 이상 설치
      • 제외 : 이웃하는 실내의 바닥면적이 각각 30 m^2 미만이고, 벽체 상부가 일부 또는 전부 개방되어 공기가 상호 유통되는 경우에는 한 개만 설치
   (2) 계단실은 최상층의 계단실 천장에 설치할 것
      • 제외 : 외기가 상통하는 계단실은 제외
   (3) 건전지를 주전원으로 사용하는 경우 정상 작동상태를 유지할 수 있도록 주기적으로 건전지를 교환
   (4) 상용전원을 주전원으로 사용하는 경우 2차전지는 제품검사에 합격한 것을 사용
5) 연동형 단독경보형 감지기 형식승인 및 제품검사 기술기준
   (1) 화재신호
      ① 작동 후 60초 이내 주기마다 화재신호 발신
      ② 화재신호를 수신 시 10초 이내에 경보
   (2) 화재신호 발신을 쉽게 확인할 수 있는 장치를 설치
   (3) 화재경보 방식

[그림 1]

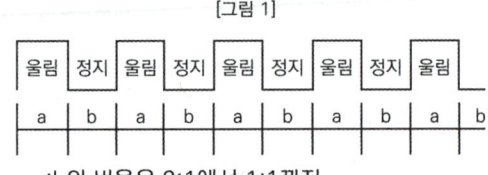

- a:b의 비율은 2:1에서 1:1까지
- b는 2초 이하

[그림 2]

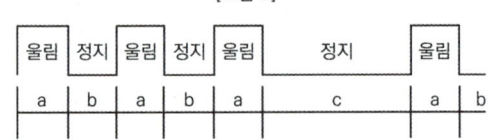

- a 및 b는 0.5초
- c는 1.5초
- 반복주기(a+b+a+b+a+c) : 4초

   (4) 다음의 통신 점검기능이 있어야 함
      ① 무선통신 점검은 24시간 이내에 자동으로 실시하고 통신이상이 발생하는 경우에는 200초 이내에 이상 감지기 표시 및 경보
      ② 무선통신 점검은 단독경보형 감지기가 서로 송수신하는 방식으로 함

23 IoT 무선통신 화재감지시스템 (화재알림설비)

1) 개념 : 자동화재 및 속보설비의 무선식 시스템
2) 설치대상 : 전통시장
3) 구성 : P.O.E + 무선 Gateway → 무선기기 전달
4) 고려사항
   (1) LPWA : 저전력 광대역 기술 필요
   (2) MCU 전원 제어 : 평상시 절전모드로 전력제어
   (3) 비화재보 방지기술(이중격벽 구조)
   (4) 헬리컬 안테나 : 안테나 길이 줄이고 광역 통신

24 감지기 설치 제외
암 천헛부고 목파먼 프조

1) **천**장 또는 반자의 높이가 20 m 이상인 장소
2) **헛**간 등 외부 기류 통하는 장소
3) **부**식성가스가 체류하는 장소
4) **고**온도 및 저온도 장소
5) **목**욕실, 욕조·샤워시설 있는 화장실
6) **파**이프 덕트 등 2개 층마다 방화구획 되어 있거나, 수평 단면적이 5 m² 이하
7) **먼**지·가루, 수증기 체류장소 or 주방 등 평상시 연기 발생 장소
8) **프**레스 공장, 주**조**공장

25 경계구역 설정

1) 기준 : **암** 건층면 높개동

경계구역	하나의 경계구역
건축물	• 2개 이상의 건축물에 미치지 않아야 함
층별	• 2개 층 이상에 미치지 않아야 함
면적 길이	• 600 m² 이하 • 내부 전체가 보이면 1000 m² 이하 • 한 변의 길이는 50 m 이하
수직적 높이	• 계단, 경사로, 엘리베이터 권상기실, 린넨슈트, 파이프피트 등 별도 경계구역 • 계단 45 m 이하, 지하와 지상은 구분 • 단, 지하1층만 있는 경우 합칠 수 있음
개방부분	• 외기에 면해 상시 개방된 차고, 주차장, 창고 등의 외기면 5 m 이내는 경계구역 면제
동일 경계구역	• 방호구역, 방수구역, 제연구역의 면적과 동일한 경계구역 가능

2) 고려사항
   (1) 경계선 : 보통 복도, 통로, 방화벽 등으로 함
   (2) 구역번호 : 수신기에서 가까운 곳 → 먼 곳 순
   (3) 면적계산 : 감지기 설치 제외장소 면적도 포함
   (4) 면적제외 : 외기개방부분 및 별도 수직경계구역
   (5) 아날로그 : 경계구역이 아닌 감지기 하나의 감시구역으로 통신하므로 훨씬 정확한 화재지점 확인 가능

26 배선과 전선

1) 배선 : 전선에 따른 시공 방법
2) 종류 : 내화배선, 내열배선, 차폐배선, 일반배선
3) 전선의 종류
   (1) 내화전선
   (2) 버스덕트
   (3) HFIX : 450/750 V 저독성 난연 가교 폴리올레핀 절연전선
   (4) 0.6/1 kV 가교 폴리에틸렌 절연 저독성 난연 폴리올레핀 시스 전력 케이블 + 6/10 kV 등
4) 내화전선 성능
   (1) 830 ℃에서 2시간 내화 및 5분마다 타격 시험
   (2) 불꽃전파 시험

27 자동화재탐지설비의 배선 기준

1) 전원회로 : 내화배선
2) 그 밖의 회로(감지기 제외) : 내열배선
3) 일반감지기 : 내열배선
4) 아날로그, 다신호, R형 수신기
   (1) 실드선 사용(차폐배선) → 내열성능 기준 없어 규정 신설 필요
   (2) 내열 성능의 광케이블
5) 고층건축물의 이중배선
   (1) 수신기 - 수신기 간 통신배선
   (2) 수신기 - 중계기 간 신호배선
   (3) 수신기 - 감지기 간 신호배선

28 내화배선 및 내열배선 시공방법

내화배선

[내화전선] : 케이블 시공방법에 따름
[기타전선] : 아래 방법에 따름

[매설공사]
(1) 배관종류 : 금속관, 2종 금속제 가요전선관, 합성수지관
(2) 시공방법 : 배관에 수납하여 내화구조의 벽, 바닥에 25 mm 이상 깊이로 매설

[내화배선 중 매설하지 않는 경우]
(1) 내화성능의 배선 전용실 : **금속관에 수납하여** 배선용 샤프트·피트·닥트 내에 설치
(2) 타 배선 있을 경우
   • 타 배선과 15 cm 이상 이격
   • 타 배선의 직경 1.5배 이상의 불연성 격벽 설치

내열배선

[내화전선] : 케이블 시공방법에 따름
[기타전선] : 아래 방법에 따름

[배관 수납 공사]
(1) 배관의 종류 : 금속관, 금속제가요전선관, 금속덕트, 케이블(불연성 덕트에 설치)
(2) 시공방법 : 배관에 수납하여 설치

[내열배선 중 배관 수납하지 않는 경우]
(1) 내화성능의 배선 전용실 : 배선용 샤프트·피트·닥트 내에 설치
(2) 타 배선 있을 경우
   • 타 배선과 15 cm 이상 이격
   • 타 배선의 직경 1.5배 이상의 불연성 격벽 설치

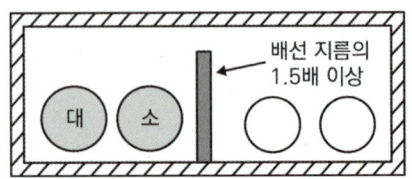

[1.5배 불연성 격벽]

29 차폐배선 시공방법

1) 차폐선 : 전자유도장애, 정전유도장애로부터 신호선을 보호하기 위한 시공방법

2) 종류

배선	명칭	차폐방식
(HF) STP (허용온도 80, 105℃)	(저독성 난연) 폴리올레핀 차폐 케이블	알루미늄 호일차폐 (AWG 14, 16, 18)
FR-CVV-SB (허용온도 70℃)	난연성 비닐절연 비닐시즈 케이블	동선 편조차폐 차폐 안전성 높음
H-CVV-SB (허용온도 90℃)	내열성 비닐절연 비닐시즈 케이블	

3) 시공방법

   (1) 일점접지 : 접지는 수신기 측에만 편조 접지

   (2) 연속차폐 : 배관 또는 트레이마다 본딩을 실시하거나, Drain wire를 끊기지 않고 연결

   (3) 금속체 접촉 시 유도장애 발생하므로 접촉하지 않도록 주의

4) 기술사회 기술지침

   (1) 내열배선 시공 : 아날로그는 단락 시 고장으로 인식하므로 반드시 내열배선

   (2) Drain wire는 시공 후 확인을 위한 Loop Test 실시

CHAPTER 16

소방전기설비

16 소방전기설비

1 비상방송설비 : 암 확증음조

- 확성기, 증폭기(AMP), 음량조정기(ATT), 조작부

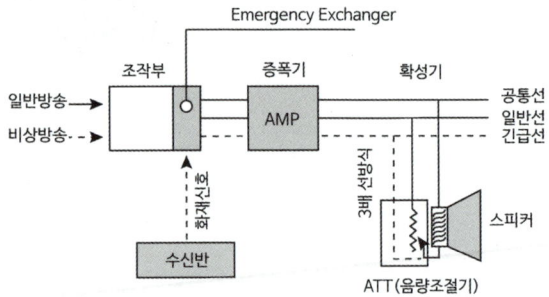

1) 경보 방법
   (1) 전층경보 : 11층(공동주택 16층) 미만
   (2) 우선경보 : 11층(공동주택 16층) 이상

발화 층	경보 층
2층 이상의 층	발화층, 직상 4개 층
1층	발화층, 직상 4개 층, 지하층
지하층	발화층, 직상층, 기타의 지하층

2) 배선 보호 : 단선, 단락 보호(자탐은 단락 보호)
   (1) 배선용차단기 설치
   (2) 각 층마다 증폭기 별도 설치
   (3) 단락신호 검출 특허장치 설치
   (4) 폴리스위치, RX 리시버, 이상부하 컨트롤러 설치

2 누전경보기 : 암 음영수

- 음향장치, 영상변류기, 수신부

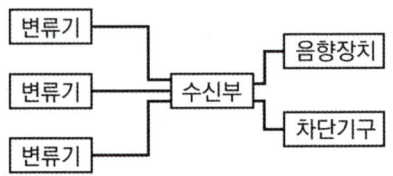

[누전경보기의 구성]

1) 동작 원리

누전 발생, KCL 전류변화
↓
변류기 자속 변화(암페어 오른나사 법칙)
↓
2차 코일 유기전압 발생
(패러데이 법칙, 렌츠의 법칙)
↓
음향 경보

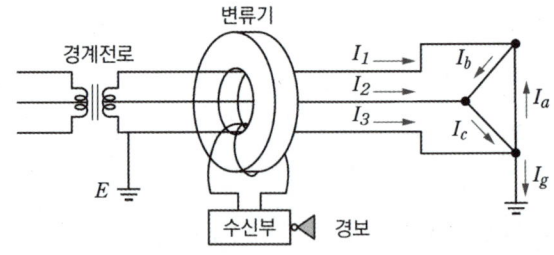

3상식 작동원리

- 평상시 $I_1 + I_2 + I_3 = 0$
- 전류 누설 시(I_g)
  $I_1 = I_b - I_a$, $I_2 = I_c - I_b$, $I_3 = I_a - I_c + I_g$
  $I_1 + I_2 + I_3 = I_g$ 가 되어,
  누설전류(I_g)에 의한 자속(ϕ_g)를 검출한다.

2) 유도기전력 크기 : $E = 4.44 f N_2 \Phi$

3) 동작 방식 구분

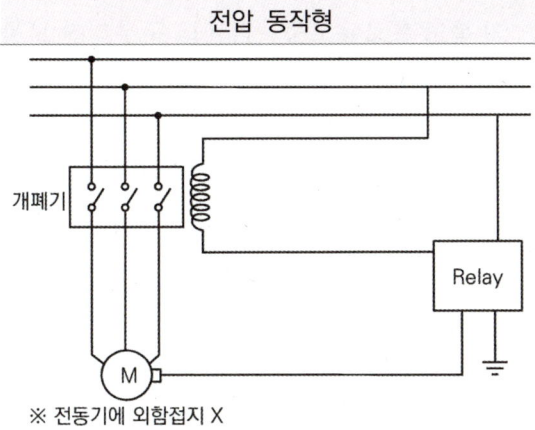

누전 발생 시 접지선을 통해 대지와 기기 간 전위차가 발생하므로 이를 검출하여 동작

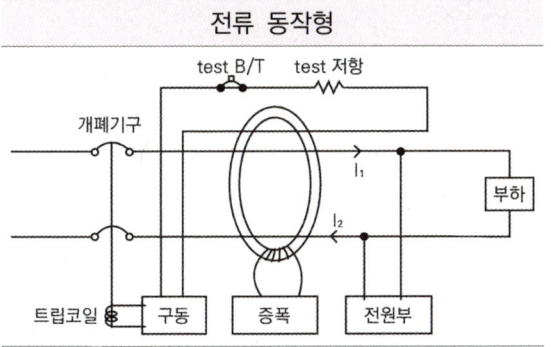

접지로 흐르는 지락전류를 영상변류기로 검출해 동작

4) 설치기준
   (1) 60 A 초과 시 1급, 이하 2급으로 구분
   (2) 단, 분기 회로에서 2급 2개 설치 시 1급 인정

5) 변류기 설치
   (1) 옥외 인입선의 제 1지점 부하 측
   (2) 제2종 접지선 측 점검 쉬운 위치
   (3) 옥외는 옥외형 설치

6) 수신부 설치제외 : 암 가화습온대
   (1) 가연성의 증기·먼지·가스 등이나 부식성의 증기·가스 등이 다량으로 체류하는 장소
   (2) 화약류를 제조하거나 저장 또는 취급하는 장소
   (3) 습도가 높은 장소, 온도의 변화가 급격한 장소
   (4) 대전류회로·고주파 발생회로 등에 따른 영향을 받을 우려가 있는 장소

3 비상조명설비

1) 조도 소방 기준
   (1) 각 부분의 바닥에서 1 lx 이상
   (2) 피난안전구역 : 10 lx 이상
   (3) 도로터널 : 차도, 보도는 10 lx, 그 외 1 lx

2) 조도 KS 표준 : 어두운 작업장(조도분류 A) → 3(최저) - 4(표준) - 6(최고)

3) NFPA 101
   (1) 초기조도 : 평균 10.8 lx 이상
   (2) 최저조도 : 1.1 lx 이상
   (3) 1.5시간 뒤 : 평균 6.5, 최저 0.65
   (4) 최대-최소 조도비율 40 : 1 이하

4 유도등

1) 순응 : 빛이 들어오는 양을 조절하는 것으로, 망막의 감광도를 변화시키는 눈의 능력

순응	물체 식별	내용
암순응	약 30분 후	어두운 곳 에서의 순응
명순응	약 1~2분	밝은 곳으로 에서의 순응

2) 퍼킨제 효과 : 주위 밝기에 따른 색의 명도 변화

  (1) 원추세포 : 밝은 곳에서 활발(노란색, 적색)

  (2) 간상세포 : 어두운 곳에서 활발(녹색)

3) 비시감도 : 파장 555 nm의 밝기의 느낌을 1로 하고, 이것과 같은 다른 파장의 밝기에 대한 느낌을 비교치

  (1) 최대비시감도 555 nm(적) → 510 nm (녹) 이동

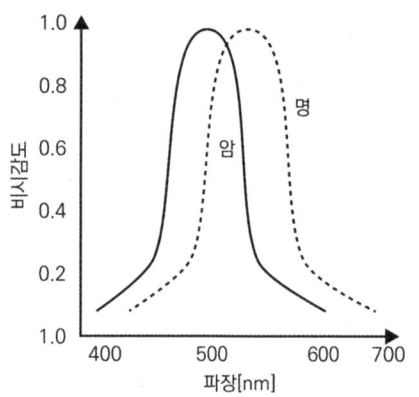

[퍼킨제 현상과 비시감도]

4) 유도등 종류

  (1) 피난구 유도등 : 1.5 m↑, 4가지 피난구에 설치

  ① 지상으로 연결되는 출구 or 부속실 출입구

  ② 계단실 or 부속실 출입구

  ③ ①, ②로 연결되는 거실 or 부속실 출입구

  ④ 안전구획된 거실로 통하는 출입구

  (2) 거실 통로유도등 : 1.5 m↑(기둥은 1.5 m↓), 거실에 설치, 구부러진 모퉁이 및 보행거리 20 m마다 설치

  (3) 복도 통로유도등 : 1 m↓, 구부러진 모퉁이 및 보행거리 20 m마다 설치, 지무도소지역사가는 바닥에 설치

  (4) 계단 통로유도등 : 1 m↓, 계단참 설치

  (5) 객석 유도등 : (길이/4 m) - 1개 설치

5) 입체형 유도등 : 피난구 유도등의 ①, ② 설치장소에

  (1) 피난구 유도등 : 입체형 또는 T자 설치

  (2) 복도 통로유도등 : 입체형 또는 바닥 설치

6) 전원 : 20분, 11층↑ or 지무도소지역사가 60분

7) 배선

  (1) 유도등의 인입선과 옥내배선은 직접 연결

  (2) 점멸기 설치 말고 항상 켜져있을 것(3선식 제외)

  (3) 3선식 장소 : 상시 어두울 필요있는 장소, 외부광으로 피난방향 식별 용이, 종사자 자주 이용하는 곳

  (4) 점등 : 자탐 동작 시, 비상경보 동작 시, 정전 또는 단선 시, 수동점등 시, 소화설비 작동 시

  (5) 3선식은 내열, 내화배선으로 해야 한다.

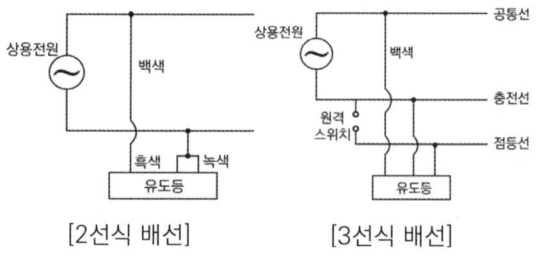

[2선식 배선]　　[3선식 배선]

8) 피난구 유도등 제외

  (1) 1,000 m² 미만 피난층 출구(외부 식별 용이)

(2) 대각선 길이 15 m 이내인 구획된 실 출구

(3) 보행거리가 20 m 이하이고 비상조명등과 유도표지가 설치된 거실 출구

(4) 보행거리 30 m 이하인 경우
출구가 3개소 중 주출입구 2개 제외한 하나의 출구(대신 유도표지 설치). 단, 공집 관전판 운수숙노의장은 불가

9) 통로 유도등 제외

(1) 길이 30 m 미만의 직선의 복도, 통로

(2) 보행거리 20 m 미만의 복도, 통로로 출구에 피난구유도등 설치 시

10) 객석 유도등 제외

(1) 주간에만 사용 + 채광 충분한 객석

(2) 보행거리 20 m 이하인 객석 통로로 통로 유도등 설치 시

5 시각경보장치

1) 설치기준

(1) 청각장애인 객실 or 복도/통로/공용거실 설치

(2) 유효한 위치, 무대부는 시선 집중되는 곳 설치

(3) 높이 : 2 ~ 2.5 m, 천장 2 m 미만은 천장 0.15 m 이내

2) 주의사항 : 하나의 실에 2 이상 설치 시 동조기

3) 국내 기준

(1) 유효광도 : 정면 15 cd, 45도 11.25 cd, 90도 3.75 cd

(2) 최대광도 1,000 cd 이하

(3) 시야각 : 12.5 m 지점 수평 180도, 수직 90도에서 빛 보일 것

(4) 경보 : 동작/정지 신호 3초 이내 경보/정지

4) NFPA 기준

(1) 수평거리 기준 있음(거실 최대 30 m, 복도 끝 15 ft 이내 설치)

(2) 광도, 높이 따른 면적기준 있음

(3) 수면지역 : 110 cd 이상, 베개 4.87 m 이내에 설치

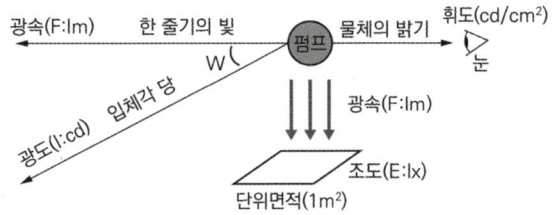

[광속, 광도, 조도, 휘도]

6 가스누설경보기

1) 가스누설경보기의 설치대상

(1) 판매시설, 운수시설, 노유자시설, 숙박시설, 창고시설 중 물류터미널

(2) 문화 및 집회시설, 종교시설, 의료시설, 수련시설, 운동시설, 장례시설

2) 가스누설경보설비의 분류

(1) 구조별 분류 : 단독형, 분리형

(2) 경보방식에 따른 분류 : 즉시 경보형, 경보 지연형, 반한시 경보형

(3) 감지원리(검출센서)에 따른 분류

3) 가스누설경보기의 설치기준

(1) 수신부 설치기준

① 음량과 음색이 다른 기기의 소음 등과 명확히 구별

② 경보음향의 크기는 1 m 떨어진 위치에서 음압이 70 dB 이상

③ 바닥으로부터 0.8 m 이상 1.5 m 이하인 장소에 설치

④ 비상연락번호를 기재한 표를 비치

(2) 탐지부 설치위치

① LPG 등 무거운 가스 : 검지기는 연소기로부터 4 m 이내, 바닥부터 0.3 m에 설치

② LNG 등 가벼운 가스 : 연소기로부터 8 m 이내, 천장에서 0.3 m 이내에 설치

(3) 설치제외장소 : 🗝 출환연유직

① **출**입구 부근 등으로서 외부의 기류가 통하는 곳

② **환**기구 등 공기가 들어오는 곳으로부터 1.5 m 이내인 곳

③ **연**소기의 폐가스에 접촉하기 쉬운 곳

④ 가구·보·설비 등에 가려져 누설가스의 **유**통이 원활하지 못한 곳

⑤ 수증기 또는 기름 섞인 연기 등이 **직**접 접촉될 우려가 있는 곳

7 가스누설경보기 감지원리에 따른 분류

1) **접**촉연소식 : 🗝 접반적열

(1) 원리 : 촉매소자에 가스접촉 시 연소되어 온도변화가 발생하고 저항이 변하는 것을 검출

(2) 소자 : 백금선 또는 파라듐으로 만든 코일에 알루미늄 촉매를 도포

(3) 특성 : 온·습도나 전원의 파동 등에 의해 오동작하지 않는다(보상소자), 촉매에 따라 특정한 가스만을 검출할 수 있어 비화재보를 예방. 가스 농도와 저항변화가 선형적이다.

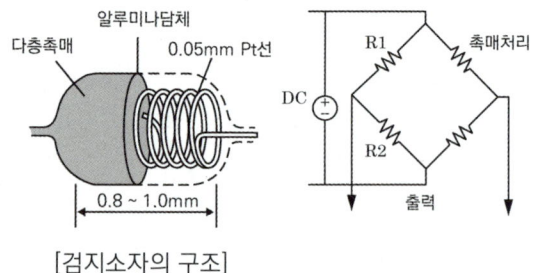

[검지소자의 구조]

2) **반**도체식

(1) 원리 : 가연성가스 흡착 시 저항값이 변화해 전도성이 증가, 이를 경보

(2) 소자 : N형 금속산화물 반도체

(3) 특성 : 비교적 저농도에도 민감한 편이다. 수명이 길고 온도 및 습도에 영향을 받는다. 여러 가스에 의해 동작되어 비화재보가 잦다.

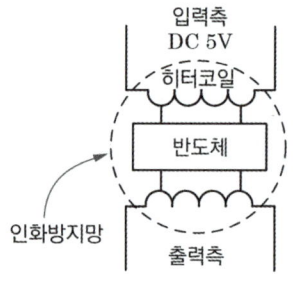

[반도체식의 구조]

3) **적**외선식

(1) 원리 : 가스 종류에 따른 전자기 스펙트럼이 다르므로 이 중 적외선을 검출하여 판단

(2) 소자 : 2개의 파장을 가진 빛이 시료가스를 관통하게 하여 두 파장의 광도차를 이용

(3) 특징 : 검출이 정확하고, 내구연한이 길지만 고가이다.

4) **열**전도식

(1) 원리 : 기준 소자와 감지 소자 간의 열전도율 차이를 검출하여 판단

(2) 소자 : 접촉연소식과 달리 백금선 코일에 반도체를 도포한 것
(3) 특징 : 고농도 가스 검출에 용이하고 가격이 저렴한다. 산소가 없어도 측정이 가능하다.

8 무선통신보조설비

1) 종류 : 누설동축케이블, 안테나
2) 금번 개선 : 옥외안테나, 통신 신뢰성, 상호통신
3) 용어
   (1) 임피던스 매칭 : 서로 다른 두 단자(출력·입력단)를 연결할 경우 임피던스 차이에 의해서 반사(Reflection)로 인한 손실과 왜곡을 줄이려는 모든 방법
   (2) 그레이딩 : 초기에는 손실이 큰 케이블을 연결하여 취득신호를 감소시키고, 후단으로 갈수록 손실이 작은 케이블을 연결하여 신호의 취득을 균등히(Grading)하는 것
   (3) 무반사 종단저항 : 케이블 말단에 설치하여 전파의 반사를 줄여서 통신 품질을 증대
   (4) 전압 정재파비 : 반사된 전파의 간섭에 의한 전압파의 최대치와 최소치의 진폭비
4) 통신 최적화
   (1) 임피던스 매칭 : 50 Ω
   (2) 무반사 종단저항 : 반사파 = 입사파 × β
   (3) 전압정재파비
   $$VSWR = \frac{V_{max}}{V_{min}} = \frac{|1+\beta|}{|1-\beta|},$$
   $$\beta = \frac{Z_o - Z_L}{Z_o + Z_L}$$
   if) $Z_o - Z_L = 0$, $\beta = 0$, VSWR = 1
   (4) 누설동축케이블의 전압정재파비 : 1.5 이하
   (5) 그레이딩
   ① 관계 : 결합손실 ∝ 1/전송손실
   ② 결합손실 큰 것부터 설치

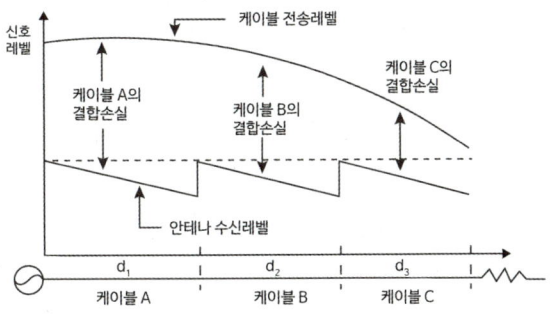

모아바 www.moa-ba.com
모아소방전기학원 www.moate.co.kr

CHAPTER 17

비상전원

17 비상전원

1 GP법에 의한 발전기 용량산정 절차

1) 상용 - 비상 절환방법 선정 : ATS, ATCB, CTTS
2) 비상부하, 소방부하 분류

비상부하 (정전용)	급수펌프, 정화조, 비상배수펌프, 상용승강기, 의료시설, 반도체 등
소방부하 (화재용)	[건축법] 배연설비, 방화셔터, 비상용/피난용 승강기 등
	[소방법] 소방펌프, 제연휀, 비상조명 등

3) 동시 기동부하 결정
4) 수용률 적용 = $\dfrac{\text{최대수용전력}}{\text{전체부하}} \times 100$

   소방의 수용률은 1 이상이어야 한다.
5) 발전기 동작방식 결정
   (1) 소방전용 발전기
   (2) 소방/비상부하 겸용 발전기
   (3) 소방전원 보존형 발전기
      ① 일괄제어식
      ② 순차제어식
6) 발전기 용량 산정

   $GP_≧ [ΣP + (ΣP_m - PL) \times a + (PL \times a \times c)] \times k$

   (1) 전동기 외 부하의 입력용량 합계($ΣP$)
      ① 고조파 없는 부하 :
      $P = \dfrac{\text{부하용량}(kw)}{\text{효율} \times \text{역률}} [kVA]$

      ② 고조파 있는 부하 중 UPS
      $P = \dfrac{\text{부하용량}(kVA)}{\text{효율}} \times \lambda + \text{충전용량} [kVA]$

      ③ 고조파 있는 부하 중 UPS 외 나머지
      $P = \dfrac{\text{부하용량}(kW)}{\text{효율} \times \text{역률}} \times \lambda [kVA]$

   (2) $ΣP_m$: 전동기 부하용량 합계
   (3) PL : 전동기 부하 중 기동용량이 가장 큰 전동기부하용량
   (4) λ : 고조파저감장치 시 1.25, 그 외 1.5 ~ 2.5
   (5) a : 고효율전동기 1.38, 표준형 1.45
   (6) c : 기동계수(직입 6, Y-△ 2, 인버터 1.5)
   (7) k : 발전기의 허용 전압강하계수

2 축전지

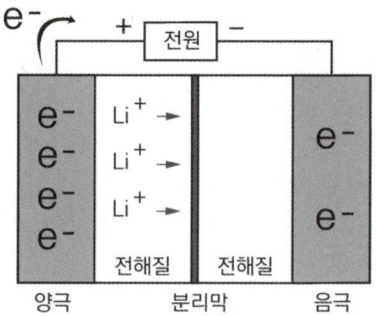

1) 연축전지
   (1) $PbO_2 + H_2SO_4 + Pb$
       $\leftrightarrow PbSO_4 + 2H_2O + PbSO_4$
   (2) 종류 : 클래드형, 페이스트형

2) 알칼리축전지

 (1) $2NiOOH + 2H_2O + Cd$
  $\leftrightarrow 2Ni(OH)_2 + Cd(OH)_2$

 (2) 종류 : 포켓식, 소결식

3) 리튬이온축전지

 (1) $Li_{-X}CoO_2 + Li_XC$
  $\leftrightarrow Li_{1-X+dX}CoO_2 + Li_{X-dX}C$

 (2) 양극 : 리튬산화물
  음극 : 흑연
  전해액 : 휘발성 유기용제

4) 비교

구분	연축전지	알칼리축전지	리튬이온전지
공칭 전압	2 V/cell	1.2 V/cell	3.7 V/cell
자기 방전	보통	작다	매우 작다
수명	짧다 (3 ~ 5년)	길다 (5 ~ 10년)	매우 길다 (10 ~ 20년)
경제성	저렴	중간	고가
방전 특성	보통	과방전·과전류 특성 양호	과방전·과전류 매우 우수
부피 무게	크고 무겁다.	작고 가볍다.	매우 작고 가볍다.
특징	· 저온 시 성능 저하 · 폭발위험 및 누액위험 ○	· 저온특성 우수 · 성능은 비교적 양호	· 고용량, 고효율, 고비용 · 메모리효과 거의 없다.

5) 용어

 (1) 방전심도(DoD)
  $= \dfrac{\text{축전지 방전량}}{\text{축전지 용량}} \times 100 \, [\%]$

 (2) 충전상태(SoC)
  $= \dfrac{\text{잔존 용량}}{\text{축전지 용량}} \times 100 \, [\%]$

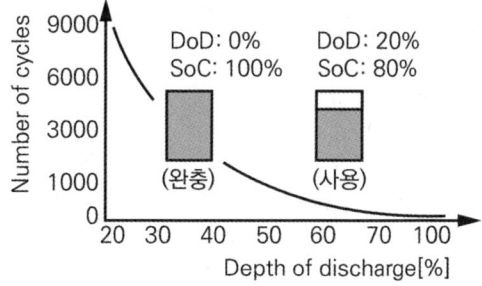

 (3) 배터리 열화도, 건강도(SoH)
  $= \dfrac{\text{현재 완충 용량}}{\text{초기 완충 용량}} \times 100 \, [\%]$

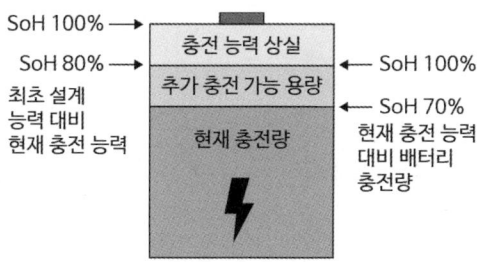

 (4) 방전종지전압 : 축전지의 방전이 정지하는 Cell 전압

 (5) 허용최저전압 : 시스템이 유지되기 위한 축전지의 최저 전압
  $= \dfrac{\text{부하허용최저전압} + \text{선로전압강하}}{\text{셀 수}}$

 (6) 방전률 : 100 % 방전하기 위한 시간
  1 C → 전체용량 1시간 만에 방전
  10 C → 전체용량 1/10시간 만에 방전 (6분)

 (7) 용량환산시간 : 축전지 Cell 의 허용최저 전압에 따라서 적용한 변동 용량을 시간으로 환산한 계수

6) 용량 산정

 (1) 방전전류 $= \dfrac{\text{부하용량} \, [VA]}{\text{정격전압} \, [V]}$

(2) 방전시간
  ① 국내 60분 감시 10분 경보(고층 30분)
  ② NFPA 24시간 감시 5분 경보
(3) I-t 곡선 작도(부하특성곡선)

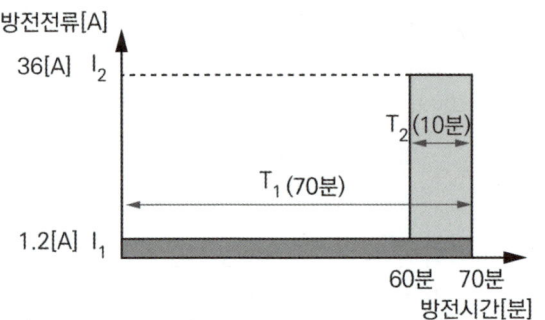

(4) 축전지 종류 결정
(5) 축전지 셀 수 = $\dfrac{부하정격전압\,[V]}{셀당공칭전압\,[V]}$
(6) 허용최저전압
 = $\dfrac{부하허용최저전압 + 선로전압강하}{셀\,수}$
(7) 용량환산계수 K 결정
  ① 축전지 종류(연·알카리축전지)
  ② 축전지 형식(연축전지 경우 CS형, HS형)
  ③ 방전시간 고려(60분 감시, 10분 경보)
  ④ 최저온도 결정(주변 온도 따라 용량 변동)
   • 온도 낮으면 : 방전성능 부족
   • 온도 높으면 : 방전성능 양호

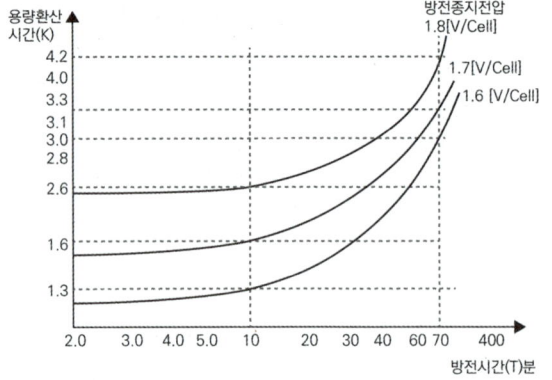

⑤ 허용최저전압 선정
(8) 용량 계산
$$C = \frac{1}{L}[K_1 I_1 + K_2(I_2 - I_1)]\,[Ah]$$
L : 보수율(0.8)

7) 충전방식 : 암 보급부균세정단

충전방식	내용
보통충전	• 필요할 때마다 표준 시간율로 소정의 충전을 하는 방식
급속충전	• 응급적으로 용량을 약간 회복시키기 위해 대전류로서 단시간에 충전하는 방법
부동충전	• 평상시는 정류기에서 부하에 전류를 공급하고, 일시적 큰 부하 또는 정전시에는 축전지에서 전류를 공급하는 방식
균등충전	• 축전지 장기간 사용 시, 충전상태를 균일하게 하기 위한 일종의 과충전 방식이고, 자기방전 등으로 발생하는 충전상태의 보충이 아니다.
세류충전	• 자기방전량만을 항상 충전하는 부동충전 방식의 일종
정전류 충전	• 충전전류를 일정하게 하는 방식 • 충전이 거의 완료된 경우 과충전의 원인이 된다.
단계별 충전	• 충전량에 따라 충전전류를 변화하는 방식 • 과충전이 적어 유리하다.

3 UPS

1) 동작 원리 및 구성
   (1) 평상시 시스템을 통하여 변환된 전력을 부하에 공급된다. (AC → DC → AC)
   (2) 정전 시는 축전지에 저장된 직류를 인터버를 통하여 변환하여 부하에 공급된다. (DC → AC)
   (3) 정전 복구 시 정류기가 부하에 전원을 공급하며, 잉여 전류는 축전지에 충전시킨다.

2) 동작방식
   (1) Static UPS : 축전지를 통한 무순단 전원 공급
   (2) Dynamic UPS : 발전기 방식의 무순단 공급

3) Static UPS

방식	내용
On Line	• 연속 사용 방식으로 UPS의 변환된 전력을 지속적으로 부하에 공급 • 무순단이고 전압 안정성 높음(보정) • 효율이 낮고 고가, 중대형
Off Line	• 평상시는 상용전원으로 전원을 공급. 비상시 UPS 회로 통하여 전원 공급 • 효율이 높고 가격이 저렴, 소형 • 입력에 따라 출력이 바뀌어 전압 안전성이 낮고 약간의 정전 발생
Line Inter active	• Off-Line의 변형 방식으로 정전압 기능이 부가된 방식 • IGBT 등을 사용해 전압 안전성을 높임(약간의 전압 보정 가능)

4) Dynamic UPS
   (1) 평상시 : 상용전원에 의해 회전자는 상시 회전
   (2) 정전 시 : 회전자의 회전력으로 초기 전원 공급 이후 엔진 가동에 의한 전원 공급

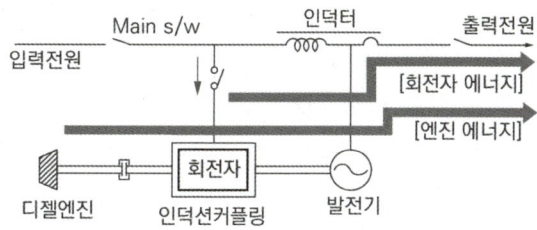

   (3) 장점 : 축전지 없이 무순단 전원 공급 가능. 정현파로 고조파가 없다. 수명이 길다.
   (4) 단점 : 설치공간 크고 유지보수 비용 많다. 발전기 가동 소음이 크다.

4 전기저장시설

1) 구성

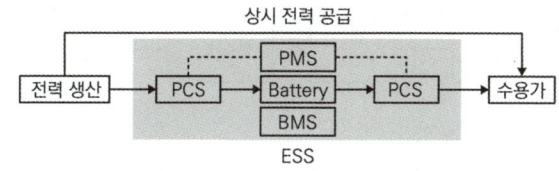

구분	내용
배터리	• PCS를 통해 전력을 받아 특정한 형태로 변환하여 저장하고 필요할 경우 방전
BMS	• 축전지가 안전하게 충·방전할 수 있도록 제어하는 장치
PMS (EMS)	• 전체 에너지의 흐름을 관리하는 시스템 • 배터리 상태 및 PCS 상태에 대한 모니터링과 PCS를 제어하는 역할
PCS	• 교류 / 직류간의 변환, 전압, 전류, 주파수 변환(계통,부하 특성에 맞춰 전력변환장치)

2) 적용
  (1) 비상전원으로의 기능 우수(UPS 방식)
  (2) 신재생에너지와 연계, 피크전력 감소
  (3) 주파수 조정 가능
  (4) 수요 반응 시스템을 통한 전력 공급 평준화

3) 화재원인
  (1) 과충전 및 과방전
  (2) 배터리 자체 결함
  (3) 분리막의 손상
  (4) 외부 화재(과열)

4) 피해
  (1) 배터리 열폭주

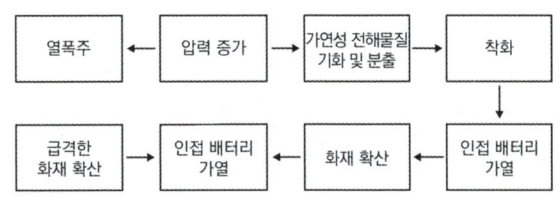

  (2) 유독가스 발생
    : $LIPF_6 + H_2O \to HF + PF_5 + LIOH$
  (3) 재발화 : 진압된 뒤에 다시 발화 우려
  (4) 장시간 발화 : 1 ~ 6시간 이상 화재 유지

5 전기저장시설(ESS) 화재안전기준

1) 스프링클러
  (1) 배터리실 의무설치
  (2) 습식 또는 준비작동식(더블인터록 불가)
  (3) 작동면적 230 m² 이하
  (4) 살수밀도 12.2 lpm/m² × 30분 이상
  (5) 헤드 간 거리 1.8 m 이상
  (6) 비상전원 : 30분

2) 자동화재탐지설비
  (1) 공기흡입형 감지기
  (2) 아날로그 연기식
  (3) 중앙기술심의위원회 심의를 통과한 것

3) 배출설비
  (1) 강제배출 방식
  (2) 환기량 18 CMH/m² 이상
  (3) 감지기 연동하여 동작
  (4) 배출구는 옥외에 면하도록 설치

4) 장소 : 지상 22 m ~ 지하 9 m 이내에 설치

5) 구획 : 방화구획(배터리실 외, 옥외형 제외)

6 연료전지

1) 정의 : 탄화수소계열의 연료에서 수소(H_2)를 추출하여 수소와 산소 간에 전기화학반응을 일으켜서 전기에너지와 뜨거운 물을 생산

2) 반응
$$H_2 + \frac{1}{2}O_2 \to H_2O + e(전기) + Q(열)$$

3) 구성 : 개질기, 연료전지스택, 전력변환기 등

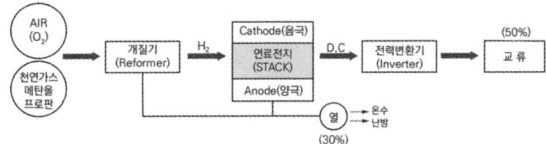

4) 전기 발생 원리

   (1) 수소반응극(음극) : $2H_2 \rightarrow 4H^+ + 2e^-$

   (2) 산소반응극(양극)

   $O_2 + 4H^+ + 4e^- \rightarrow 2H_2O$

   (3) 전체반응 : $2H_2 + O_2 \rightarrow 2H_2O$

5) 특징

   (1) 도시가스, LPG, 바이오가스 등 다양한 연료 사용이 가능

   (2) 발전효율이 30 ~ 40 %이며, 열병합발전 시 80 % 이상

   (3) 발생되는 열을 활용하여 난방 및 온수에 사용

   (4) 날씨와 계절에 관계없이 전기와 열을 생산

6) 종류

구분	용융탄산염 (MCFC)	고체 산화물 (SOFC)	고분자 전해질 (PEMFC)	직접 메탄올 (DMFC)
전해질	탄산염	세라믹	이온교환막	이온교환막
동작 온도 (℃)	700 이하	1,200 이하	100 이하	100 이하
효율 (%)	80	85	75	40
사용 용도	중·대형 건물	소·중·대용량 발전	가정·상업용	소형 이동
용량	100 kW ~ MW	1 kW ~ MW	1 ~ 10 kW	1 kW 이하
특징	발전효율 높음, 동작 온도 높음		저온 작동, 고출력 밀도	

모아바 www.moa-ba.com
모아소방전기학원 www.moate.co.kr

부록

1 화학식 모음

1 단주기율표

구분	1	2	13	14	15	16	17	18
1	H							He
2	Li	Be	B	C	N	O	F	Ne
3	Na	Mg	Al	Si	P	S	Cl	Ar
4	K	Ca					Br	Kr
5							I	Xe
6								Rn

[단주기율표]

암 헤헤리베비키니 웃프네 나만알지 프스크아 크카

2 연쇄반응

1) 개시반응

   $H_2 + e \rightarrow 2H^*$

2) 분기반응

   $H^* + O_2 \rightarrow OH^* + O^*$

3) 전파반응

   $OH^* + H_2 \rightarrow H_2O + H^*$

   $O^* + H_2 \rightarrow OH + H^*$

   OH^* 전파반응 한번 더 발생

4) 종결(종합) :

   $H^* + O_2 + 3H_2 \rightarrow 2H_2O + 3H^*$

3 부촉매반응

Halon 1301	$CF_3Br \rightarrow CF_3 + Br$ $H^* + Br \rightarrow HBr$ $HBr + OH^* \rightarrow H_2O + Br$
HFC 23	$CHF_3 \rightarrow CHF_2 + F$ $F + H^* \rightarrow HF$ $HF + OH^* \rightarrow F + H_2O$

4 알루미늄 분진폭발 : Kst 415 bar.m/s, st-3

1) $4Al + 3O_2 \rightarrow 2Al_2O_3 + Q\,kcal$

2) $2Al + 3H_2O \rightarrow Al_2O_3 + H_2$

3) $Fe_2O_3 + 2Al \rightarrow Al_2O_3 + 2Fe$

5 금수성물질 : D급

1) 금속나트륨

   (1) $4Na + O_2 \rightarrow 2Na_2O$: 산화나트륨 생성

   (2) $2Na + 2H_2O \rightarrow 2NaOH + H_2 + Q\,kcal$
   : 수산화나트륨 + 수소

   (3) $4Na + CO_2 \rightarrow 2Na_2O + C$
   : 소화효과 없음

   (4) $Na + CF_3Br \rightarrow NaBr + CF_3$
   : 발화위험 있음

(5) 강화액 소화약제 : 물과 이산화탄소 발생으로 폭발 위험

(6) 할로겐화합물 소화약제 : 반응 시 물 발생으로 폭발 위험

2) 금속칼슘(Ca)

🔖 칼탄인산 - 수아포수산

구분	화학 반응식	발생
칼슘	$Ca + 2H_2O \rightarrow$ $Ca(OH)_2 + H_2$	수소
탄화 칼슘	$CaC_2 + 2H_2O \rightarrow$ $Ca(OH)_2 + C_2H_2 + Q\,kcal$	아세틸렌
인화 칼슘	$Ca_3P_2 + 6H_2O \rightarrow$ $3Ca(OH)_2 + 2PH_3 + Q\,kcal$	포스핀
산화 칼슘	$CaO + H_2O \rightarrow$ $Ca(OH)_2 + Q\,kcal$	수산화칼슘

3) 그 외 물, CO_2와의 반응 모음

반응식	발생
$2Na + 2H_2O \rightarrow 2NaOH + H_2$	수소 발생
$Mg + 2H_2O \rightarrow Mg(OH)_2 + H_2$	수소 발생
$2Mg + CO_2 \rightarrow 2MgO + C$	CO_2 소화 불가능(반응함)
$2Al + 3H_2O \rightarrow Al_2O_3 + 3H_2$	수소 발생
$4Al + 3CO_2 \rightarrow 2Al_2O_3 + 3C$	CO_2 소화 불가능(반응함)
$2Li + 2H_2O \rightarrow 2LiOH + H_2$	수소 발생
$Ti + 2H_2O \rightarrow TiO_2 + 2H_2$	수소 발생

4) 물의 해리

$H_2O + e(에너지) \rightarrow H_2 + \frac{1}{2}O_2$

6 분말소화약제

구분	주성분	분자식	색	적응성
제1종	탄산수소나트륨	$NaHCO_3$	백	BCK
제2종	탄산수소칼륨	$KHCO_3$	담회	BC
제3종	제1인산암모늄	$NH_4H_2PO_4$	담홍	ABC
제4종	탄산수소칼륨 +요소	$KC_2N_2H_3O_3$	회	BC

1) 비누화효과

    유지 에스터결합 + 알칼리(염기성)
    R-COO-R'   +   NaOH

→ 지방산 알칼리염(비누) + 알코올
→ R-COONa   +   R'OH

* 피막을 생성하고 산소를 차단함

2) 제3종 분말소화약제 약제반응식

(1) $NH_4H_2PO_4 \rightarrow$
    $H_3PO_4(올소인산) + NH_3(190℃)$
    3.14 - 190

(2) $2H_3PO_4 \rightarrow$
    $H_4P_2O_7(피로인산) + H_2O(215℃)$
    4.27 - 215

(3) $H_4P_2O_7 \rightarrow$
    $2HPO_3(메타인산) + H_2O(300℃)$
    1.13 - 300

(4) $2HPO_3 \rightarrow$
    $P_2O_5(오산화인) + H_2O(250℃)$
    2.5 - 250

* 올소인산, 메타인산만 적는 경우

• $NH_4H_2PO_4 \rightarrow$
  $H_3PO_4(올소인산) + NH_3(190℃)$

- $NH_4H_2PO_4 \rightarrow$
  $HPO_3(메타인산) + NH_3 + H_2O\ (300℃)$

3) 올소인산의 탈수탄화효과

   $C_6H_{10}O_5 \rightarrow 6C + 5H_2O$

7 부식 메커니즘

1) 양극 산화

   $Fe \rightarrow Fe^{2+} + 2e^-$

2) 음극 환원

   $H_2O + 1/2O_2 + 2e^- \rightarrow 2OH^-$

3) 수산화 제1철

   $Fe^{2+} + 2OH^- \rightarrow Fe(OH)_2$

4) 수산화 제2철

   $Fe(OH)_2 + OH^- \rightarrow Fe(OH)_3$

5) 녹 발생

   $Fe_2O_3 \cdot 3H_2O$

8 축전지 충방전 메커니즘

1) 연축전지

   (1) $PbO_2 + H_2SO_4 + Pb$
       $\leftrightarrow PbSO_4 + 2H_2O + PbSO_4$

   (2) 종류 : 클래드형, 페이스트형

2) 알칼리축전지

   (1) $2NiOOH + 2H_2O + Cd$
       $\leftrightarrow 2Ni(OH)_2 + Cd(OH)_2$

   (2) 종류 : 포켓식, 소결식

3) 리튬이온축전지

   (1) $Li_{-X}CoO_2 + Li_XC$
       $\leftrightarrow Li_{1-X+dX}CoO_2 + Li_{X-dX}C$

   (2) 양극 : 리튬산화물
       음극 : 흑연
       전해액 : 휘발성 유기용제

   (3) 리튬이온 배터리의 유독가스 발생 식
       $LIPF_6 + H_2O \rightarrow HF + PF_5 + LIOH$

9 연료전지 반응식

1) 반응

   $H_2 + \dfrac{1}{2}O_2 \rightarrow H_2O + e(전기) + Q(열)$

2) 전기 발생 원리

   (1) 수소반응극(음극)

       $2H_2 \rightarrow 4H^+ + 2e^-$

   (2) 산소반응극(양극)

       $O_2 + 4H^+ + 4e^- \rightarrow 2H_2O$

   (3) 전체반응

       $2H_2 + O_2 \rightarrow 2H_2O$

2 건축물 종류 암기 TIP

문화 및 집회시설 : 문집	종교시설 : 종
위락시설 : 위	판매시설 : 판
업무시설 : 업	운수시설 : 수
숙박시설 : 숙	교육연구시설 : 교
수련시설 : 련	운동시설 : 운
창고시설 : 창	위험물저장시설 : 위험
방송통신시설 : 방통	노유자시설 : 노
공장 : 장	단독주택 : 단
다가구 주택 : 다가	공동주택 : 공
장례식장 : 례	위험물처리시설 : 처
자동차관련시설 : 자	자동차정비시설 : 정
근린생활시설 : 근생	다중생활시설 : 다생
판매 및 영업시설 : 판영	의료시설 : 의
관광휴게시설 : 관	발전시설 : 발
공연장 : 공연	종교집회장 : 종집
당구장 : 당	다중이용업 : 다중
특별피난계단 : 특피	인터넷게임시설제공업소 : 껨
연면적 : 연	주점영업 : 주
학교 : 학	전시장 : 전
동·식물원 : 동식	승강기 : 승
건축물 : 건	집회장 : 집
지역자치센터 : 치	파출소 : 파
지구대 : 지	소방서 : 소
우체국 : 우	방송국 : 방
보건소 : 보	공공도서관 : 서

지역건강보험조합 : 건강	마을회관 : 마회
마을공동작업소 : 작	마을공동구판장 : 구
변전소 : 변	양수장 : 양
정수장 : 정수	대피소 : 대
공중화장실 : 화	관람장 : 관
아동관련시설 : 아	노인복지시설 : 노복
생활권수련시설 : 생	자연권수련시설 : 자연
유흥주점 : 유	바닥면적 : 바
유원시설업 : 유원	바닥면적 합계 : 바합
오피스텔 : 오피, 오	단란주점 : 단란
노래연습장 : 노래	예식장 : 예식
학원 : 원	독서실 : 독
유스호스텔 : 유스	정신의료기관 : 정신
장애인 의료재활시설 : 장의	체력단련장 : 체
조산원 : 조	산후조리원 : 산
합숙소 : 합	

답안 작성 요령

답안 작성 요령

1 기본 레이아웃 작성방법

답안 작성은 사람마다 다르고 딱 정해진 기준이 없지만 합격자 답안의 경우는 공통적으로 채점관이 보기에 가독성이 좋은 편입니다. 대제목에는 문제에서 물어본 질문이 잘 들어가 있고, 중제목에는 개념, 특징, 비교 등이 적절히 구성되어 있으며, 답안의 내용은 서술과 표, 그림, 공식, 그래프가 적절히 조합되어 있습니다.

번호 넘버링과 들여쓰기, 펜의 두께는 사람마다 차이가 있을 수 있습니다. 여러 가지로 연습해보며 나에게 맞는 답안 스타일을 정해야 합니다. 그리고 결론적으로는 합격자의 답안이 되기 위해 레이아웃과 내용이 한눈에 들어오는지 계속 점검해야 합니다. 이는 답안을 봤을 때 정답이 바로 보여야 하며, 내용 면에서는 남들과 차별화되어야 한다는 의미입니다. 아래는 답안 레이아웃 작성방법의 한 예시입니다.

1) 상단에 문제 번호와 문제를 씁니다(문제는 한 줄로 요약).
2) 아래에 '답'이라고 적습니다(권장).
3) 대제목은 가장 좌측에 적고, 문제에서 물어본 것을 대제목으로 구성합니다.
4) 중제목 또는 중제목 서술은 대제목을 바탕으로 키워드 중심으로 적습니다. 이때 중제목은 들여쓰기해서 대제목이 잘 보이도록 합니다.
5) 소제목 또는 소제목 서술은 좌측 칸이 아닌 오른쪽 서술 칸에 적습니다. 적절한 서술과 표, 공식, 그래프 등을 함께 섞어야 답안이 다채로워집니다.
6) 답안 작성 후 우측에 "끝" 이라고 씁니다. 이후 2줄 정도 띄고 다음 문제를 이어나갑니다.

답안 예시 – 양식 설명)

문제 1) 연소의 3요소에 대하여 설명하시오.				
답)				
1.	대제목 (서론으로는 정의, 개념, 중요성 등을 작성)			
		1)	중제목 또는 중제목 서술	
			(1) 소제목 또는 소제목 서술 (살짝 들여쓰기 하고 기술)	
				① 소소제목 또는 소소제목 서술 (더욱 들여쓰기 하고 기술)
2.	다음 대제목 (문제에서 물어본 것을 답변)			
			- 중략 -	"끝"

답안 예시 – 완성 답안)

문1) 도로터널의 정의, 터널 등급구분 설명					
답)					
1. 도로터널의 정의					
	1)	자동차의 통행을 목적으로 지반을 굴착한 구조물			
	2)	BOX형 지하차도, 침매터널, 방음터널 등			
2. 터널 등급구분					
	1)	등급	연장기준	방음터널 연장기준	위험도지수
		1	L ≧ 3,000 m	L ≧ 3,000 m	X > 29
		2	1,000 m ≦ L < 3,000 m	1,000 m ≦ L < 3,000 m	19 < X ≦ 29
		3	500m ≦ L < 1,000 m	250m ≦ L < 1,000 m	14 < X ≦ 19
		4	L < 500 m	L < 250 m	X ≦ 14

	2)	위험도지수(방재등급)				
		주행거리, 정체도, 경사 및 높이, 대면통행 등 고려				
3. 등급구분 적용						
		방재시설	1등급	2등급	3등급	4등급
		옥내소화전	●○	●○		
		물분무설비	○			
		자동화재 탐지설비	●	●		
		제연설비	○	○		
	* 소방법 기준 : 연장등급(●) 따름					
	* 그 외 : 방재등급(○) 따름					
4. 개선방안						
	1)	소방법과 관리지침 대상이 상이하여 사각지대 발생				
	2)	방음터널의 플라스틱 자재의 위험성 크므로, Smoke Hatch 설치 및 불연성 지붕 설치 검토 필요				"끝"

2 들여쓰기에 관하여

 들여쓰기란 대제목 - 중제목 - 소제목 서술 시 점차 우측으로 들여쓰는 것을 말합니다. 대제목은 가장 좌측에 쓰고, 중제목은 좌측 3칸 중 2번째 칸이나 3번째 칸에 씁니다. 소제목은 마지막 좌측 3번째 칸이나 아예 오른쪽 서술칸에 씁니다.

 여러 가지 답안 들여쓰기 형태가 있는데, 상기 예시처럼 쓰는 경우도 있고 아래의 여러 예시들도 있습니다.

예시 1)

1. 상사법칙

1) 개념

실제펌프와 기하학적으로 닮은 모형펌프 간의 유량, 양정, 동력 관계를 나타낸 법칙.

2) 공식

유량 (Q)	양정 (H)	동력 (L)
$\dfrac{Q_2}{Q_1} = \left(\dfrac{D_2}{D_1}\right)^3 \left(\dfrac{N_2}{N_1}\right)$	$\dfrac{H_2}{H_1} = \left(\dfrac{D_2}{D_1}\right)^2 \left(\dfrac{N_2}{N_1}\right)^2$	$\dfrac{L_2}{L_1} = \left(\dfrac{D_2}{D_1}\right)^5 \left(\dfrac{N_2}{N_1}\right)^3$

D = 배관 직경, N = 펌프 회전수.

예시 2)

3. 토출 댐퍼 제어

1) 개념도

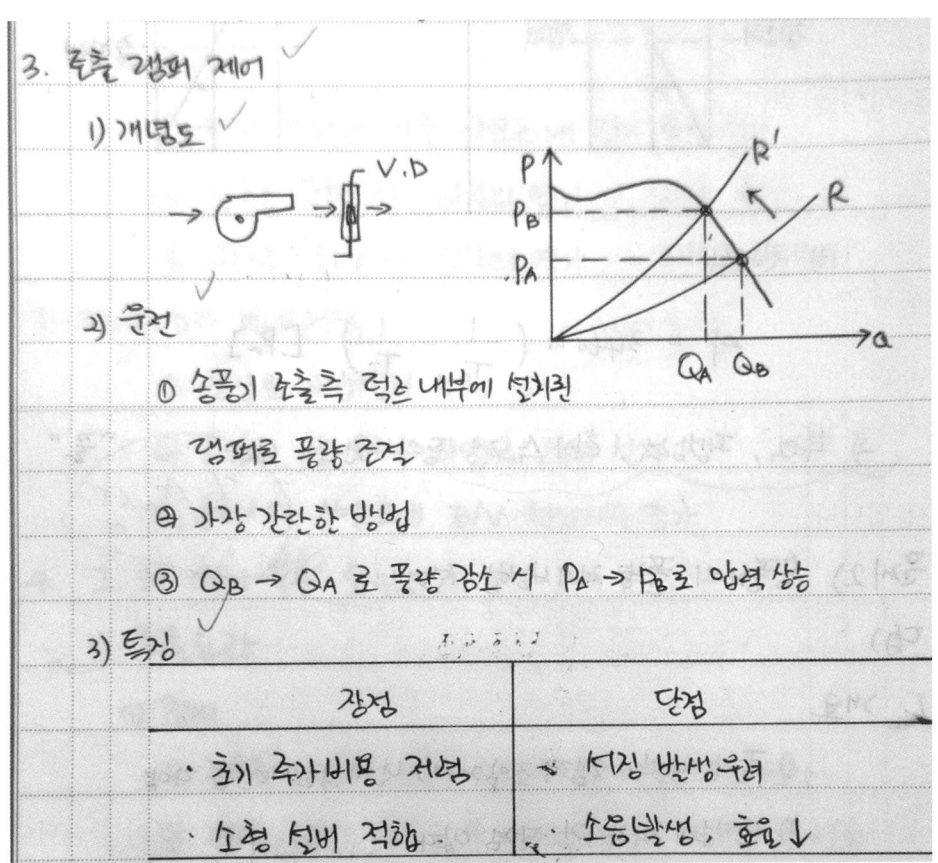

2) 운전

① 송풍기 토출측 덕트 내부에 설치된 댐퍼로 풍량 조절

② 가장 간단한 방법

③ $Q_B \to Q_A$ 로 풍량 감소 시 $P_A \to P_B$ 로 압력 상승

3) 특징

장점	단점
· 초기 투자비용 절감	· 서징 발생우려
· 소형 설비 적합	· 소음발생, 효율↓

예시 3)

> 1. 열방사에 의한 자연발화
>   1) 개념
>   ① 복사에 의한 화염이 물체에 닿지 않아도 발화가 되는 현상이다.
>   2) 영향요인 ✓
>   ① 복사열 ✓
>   · 수열면의 복사열 강도 ; $\dot{q}'' = \phi \varepsilon \sigma T^4 (kW/m^2)$
>   · 화염전파 한계 ┌ 목재 한계 방사강도 ; $10 kW/m^2$
>   └ 화재하중 40병 ; $15 kW/m^2$

3 답안 작성을 위한 팁

1) 답안은 서론 - 본론 - 결론의 형태를 지킵니다. 대제목은 '서론'이라고 쓰지 않고, '정의, 개념, 개요, 특징, 위험성, 필요성'과 같이 특징을 잡고 씁니다. 본론에서는 질문의 핵심 답변을 대제목화 합니다.

(1) 1교시 작성 Tip
- 문제 질문이 하나인 경우 서론 - 본론 - 결론 형태가 적합합니다.
- 문제 질문이 두 개인 경우 바로 본론1 - 본론2 - 결론 형태로 서술합니다. 시간이 부족하기 때문입니다.
- 결론은 '소방의 적용, 개선방안, NFPA 기준, 추가 고려서항' 등을 생각해서 대제목화합니다. 문제 질문 두 가지를 비교해야 할 경우 결론에 비교표를 적기도 합니다.
- 1교시 작성 양은 1 page 또는 1.5 page 내에서 마무리합니다. 작성 시간은 개요 짜는 시간 1분, 답안작성 8분, 검토 1분으로 계획하고 지킵니다.

(2) 2교시 작성 Tip
- 질문 내용이 적은 경우 2교시의 서론은 10줄 이상 넉넉하게 적는 것이 좋습니다. 문제 출제의 요지나 배경, 필요성 등을 적는 것이 바람직합니다.

- 질문 내용이 4 ~ 5개가 된다면 첫 번째 질문을 바로 대제목으로 잡습니다. 모든 질문에 대해 10줄 정도씩 답변해야 하므로 시간이 부족합니다. 이때는 묻는 질문에 충실히 답하면 됩니다.
- 2교시는 25분의 시간이 주어지므로 2분 개요, 21분 답안 작성, 2분 검토 시간으로 계획합니다. 개요를 충분히 짜야 중간에 내용이 섞이지 않고 논리적으로 서술할 수 있습니다.

2) 답안 내용에 비교표는 자주 넣어줍니다. 기술사는 단순 서술이 아니라 다각도로 비교하는 능력이 필요합니다. 공학적 설명을 위해 공식, 그래프도 가급적 많이 서술합니다.

3) 한 줄에 너무 많은 글자를 넣기보다 다소 여유 있게 적는 것을 추천합니다. 그러나 너무 많은 공백은 지양해야 합니다.

4) 시간 내에 쓰는 것은 매우 중요합니다. 모의고사 때도 항상 시간을 맞춰놓고 푸는 습관을 들이세요. 결국 시험장에서는 반드시 시간에 맞추어야 합니다.

5) 관계식 등을 쓸 때는 2줄을 사용해 여유 있게 작성하고 중요 box 표시로 강조표시합니다. 관계식을 작성 후 식에 대한 기호 설명은 너무 많지 않게 2줄 이내로 정리해 줍니다.

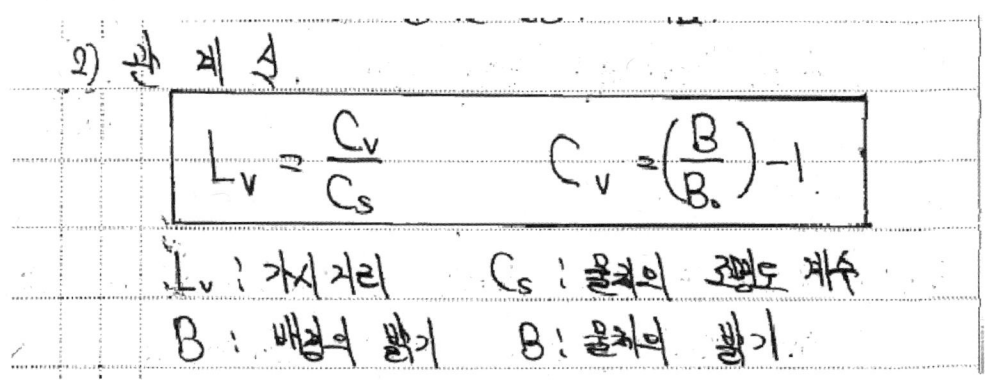

6) 표와 그림은 꼭 자나 도형 자를 사용해 정갈하게 작성합니다.

[자를 사용하지 않아 가독성이 떨어지는 경우]

[자를 사용한 경우]

7) 펜은 눈에 잘 띄는 펜으로 사용합니다. 채점관은 천 명이 넘는 사람의 답안을 동시에 보기 때문에 두꺼운 두께가 적합합니다. 연한 펜은 글이 두드러지지 않고 가독성이 좋지 않습니다.

8) 다만 두껍다고 해서 무조건 좋은 것은 아닙니다. 두껍기 때문에 서술을 2줄 넘게 하는 것은 지양하고, 가급적 넘버링을 해서 서술 부분을 한 줄 이하로 줄여줘야 합니다. 또한 한 줄에 너무 많은 글자가 들어가지 않게 해야 가독성이 좋아집니다.

진한 펜의 경우	연한 펜의 경우

9) 그림을 그릴 때 크기는 4 ~ 5줄 정도가 적당합니다. 표, 그림 모두 이에 대한 부연 설명을 최소 1줄 이상 넣어야 합니다.

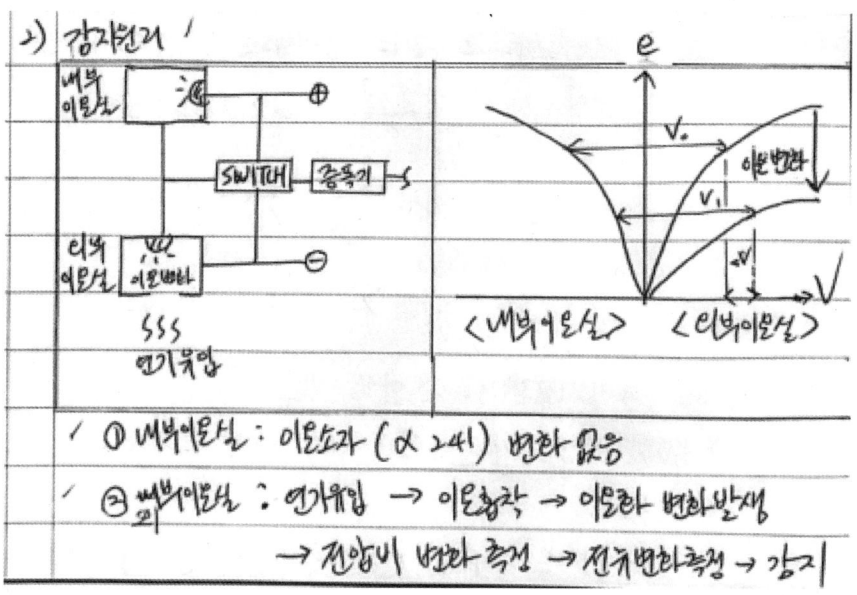

10) 표의 크기는 3줄부터 8줄 정도로 다양하게 할 수 있습니다. 내용이 많을 때는 좌측 들여쓰기 부분까지 사용해도 됩니다.

11) 문제 다 쓴 후에는 2줄 띄우고 다음 문제로 이어나가는 예시입니다.

4 문제 선택 전략

1) 공통 전략

문제지를 받으면 답안을 작성할 문제를 선택해야 합니다(1교시 10문제, 2 ~ 4교시 4문제). 첫 문제는 남들보다 내가 잘 쓸 수 있을 거 같다고 판단되는 문제를 골라서 시간을 들여서 써주는 걸 추천합니다. 또는 빠르고 깔끔하게 쓸 수 있는 법규 같은 문제가 좋습니다.

문제를 선택하면 문제지(필기 가능)의 문제 번호 앞에 몇 번째로 푼 문제인지 순서를 적습니다. 예를 들면 문제 6번을 처음 풀었으면 ①을 문제 6번 옆에 써놓습니다. 이렇게 순서를 적으면 내가 지금까지 6문제를 풀었는지, 7문제를 풀었는지 쉽게 알 수 있게 됩니다.

문제지를 처음 받았을 때는 항상 문제가 어렵게 느껴집니다. 가급적 어려운 문제는 보지 말고, 내게 쉬운 문제 위주로 풀이합니다. 한 문제를 풀 때마다 모든 문제는 다시 한 번씩 읽어봅니다. 그러면 30분 가량 지나는 시점에서는 어느 정도 익숙해져서 덜 어렵게 느껴집니다. 이렇게 되면 몰랐던 문제도 풀 수 있는 방법을 생각할 수 있게 되고, 암기팁도 기억나게 됩니다.

2) 1교시 전략

1교시는 1문제당 10분 이내에 끝내야 하기 때문에 시간 안배가 매우 중요합니다. 그러므로 평상시 타이머를 활용해 시간을 체크하는 습관을 들여야 합니다. 문제 선택, 개요, 작성, 검토까지 10분이므로 순수 답안 작성 시간은 7 ~ 8분 정도입니다. 혹 1문제가 11분을 넘기게 된다면 과감하게 끊고 다음 문제로 넘어가기 바랍니다.

3) 2 ~ 4교시 전략

  2 ~ 4교시는 선택이 중요한 영향을 끼칩니다. 가급적 많은 사람이 선택할 것 같고 차별화가 어려울 것 같은 문제는 피하는 것이 좋습니다. ㅇㅇ화재라고 부르는 문제들이 그렇습니다. 실제로 많은 사람이 잡는 문제는 그만큼 차별화가 어렵고, 고득점을 받기도 어려울 수 있습니다. 선택이 가능하다면, 쉬운 문제보다 조금 까다롭지만 내 의견을 충분히 발휘할 수 있는 문제가 좋습니다.

4) 모르는 문제 대응 전략

  소방기술사 시험에서 40 % 정도는 신출이 나오는 경향이 있습니다. 따라서 아는 문제를 잘 쓰는 것도 중요하지만, 모르는 문제에서 최대한 점수 하락을 방어하는 것도 매우 중요한 전략입니다. 모른다고 해서 버릴 필요는 없습니다. 오히려 나의 논리력을 발휘해 더 좋은 점수를 받을 수도 있기 때문에 보다 최선을 다해야 합니다. 아래는 모르는 문제에 대한 대응 전략입니다.

  1) 작성을 시작할 때 개요나 정의를 먼저 3 ~ 4줄 정도 작성합니다. 정확히 모르더라도, 유추하여서 구색을 맞추는 것이 중요합니다.
  2) 모르는 문제는 최대한 관련이 있는 개념을 가져와 서술합니다.
     (예를 들어, 성능위주 내화설계의 경우 성능위주 소방설계의 내용을 차용하여 기술)
  3) 마지막에는 결론도 4 ~ 5줄 정도 작성하면서 개인적인 생각을 기재합니다.

  위와 같은 방법으로 모르는 문제임에도 10점 만점에 3 ~ 4점을 받는 것을 목표로 해야 합니다. 경험에 따르면, 오히려 이러한 문제에서 5점 이상 받는 경우로 있습니다. 따라서 너무 낙심하기보다 최대한 점수를 안 빼앗기는 전략으로 접근해야 평균 60점에 도달할 수 있습니다.

5) 답안 작성 훈련방법

  학원 모의고사 또는 첨삭반은 실전 시험을 위한 최적의 훈련 방법입니다. 강사의 첨삭을 받을 수도 있고, 서로의 답안을 확인할 수도 있기 때문입니다. 그래서 평상시 모의고사에서 시험장과 유사한 환경을 만들고 시험을 치루는 것은 매우 중요합니다. 시계, 계산기, 펜, 자, 정확한 시간 측정 등을 통해 실전 시험을 미리 경험해보는 것이 아주 중요합니다.

  일주일 공부시간 중에 2 ~ 3문제 이상 답안을 작성해보는 방법도 있습니다. 학원에서 많이 연습을 할 수 있는 경우 큰 문제가 없겠으나, 독학 또는 학원이 멀어서 간헐적으로 다니는 분들에게 좋은 방법입니다. 하루 1문제가 가장 좋고, 시간은 30분 정도면 충분합니다. 처음에는 1시간 이상 걸리겠지만, 차차 시간을 줄여서 나중에는 1교시 10분, 2교시 25분 내로 맞추는 것을 목표로 하시길 바랍니다. 이런 식으로 연습한다면 일주일에 약 100분 정도는 답안을 작성하는 연습을 하게 됩니다.

온라인 첨삭반을 수강하는 것도 좋은 방법입니다. 먼 거리에 있는 경우 첨삭반 수강을 통해 답안을 피드백 받을 수 있습니다. 아무래도 답안 작성보다 이에 대한 피드백을 받길 원하는 경우 좋은 선택이 될 수 있을 것입니다.

5 Q&A

Q. 10분 또는 25분 내에 작성이 어려워요.

- 무엇이든 처음에는 어려우나, 반복과 피드백을 반복한다면 가능하게 될 것입니다. 누구나 공통적으로 처음에 느끼는 것이 10분, 25분이 참 짧다는 것입니다. 하지만 이것이 불가능한 게 아니고, 숙달이 필요하다고 생각하시면 마음이 편합니다.

- 그래서 처음에는 미리 작성한 답안을 10분 내에 쓰는 연습을 하시길 바랍니다. 미리 작성이라는 것은 30분이던 1시간이던 시간을 들여 미리 작성한 답안을 말합니다. 미리 작성할 때에는, 시간과 관계없이 글을 교정하고 또 교정해 완벽한 답안 형태로 작성합니다. 이후 시간을 측정하며 보고 쓰던, 외워서 쓰던 10분 내에 쓸 수 있도록 숙달합니다 (1교시 기준).

- 아무리 숙달해도 10분 내에 시간이 안들어온다면, 서술이 과다하진 않은지, 양은 적합한지, 답이 확실히 눈에 보이는지, 너무 빽빽하게 적은 것은 아닌지 확인해보시길 바랍니다. 양이 무조건적으로 많다고 좋은 것이 아니라, 답이 적절하게 제시되어야 합니다. 따라서 10분 내에 쓸 수 있는 답안지를 구성하는 것이 중요하고, 이를 위한 반복 훈련을 하시길 바랍니다.

Q. 점수가 늘지 않아요.

- 기술사 시험은 매 회차마다 출제자, 채점자, 합격자가 다릅니다. 따라서 단순히 점수만으로 시험을 비교하기에는 다소 무리가 있는 것이 사실입니다.

- 다만 점수는 나의 실력을 확인받는 유일한 공적인 자료이므로, 이를 해석할 때 몇 가지 참고 사항을 말씀드리겠습니다.

    1) 합격자 수가 많은 경우(15 ~ 20명 사이) 점수는 실제 내 실력보다 평균 5점 정도 높게 나왔다고 생각하면 좋습니다. 아무래도 합격자가 다소 있기 때문에, 채점도 본디 나의 실력보다 상향 채점했을 가능성이 높습니다.

2) 합격자 수가 평균인 경우(8 ~ 15명) 점수가 실제 나의 점수와 가장 흡사하다고 판단하면 됩니다.

3) 합격자 수가 적은 경우(3 ~ 7명) 점수는 실제 나의 실력보다 평균 5점 이상 낮게 채점되었다고 생각하는 것이 바람직합니다. 아무래도 채점이 엄격하게 이뤄졌을 가능성이 높기 때문에, 전체적인 평균 또한 하락하게 됩니다.

- 위와 같은 방법으로 판단했을 때, 135회가 3명이 합격하고 136회가 16명이 합격했다 가정하면 똑같은 평균 50점이 결코 동일한 점수가 아니라는 것을 느끼실 겁니다. 이 경우 점수가 같다면 오히려 실력점수는 하락한 것과 같습니다. 반대로 점수는 같지만 합격자 수가 줄었다면, 이것은 되려 실제 실력점수는 상승한 것이라고 생각하면 됩니다.

- 그 근거는 연간 평균 합격자 수에 있습니다. 특정 연도를 제외하면 평균 25명 ~ 35명 사이의 인원이 합격합니다. 연간 시험은 3번 있으므로, 이를 평균으로 나누면 약 10명 정도 합격 인원이 적정합니다. 따라서 10명 합격을 기준으로 판단했을 때 이보다 많이 합격하면 조금 더 후하게, 적게 합격하면 조금 더 엄격하게 채점했다고 판단할 수 있을 것입니다.

- 점수라는 것은 나의 공부방법에 대한 피드백이라고 생각하면 됩니다. 위와 같은 방법으로 보았을 때 점수가 늘지 않는다면, 아래와 같은 문제점이 있을 수 있습니다.

1) 공부 시간이 규칙적이지 않다.

2) 3개월, 6개월, 1년 공부목표가 없다.

3) 학원을 왔다 갔다만 하고, 전념하지는 못하고 있다.

- 55점 ~ 60점 사이에서 정체되는 분들은 두 가지 유형이 있습니다. 첫 번째, 올바르게 공부하고 있으나 점수가 쉽게 상승하지 않는 경우. 올바르게 공부한다는 것은 위 3가지와 반대로 명확하게 공부하고 있고, 연구반에서 강사님과 상시 소통하고 있는 경우입니다. 이 경우는 앞서 부분에서 말씀드렸듯이 꾸준하게 공부를 지속하는 것이 가장 중요합니다. 합격에서 제일 중요한 건 멘탈리티입니다. 나의 페이스를 지속적으로 유지하며 합격 때까지 참고 인내하는 훈련이 필요합니다.

두 번째 유형은 올바르게 공부하고 있지 못해 정체되는 경우입니다. 이런 경우는 회독을 효과적으로 못하거나, 암기가 되지 않았거나, 서브노트를 정리했는데 양이 너무 많거나 암기카드나 암기노트를 효과적으로 쓰고 있지 못한 경우 답안 작성 요령이 부족한 경우 등 다양합니다. 이 경우 학원 강사님께 상담을 요청해보는 것이 진단에 가장 효과적입니다. 문제점을 빠르게 진단하고 고치는 것이 학습기간을 줄이는 비결입니다.

소방기술사 합격비책

발행일	2025년 2월 25일 초판 1쇄
지은이	전병호
발행인	황모아
발행처	(주)모아교육그룹
주 소	서울특별시 영등포구 영신로 32길 29 세화빌딩 2층
전 화	02-2068-2393(출판, 주문)
등 록	제2015-000006호 (2015.1.16.)
이메일	moagbooks@naver.com
ISBN	979-11-6804-411-1 (13500)

이 책의 가격은 뒤표지에 있습니다.

Copyright ⓒ (주)모아교육그룹 Co., Ltd. All Rights Reserved.

이 책은 저작권법에 의해 보호를 받는 저작물이므로 저자와 출판사의 서면 허락 없이
내용의 전부 또는 일부를 이용하는 것을 금합니다.

소방기술사 합격!
여러분의 합격은 모아의 보람입니다.

끊임없이 변화를
추구하는 교육기업
모아교육그룹

모아를 선택해주신 여러분께 감사드립니다.

✔ 모아는 혁신적인 교육을 통해 인간의 사고(思考)를
  확장 및 변화시킬 수 있다고 믿고 있습니다.

✔ 모아는 미래를 교육으로 변화시킬 수 있다고 믿고 있습니다.

✔ 모아는 청년부터 장년, 중년, 노년까지의
  성인교육에 중점을 두고 사업을 진행하고 있습니다.

초고령화, 불확실성의 시대

모아는 당신의 미래를 함께 하는 혁신적인 교육 플랫폼이 되겠습니다.

수험 가이드북

합격비책

1. 소방기술사 시험에 대해 꼭! 알아야 할 사항들만 모았다

- 시험시간과 문항 수에 대하여 알아보자   8
- 각 문항마다의 배점방식을 알아보자   9
- 합격률에 대하여 알아보자   10
- 답안 작성 시 유의사항을 알아보자   12
- 부정행위 처리 규정을 알아보자   14

2. 수험생들이 궁금해했던 소소한 질문들을 모았다

- Q1. 시험장에 갈 때 챙겨야 할 준비물은 무엇인가요?   18
- Q2. 시험 당일과 시험장에서 필요한 것은 무엇인가요?   20
- Q3. 점심시간의 활용 요령은 무엇인가요?   21
- Q4. 비전공자라도 합격할 수 있나요?   22
- Q5. 자격증 취득 이후 업무 영역은 어떻게 되나요?   23
- Q6. 수학, 화학 등을 못하는 경우는 어떡하나요?   24
- Q7. 기술사보다 기사나 관리사에 먼저 도전하는 것이 낫지 않을까요?   25
- Q8. 관리사, 기술사를 같이 공부해도 되나요?   26
- Q9. 기사 자격증을 보유하는 것이 유리하지 않을까요?   27

CONTENTS

3. 소방기술사 전병호가 제시하는 소방기술사 공부방법 Q&A

Q1. 직장인들은 연차별로 어떻게 공부해야 하나요? — 30
Q2. 공부시간은 어떻게 관리해야 하나요? — 35
Q3. 암기카드, 암기노트, 서브노트가 필요한가요? — 36
Q4. 시험 3개월 전과 시험 당일 아침에 챙겨야 할 사항이 있나요? — 44
Q5. 여러 기본서를 한꺼번에 보는 것이 좋나요? — 46
Q6. NFPA, 화재공학원론, 방화공학실무핸드북 등 공부 범위는 어느 정도인가요? — 48
Q7. 수업만 듣고 자습이나 복습을 하지 않는 경우는 어떠한가요? — 50
Q8. 답안 작성 연습 없이 책만 보는 '이론 학습식 공부'는 어떠한가요? — 51
Q9. 암기카드만 보는 경우는 어떠한가요? — 52
Q10. 암기를 아예 하지 않는 경우는 어떠한가요? — 53
Q11. 책을 통째로 암기하려는 경우는 어떠한가요? — 54
Q12. 휴식 없이 무리하게 공부하는 경우는 어떠한가요? — 56
Q13. 슬럼프 극복 요령을 알려주세요. — 58
Q14. 55 ~ 59점에서 정체된 경우에는 어떻게 해야 하나요? — 60
Q15. 슬럼프 없이 공부하려면 어떤 마인드가 필요한가요? — 61
Q16. 관리사 시험 vs 기술사 시험 : 완벽하게 외워야 되나요? — 62
Q17. 계산문제 때문에 포기하고 싶은데 꼭 해야 하나요? — 63
Q18. 인강과 실강 중 무엇이 좋은가요? — 64
Q19. 암기가 먼저일까요, 이해가 먼저일까요? — 65
Q20. 개념 단어 중 영어를 꼭 외워서 써야 하나요? — 66
Q21. 답안 작성 시 차별화가 어려운데 어떻게 해야 하나요? — 66
Q22. 제가 의지가 약한데 포기하지 않는 팁이 있다면 알려주세요. — 67

겨울이 지나면 꽃이 피는 봄이 오고, 무더운 여름에 땀흘리고 괴로워하다가 어느덧 가을이 온 뒤 다시 겨울이 됩니다.

소방기술사 공부는 3년에서 4년이 걸린다고도 하고, 누구는 6년, 8년 만에 취득했다고도 합니다.

간혹 가다 1년 이내에 합격했다는 사람도 있는데 참 부러운 일이 아닐 수 없습니다.

소방기술사 공부는 새옹지마(塞翁之馬)와 같습니다.

긴 인생 그 자체처럼 괴로움이 쌓여 나에게 행복을 선사하고, 때로는 이것으로 좌절하기도 합니다.

프랑스의 작가이자 철학자 알베르 카뮈(Albert Camus)의 "삶에 대한 절망 없이 삶에 대한 사랑도 없다."라는 말처럼 절망이 또 간절함을 일으키고, 오늘 하루를 이겨낼 수 있는 힘을 만들어냅니다.

출근과 퇴근을 반복하고선 힘든 몸을 이끌고 다시 도서관으로 들어가 책을 꺼내는 모든 예비 소방기술사님들의 하루를 뼈저리게 응원합니다.

이 책은 저의 공부 기록에 대한 복기와도 같습니다.

처음에는 많은 분들의 공통적인 질문을 수록하려고 글쓰기를 시작하게 되었고, 점차 공부하시는 데에 시행착오를 줄였으면 하는 바람으로 여러 가지 생각과 노하우를 담게 되었습니다.

알려주는 사람이 없어 답답했고, 많이 돌아가기도 했던 지난 경험을 담은 소박한 지침서라고 생각해주면 감사하겠습니다.

많이 부족하지만 이 책이 여러분들의 공부에 도움이 되었으면 좋겠습니다.

잠시나마 글을 통해 희망을 보셨다면 그것만으로도 감사하다는 말씀을 드립니다.

소방기술사 전병호 드림

1. 소방기술사 시험에 대해

꼭! 알아야 할 사항들만 모았다

소방기술사 시험은 건축물 등의 화재위험으로부터 인간의 생명과 재산을 보호하기 위하여 소방안전에 대한 규제대책과 제반시설의 검사 등 산업안전관리를 담당할 전문인력을 양성하고자 자격 제도로 제정된 국가기술자격시험입니다.

소방기술사는 소방설비 종목에 관한 고도의 전문지식과 실무경험에 입각한 계획, 연구, 설계, 분석, 시험, 운영, 시공, 평가 또는 이에 관한 지도, 감리 등의 기술업무 수행하는 소방 전문가입니다.

시험시간과 문항 수에 대하여 알아보자

- 소방기술사 시험은 **각 100분씩 4교시로 총 400분 동안** 시행되며, 주어진 문제에서 정해진 문항 수를 선택하여 답안을 작성해야 합니다.

- **1교시에는 13문항 중 10문항을 선택**하여 답안을 작성하고, **2~4교시에는 각 6문항 중 4문항을 선택** 및 작성하면 됩니다.

- **각 교시 사이에 20분간의 휴식시간**이 있으며, **2교시와 3교시 사이에 60분간의 점심시간**이 주어집니다.

구분	1교시	2교시	3교시	4교시
출제문제 수	13문제	6문제	6문제	6문제
답안 작성 수	10문제	4문제	4문제	4문제
답안의 양	평균 1~1.5페이지	평균 2~3페이지		

각 문항마다의 배점방식을 알아보자

- 소방기술사 시험 답안 채점은 3인의 채점위원이 **각 교시당 100점씩, 총 300점 만점** 기준으로 채점하게 됩니다.

- 총 1,200점 만점 기준으로 **720점(평균 60점) 이상을 획득**해야 합격입니다.

구분	1교시	2교시	3교시	4교시
1문제당 배점	30점	75점	75점	75점
교시당 배점	30 × 10문제 = 300점	75 × 4문제 = 300점	75 × 4문제 = 300점	75 × 4문제 = 300점
총 합산 배점	1,200점			
합격 점수	1200 × 0.6 = **720점 이상**			

합격률에 대하여 알아보자

- 소방기술사 시험은 2010년 이후 2024년까지 평균 47명의 합격자를 배출하고 있는데, 세부적으로 필기시험은 약 2.2%, 실기시험은 약 42.9%의 합격률을 보이고 있습니다.

- 합격자 수와 필기시험 합격률이 낮아 보이지만 그만큼 소방 분야 최고 기술자격증의 위상을 대변한다고 할 수 있습니다. 또한 소방기술사 시험에 도전하는 수험생 입장에서는 부단한 노력이 요구됩니다.

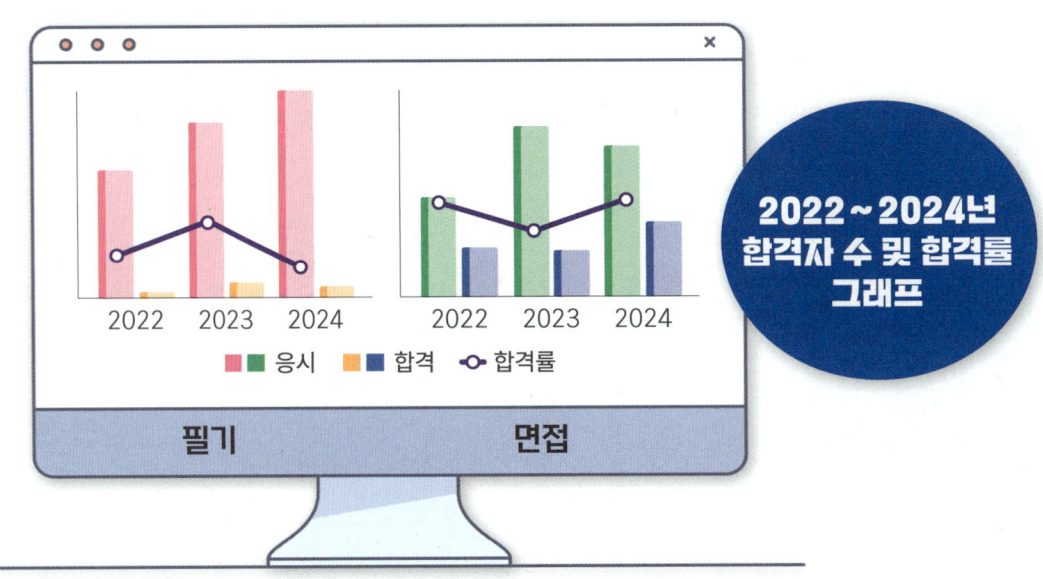

2022~2024년 합격자 수 및 합격률 그래프

● 최근 응시자 수가 급증하며 합격률이 1% 미만으로 줄었지만, 매년 25 ~ 35명 내외의 합격자가 꾸준하게 배출되고 있습니다.

연도	필기			면접		
	응시	합격	합격률(%)	응시	합격	합격률(%)
2024	3,134	21	0.7	67	34	50.7
2023	2,964	37	1.2	76	23	30.3
2022	2,310	19	0.8	50	25	50
2021	2,078	36	1.7	92	48	52.2
2020	1,689	48	2.8	97	45	46.4
2019	1,799	44	2.4	89	39	43.8
2018	1,598	46	2.9	111	49	44.1
2017	1,335	32	2.4	75	31	41.3
2016	1,136	53	4.7	100	46	46
2015	1,104	23	2.1	54	25	46.3
2014	1,109	30	2.7	100	47	47
2013	1,138	51	4.5	98	36	36.7
2012	1,587	29	1.8	80	32	40
2011	1,693	40	2.4	143	58	40.6
2001 ~ 2010	14,687	522	3.6	1,180	486	41.2
1977 ~ 2000	3,266	178	5.5	285	165	57.9
소 계	42,627	1,209	2.8	2,697	1,189	44.1

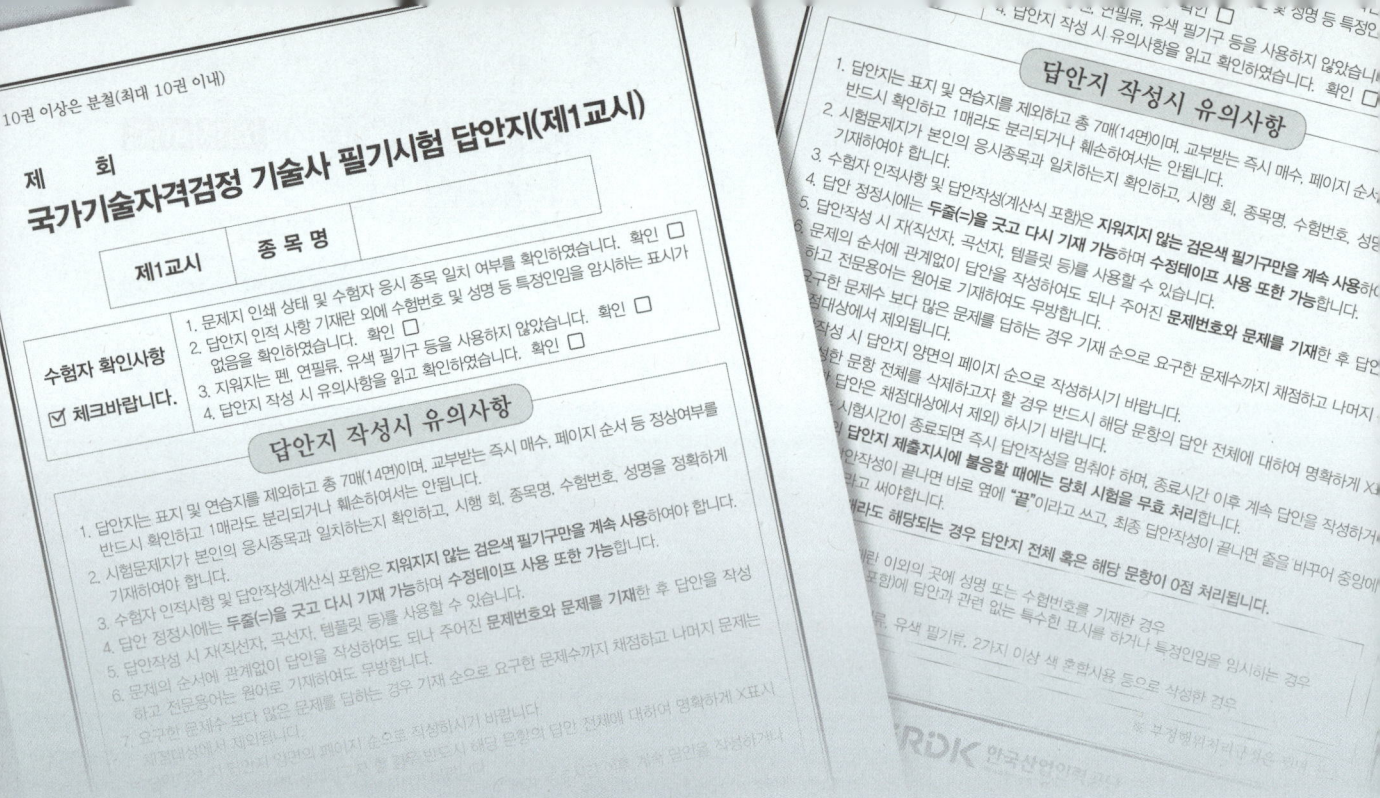

답안 작성 시 유의사항을 알아보자

① 답안지는 표지 및 연습지를 제외하고 총 7매(14면)이며, 교부 받는 즉시 매수, 페이지 순서 등 정상 여부를 반드시 확인하고 1매라도 분리되거나 훼손하여서는 안 됨을 유의해야 합니다.

② 시험문제지가 본인의 응시 종목과 일치하는지 확인하고, 시행 회, 종목명, 수험번호, 성명을 정확하게 기재하여야 합니다.

③ 수험자 인적사항 및 답안 작성(계산식 포함)은 지워지지 않는 검은색 필기구만을 계속 사용하여야 합니다.

④ 답안 정정 시 두 줄(=)을 긋고 다시 기재 가능하며, 수정테이프도 사용 가능합니다.

⑤ 답안 작성 시 자(직선자, 곡선자, 템플릿 등)를 사용 가능합니다.

⑥ 문제의 순서에 관계없이 답안을 작성하여도 되나 주어진 문제번호와 문제를 기재한 후 답안을 작성하고 전문용어는 원어로 기재하여도 무방합니다.

⑦ 요구한 문제 수보다 많은 문제를 답하는 경우 기재 순으로 요구한 문제수까지 채점하고 나머지 문제는 채점대상에서 제외됩니다.

⑧ 답안 작성 시 답안지 양면의 페이지 순으로 작성하시기 바랍니다.

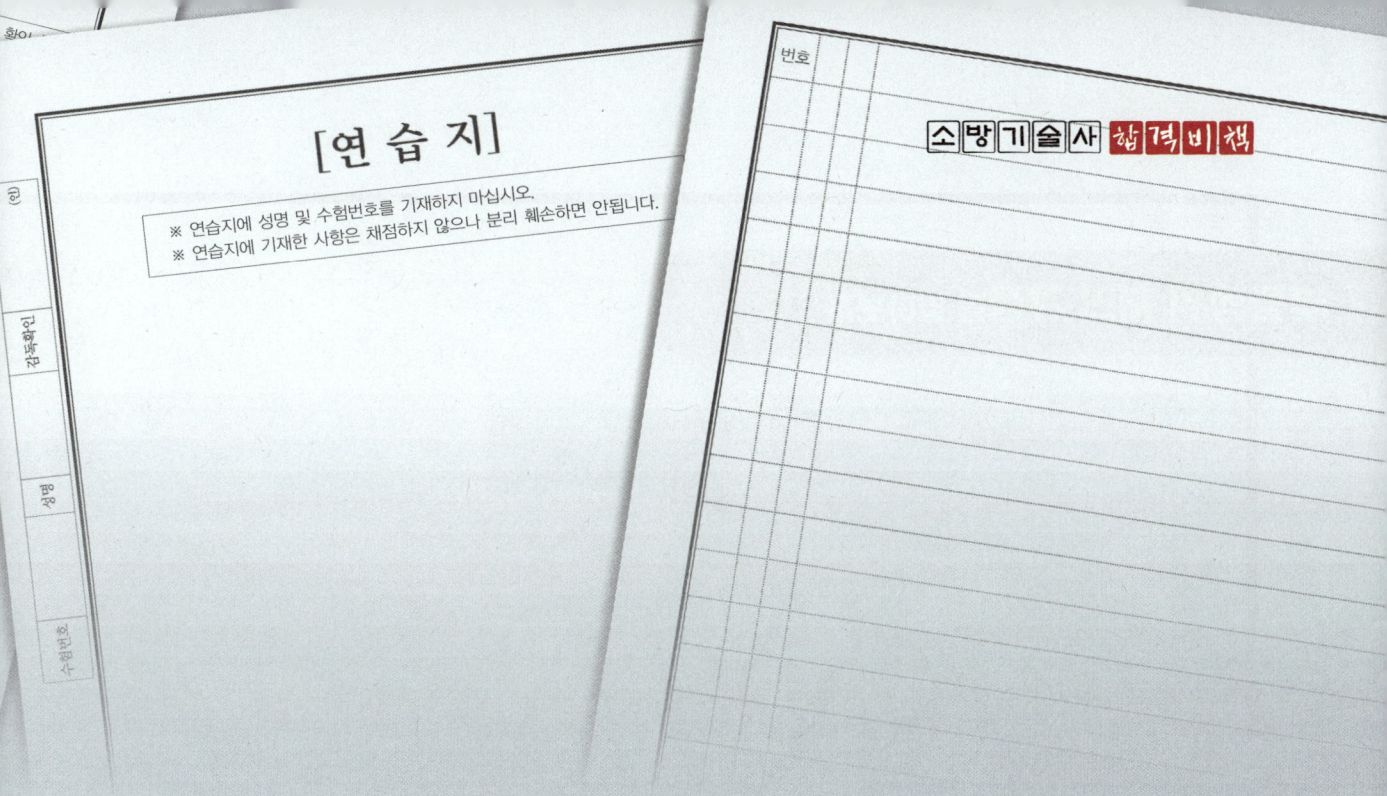

❾ 기 작성한 문항 전체를 삭제할 경우 반드시 해당 문항의 답안 전체에 대하여 명확하게 X표시(X표시한 답안은 채점대상에서 제외)하시기 바랍니다.

❿ 수험자는 시험시간이 종료되면 즉시 답안 작성을 멈춰야 하며, **종료시간 이후 계속 답안을 작성하거나 감독위원의 답안지 제출 지시에 불응할 때에는 당회 시험을 무효 처리**합니다.

⓫ 각 문제의 답안 작성이 끝나면 바로 옆에 "끝"이라고 쓰고, 최종 답안 작성이 끝나면 줄을 바꾸어 중앙에 "이하 여백"이라고 써야 합니다.

⓬ 다음 각 호에 1개라도 해당되는 경우 답안지 전체 혹은 해당 문항이 0점 처리됩니다.

답안지 전체 무효	☑ 인적사항 기재란 이외의 곳에 성명 또는 수험번호를 기재한 경우 ☑ 답안지(연습지 포함)에 답안과 관련 없는 특수한 표시를 하거나 특정인임을 암시하는 경우
해당 문항 무효	☑ 지워지는 펜, 연필류, 유색 필기류, 2가지 이상 색 혼합사용 등으로 작성한 경우

부정행위 처리 규정을 알아보자

 국가기술자격법 제10조 제6항, 같은 법 시행규칙 제15조에 따라 국가기술자격 검정에서 부정행위를 한 응시자에 대하여는 당해 검정을 정지 또는 무효로 하고 3년간 이 법에 따른 검정에 응시할 수 있는 자격이 정지됩니다.

❶ 시험 중 다른 수험자와 시험과 관련된 대화를 하는 행위
❷ 답안지를 교환하는 행위
❸ 시험 중에 다른 수험자의 답안지 또는 문제지를 엿보고 자신의 답안지를 작성하는 행위
❹ 다른 수험자를 위하여 답안을 알려주거나 엿보게 하는 행위
❺ 시험 중 시험문제 내용과 관련된 물건을 휴대하여 사용하거나 이를 주고받는 행위
❻ 시험장 내외의 자로부터 도움을 받고 답안지를 작성하는 행위

❼ 미리 시험문제를 알고 시험을 치른 행위
❽ 다른 수험자와 성명 또는 수험번호를 바꾸어 제출하는 행위
❾ 대리시험을 치르거나 치르게 하는 행위
❿ 수험자가 시험시간에 통신기기 및 전자기기[휴대용 전화기, 휴대용 개인정보 단말기(PDA), 휴대용 멀티미디어 재생장치(PMP), 휴대용 컴퓨터, 휴대용 카세트, 디지털 카메라, 음성파일 변환기(MP3), 휴대용 게임기, 전자사전, 카메라 부착 펜, 시각표시 외의 기능이 부착된 시계]를 사용하여 답안지를 작성하거나 다른 수험자를 위하여 답안을 송신하는 행위
⓫ 그 밖에 부정 또는 불공정한 방법으로 시험을 치르는 행위

2.
수험생들이 궁금해했던

소소한 질문들을 모았다

잊지 말고 챙겨가세요!

볼펜, 자, 계산기, 타이머, 수정테이프, 물과 간식

Q1. 시험장에 갈 때 챙겨야 할 준비물은 무엇인가요?

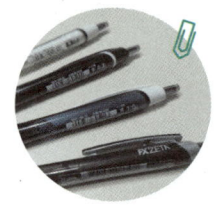

볼펜

- 볼펜은 두께 0.7mm, 1.0mm으로, 눈에 잘 띄는 진한 검정색을 추천합니다(주로 쓰는 모델 : 제트스트림, 모나미 fx 제타, 에너겔 등).
- 볼펜은 같은 펜으로 끝까지 작성해야 하기 때문에 여유분을 포함해서 3~4자루 이상 가지고 가는 것을 추천합니다.

자

- 관계식의 강조 표시, 표 및 그림 작성 등을 깔끔하게 쓰기 위해 도형자와 일반 15~20cm 정도의 되는 자를 추천합니다.
- 도형자는 네모와 동그라미가 포함되고, 다양한 크기가 가능한 도형자를 추천합니다.

계산기

- 분자, 분모를 입력하여 계산할 수 있는 공학용 계산기가 필수이며, SOLVE 기능이 있는 계산기를 추천합니다.
- 사용 불가한 공학용 계산기 목록은 큐넷(q-net.or.kr)에서 사전에 확인해야 합니다.

타이머

- 시간 관리를 위해 100분 또는 10분, 25분 등을 표시할 수 있는 타이머가 필요합니다.
- 정해진 시간 뒤 리셋되며, 깜빡이는 무소음 수험용 시계를 추천합니다.

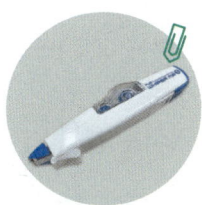

수정테이프

- 틀렸을 경우 두 줄을 긋거나 수정테이프로 수정할 수 있습니다.
- 답안의 깔끔함을 위해 사용하며, 수정은 최소로 하는 것이 바람직하나 수정하게 된다면 수정테이프를 쓰는 것이 바람직합니다.

그 외

- 컨디션 조절을 위해 간단한 초콜릿, 보온병과 물, 간식 등을 챙길 것을 추천합니다.
- 루틴이 중요하니 평소 활용했던 물품 등을 챙긴다면 효과가 클 것입니다.

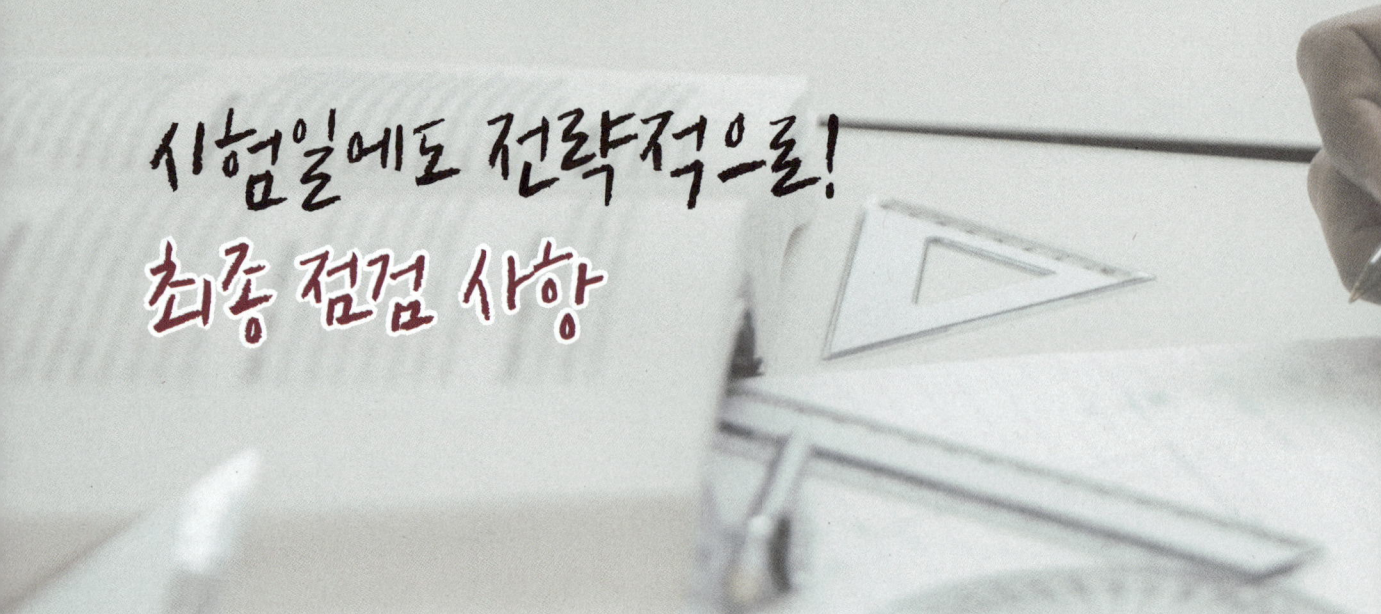

시험일에도 전략적으로!
최종 점검 사항

Q2. 시험 당일과 시험장에서 필요한 것은 무엇인가요?

시험장 선택

- 인기 있는 시험장은 조기에 마감되기 때문에 <mark>시험 접수 당일 오전에 최대한 빨리</mark> 원하는 시험장을 선택해야 합니다.

시험 당일

- <mark>8시 30분까지 입실이지만 이보다 빨리 도착</mark>하는 것이 좋습니다.
- 지정된 자리에 문제가 있는지 확인한 후 불편한 점이 있으면 쓰지 않는 다른 책상과 교체해도 됩니다.
- 아침에 도시락과 함께 따뜻한 <mark>커피, 초콜릿, 물</mark> 등을 챙기되, 커피는 화장실을 자주 갈 수도 있으니 몇 시간 전에 마시기를 권합니다.

최종 점검

- 시험 당일 시험장에 갈 때 챙겨간 <mark>서브노트나 암기노트</mark>와 같은 준비자료를 시험 직전까지 훑어보아야 합니다.
- 1교시에 출제된 문제는 2~4교시에 개념을 확장하여 반복 출제될 가능성이 높으므로 <mark>쉬는 시간에는 1교시, 2교시 내용을 공부</mark>하는 것이 효과적입니다.

Q3. 점심시간의 활용 요령은 무엇인가요?

- 빨리 식사한 후 3교시 준비를 해야 하므로 점심식사는 밖에 나가서 먹고 오는 것보다 시험장 내에서 간단하게 먹을 수 있는 도시락을 추천합니다.

- 음식은 김밥, 유부초밥, 컵라면 등이 무난한데, 사전에 꼭 먹어보고 컨디션 조절에 무리가 없다면 시험 당일 이용을 권합니다.

김밥

유부초밥

컵라면

빠르게 3교시 준비

궁금한 질문들을 모두 모았습니다.
기술사 자격증 A to Z

Q4. 비전공자라도 합격할 수 있나요?

예, 가능합니다.

소방기술사는 보통 공부하시는 분 중 50% 정도가 다른 분야에서 일하고 계신 분들입니다. 화재공학 외에도 위험물, 폭발, 전기, 기계, 법, 기술기준부터 물리, 유체역학, 화학까지 워낙 넓은 분야를 다루다 보니 다양한 전공을 지닌 분들이 준비하고 있습니다.

다만 면접에서는 설계, 감리, 시공 실무위주의 질문이 많이 나오므로 비전공자분들은 면접에서 여러 번 고배를 마실 수 있습니다. 하지만 대부분 면접 기한인 2년 내에는 합격하고 있으며, 가급적이면 1차 합격 이후 감리 등 실무경험을 쌓는 것을 추천합니다.

가장 좋은 것은 필기시험을 준비하며 소방 업계에서 차근차근 경험을 쌓는 것입니다. 기술사는 이론뿐 아니라 실무 능력에 입각한 융합적인 자격이 요구되는 업무를 수행하기 때문입니다. 합격 후 평생 '소방인'으로서의 새로운 인생을 준비하기 위해 소방 업무에 관심을 갖고 공부와 병행하는 것을 추천합니다.

어떠한 시험이든 비전공자라고 해서 반드시 불리하지는 않습니다. 오히려 AI 등 급변하는 요즘에는 다양한 지식과 경험을 요구하는 추세이므로 강점으로 활용할 수도 있습니다.

Q5. 자격증 취득 이후 업무 영역은 어떻게 되나요?

기술사는 직업 특성상 감리업에 종사하시는 분들이 많지만 그 밖에도 설계, 시공, 컨설팅, 연구직, 공무원 민간경력채용 등 업무 영역이 과거에 비해 늘어나는 추세입니다. 약 50% 이상이 감리업에 종사하고, 그 외 업역이 아니더라도 타 자격증 취득이나 대학원 진학 등으로 확장하는 경우도 많습니다.

감리의 경우 P.Q(사전입찰) 제도로 인해 점수제가 생겼으므로 합격 전 감리 경력을 쌓는 것이 유리합니다. 감리 업무가 공부와 병행하기 유리하고, 합격 이후 감리업무를 하기 위한 경험을 쌓는다는 장점도 있습니다. 그러나 자격증 취득 후 경력을 쌓는 방법도 있기에 감리 경력이 없다고 해서 감리를 할 수 없는 것은 아닙니다.

기술사라는 직업 자체가 건설경기의 흐름의 영향을 받다 보니 필요 인원이 적을 때도, 많을 때도 있습니다. 따라서 어느 시점에 준비하는 것이 좋을지 심사숙고하여 공부계획을 세우는 전략이 필요합니다. 다만 건설경기와 기술사의 업역은 언제든지 변화할 수 있으므로, 현재 상황만 보기보다 사회에서 안전에 관한 관심과 지원을 어떻게 확대하고 있는지를 판단하는 것이 중요합니다.

Q6. 수학, 화학 등을 못하는 경우는 어떡하나요?

수학은 기본적인 사칙연산과 계산기 활용만 할 줄 안다면 대부분의 문제는 풀 수 있습니다. 미적분의 경우 기본서를 통틀어 3군데 정도에서밖에 사용되지 않으므로 해당 부분에서 암기를 포함한 약간의 노력만 있으면 됩니다.

유도 또는 계산문제는 기본적인 부분 정도는 풀 수 있도록 많은 연습이 필요합니다. 다만 소방기술사 시험 자체가 계산 비중이 높지 않으므로 합격에 필수적이지는 않습니다.

그러나 공학적인 이해도를 높이기 위해 수학적인 사고는 필요합니다. 해당 부분은 수업을 통해 배우게 되며, 이를 소화하기 위한 추가 학습은 필수입니다.

물리, 화학, 전기 관련 이론도 수업 시간에 배우는 내용을 충실히 따르면 충분히 소화 가능한 수준입니다. 대부분 중고등학교 기초물리, 기초화학의 범주를 벗어나지 않습니다. 수업시간 외에 유튜브 등을 통해 교재에 나온 내용을 검색하여 함께 공부하는 것도 좋은 방법입니다.

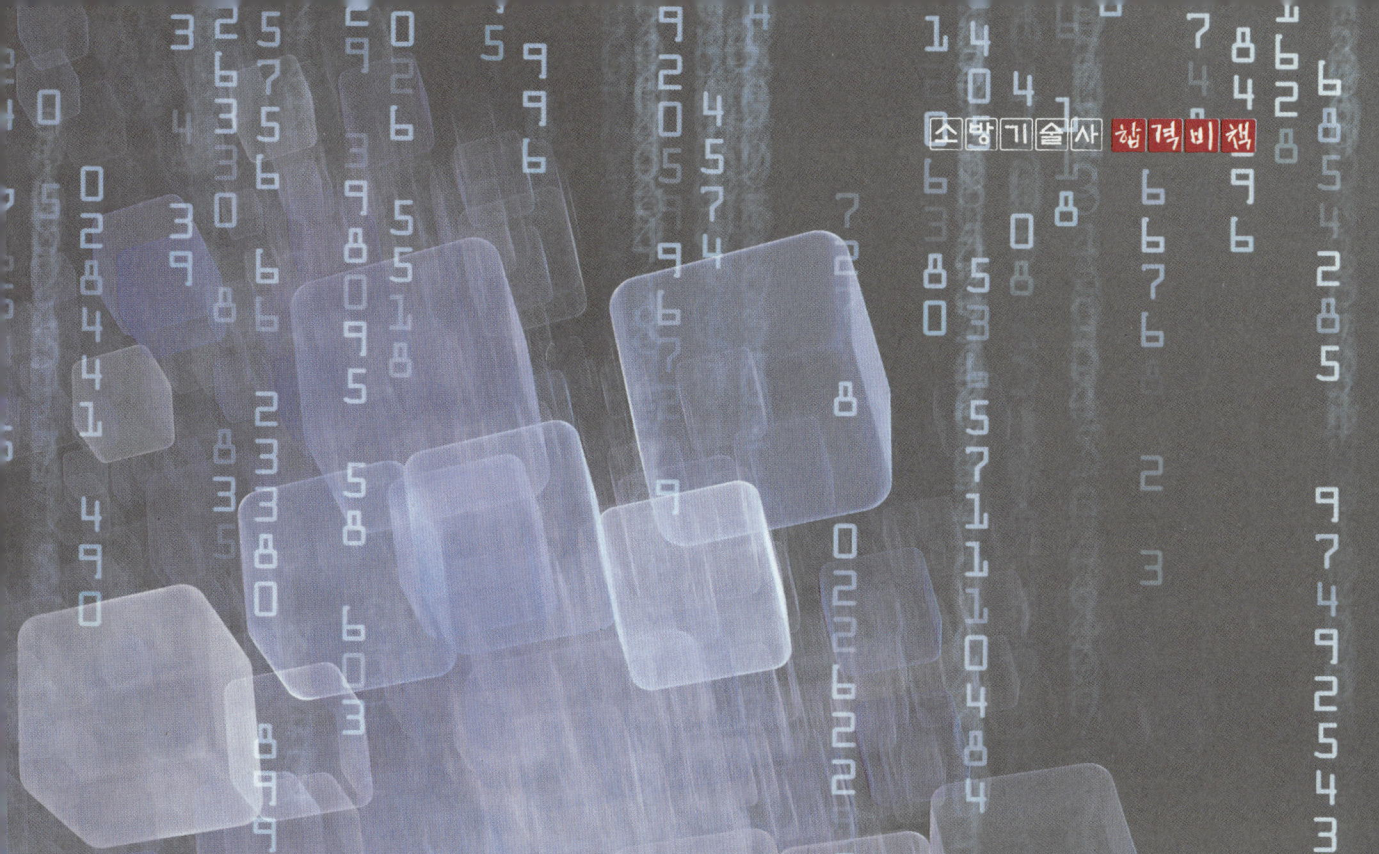

Q7. 기술사보다 기사나 관리사에 먼저 도전하는 것이 낫지 않을까요?

기사 → 관리사 → 기술사 순서로 도전하시는 것이 공부의 이해도 면에서나 난이도 면에서 올바른 순서입니다. 특히 기사의 경우 소방기계/소방전기 분야를 모두 취득하신 후 기술사 과정을 밟는다면 이해 면에서 큰 도움을 받을 수 있습니다. 그러나 기술사에 대한 목표로 확고하다면 기사 자격증을 취득하지 않고 바로 기술사를 공부할 수도 있습니다.

관리사의 경우 기술사 자격증이 사용되는 산업분야와 나뉘어 있으므로 설계, 감리, 시공 분야로 진출할 계획이라면 바로 기술사를 준비하는 것이 낫습니다.

또한 관리사 시험은 기술사 시험의 답안 작성 스타일, 공부방법, 채점 기준이 매우 다릅니다. 관리사는 화재안전기준 및 소방관계법령을 정확히 외우는 것이 중요하고, 기술사는 핵심 내용을 바탕으로 의견을 제시하는 것을 중요합니다. 따라서 암기에 자신이 있어서 관리사를 먼저 도전하는 분도 있고, 암기보다 이해 위주 답안을 좋아하여 기술사 시험공부를 바로 시작하는 분들도 있습니다.

Q8. 관리사, 기술사를 같이 공부해도 되나요?

관리사와 기술사는 큰 틀 안에서 공부 범위가 겹치는 것이 사실입니다. 실제로 같이 공부하며 순서대로 취득하는 사례도 있습니다.

그러나 채점기준이 다소 다르고, 중요시하는 부분이 다르므로 공부방법도 구분이 되어야 합니다. 따라서 두 시험을 한꺼번에 준비한다는 것은 결코 쉬운 일이 아닙니다. 가급적이면 두 시험 중 하나를 먼저 집중해서 준비하는 것을 권장합니다.

앞서 관리사 시험은 암기 위주이고, 기술사 시험은 이해 위주라고 설명을 드렸습니다. 암기와 이해를 바탕으로 관리사 시험과 기술사 시험 준비를 병행할 수는 있겠지만 그만큼 학습에 소요되는 시간도 많이 필요할 수밖에 없을 것입니다. 따라서 선택과 집중을 통해 합격전략을 수립하실 것을 거듭 권합니다.

Q9. 기사 자격증을 보유하는 것이 유리하지 않을까요?

본래 기사를 취득하고 기술사를 취득하는 개념이기 때문에 기사 자격이 있다면 좋습니다. 그래야 기술사 공부 범위도 어느 정도 익숙하고, 개론적인 부분을 알고 공부할 수 있기 때문입니다.

면접에서도 기사 자격증이 있어야 소방업에서 종사하고 종사할 예정이라는 증명이 되기 때문에 취득하는 것이 바람직합니다. 따라서 ==기사 자격증은 기계, 전기 모두 미리 취득할 수 있다면 취득하는 것을 적극 권장==합니다.

비단 소방 분야만이 아니더라도 상위 자격증을 준비함에 있어 ==기사 → 관리사 → 기술사== 순으로 시험 준비를 이어간다면 이해와 암기는 물론이고, 전반적인 내용을 더욱 체계적으로 숙지할 수 있기 때문에 최종적으로 기술사 합격에 소요되는 시간도 줄일 수 있을 것으로 기대합니다. 세 가지 자격증 취득이라는 프리미엄도 갖출 수 있을 것입니다.

3. 소방기술사 전병호가 제시

하는 소방기술사 공부방법
Q&A

합격비책
수험 가이드북

Q1. 직장인들은 연차별로 어떻게 공부해야 하나요?

아래 공부방법은 직장인을 기준으로 드린 예시이므로 각자의 상황에 따라 유연하게 적용하시면 됩니다.

중요한 것은 추상적으로 '몇 년 걸리더라'가 아닌, **'내가 3~4년간 공부할 수 있도록 연차별 거시적인 주요계획을 세우는 것'**입니다. **목표를 세웠다면 이를 실현할 수 있는 계획이 필요**하고, 이것을 반드시 지키기 위한 세부계획 또한 필요합니다.

공부계획, 공부방법은 정답이 없으며, 각자의 상황과 배경이 모두 다릅니다. 이어지는 페이지에서 저의 실제 공부방법을 소개해 드리고자 하오니 아래 공부방법을 참고하여 자신의 상황에 맞는 방법을 적용하면 되겠습니다.

연차별 공부방법 (직장인 기준)

 저는 기본반 1년, 심화반 1년, 연구반 1년으로 계획을 나누었고, 이에 따른 핵심 목표를 세웠습니다.

기본반	심화반	연구반
• 첫 번째 목표는 완독 및 기본개념 이해입니다. • 두 번째 목표는 모범 답안지 작성 연습입니다.	• 다회독을 위한 서브노트 완성이 중요한 때입니다. • 서브노트 완성 후 암기할 공식, 두문자 등만 모아 A4용지 총 15페이지 정도의 암기노트를 작성합니다.	• 완성된 서브/암기노트를 다회독합니다. • 과년도 기출문제를 풀어보고, 틀린 문제를 꼼꼼하게 확인하는 학습을 합니다.

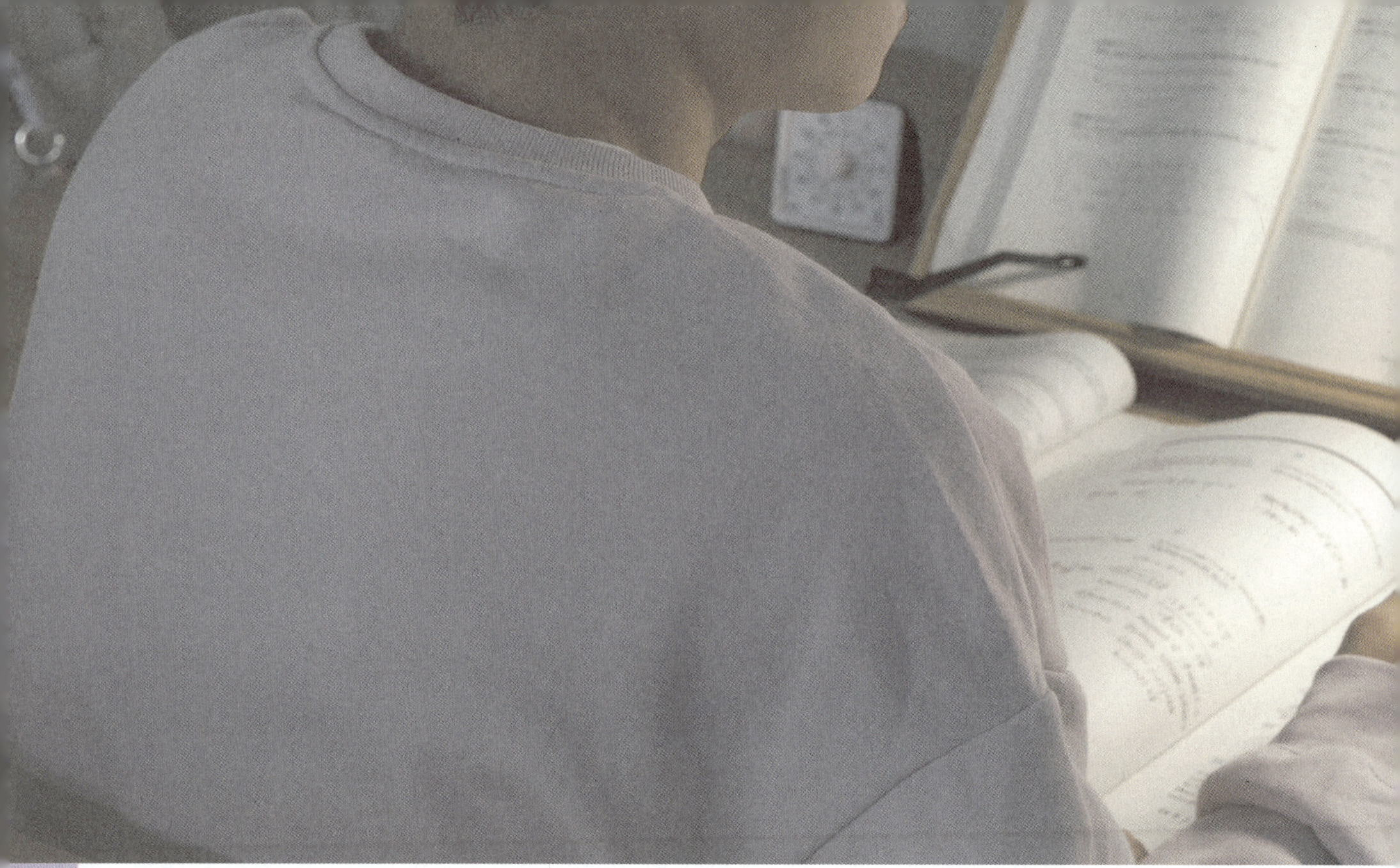

연차별 공부방법 (직장인 기준)

[1년차] - 기본반 : 기본반 2바퀴 수강(6개월×2회차), 암기 및 답안작성 연습

   (1) 첫 3개월 : 기본서 상권 강의를 적응하면서 철저하게 복습하기 +
                   일주일에 3문제 작성 연습 및 첨삭 피드백 반영하기

   (2) 3~6개월 : 기본서 하권 강의 및
                    답안작성 연습시간을 늘려서 모범답안 따라가기

   (3) 6~9개월 : 기본서 상권 반복수강 및
                    암기 비중 높이기

   (4) 9~12개월 : 기본서 하권 반복수강, 암기 및
                     모의고사 모범답안으로 선정되기

[2년차] - 심화반 : 서브노트 및 암기노트를 완성하고, 암기노트 암기

(1) 첫 6개월 : 수업 수강 및 서브노트 완성하기

(2) 6~9개월 : 수업 수강 및 서브노트 보강하기

(3) 9~12개월 : 수업 수강, 암기노트 작성 및 암기하기

[3년차] - 연구반 : 과년도 문제 파악, 서브노트 반복

(1) 첫 3개월 : 20회차 모의고사 파악하기

(2) 3~6개월 : 서브노트 한 달에 한 번씩, 총 3바퀴 반복하기

(3) 6~9개월 : 건축법, 소방법, 화재안전기준 집중 연습하기

(4) 9~12개월 : 서브노트 반복 및 약한 부분 보강하기

==자신이 공부할 날짜와 정확한 시간을 정하고, 반드시 지키는 것이 중요==합니다. 일주일에 최소 2~3회일 수도, 하루 최소 2시간일 수도 있습니다. 얼마가 되든 ==계획대로 꾸준하게 해야== 합니다.

헬스, 영어공부, 공무원시험, 고시공부 모두 **'꾸준함'**이 가장 중요합니다. 모든 합격자들(다른 분야에서 목적을 달성한 사람들)도 반드시 루틴이 있는데, ==대부분 사람들에게 루틴은 목표 달성의 가장 쉽고 정확한 방법이므로 공부시간을 정하고 지킴으로써 자신만의 합격 루틴을 만들어야== 합니다.

Q2. 공부시간은 어떻게 관리해야 하나요?

시간 준수는 곧 우선순위 설정입니다. 가족 및 회사 관련된 일 외에는 기술사 취득을 우선순위에 두어야 합니다. 정한 대로 꾸준하게 3~4년을 공부해야 합격에 가까워집니다.

다음은 참고 가능한 **일주일 공부 시간**에 따른 루틴 예시입니다. ☆ 굉장히 중요!

① 1년차 : 월, 화, 목 공부(퇴근 후 하루 2~3시간) / 수, 금, 일 운동 및 휴식 / 토 학원
② 2년차 : 일요일 휴식 / 매일 3~4시간 공부 / 월, 금 1시간씩 운동 / 토 학원
③ 3년차 : 2년 차와 동일, 매일 4시간 공부

〈유체역학〉

H_2O

1. 개요
  1) 가장 경제적이고 효율적인 소화약제
    ① 안정적이오다 (극성 공유결합)
    ② 잠열 크다 (냉각 우수)
    ③ 복합적 소화효과 있다 (냉질유지)
    ④ 경제적이고 저장·이송 쉽다

Q3. 암기카드, 암기노트, 서브노트가 필요한가요?

저는 **서브노트를 정리**하는 방식의 공부를 했습니다. **다회독**이 중요하다고 생각했고, 연구반에서 제가 점수를 빨리 올릴 수 있었던 비결이었습니다.

기술사 시험은 400분, 자그마치 6시간 40분간 쉬지 않고 쓰는 시험입니다. 막히지 않고 쓰려면 ==내가 정리해서 쓴 노트를 기반으로 한 답안을 연습하는 것이 가장 효율적==이고 짧은 기간의 공부방법이 아닌가 생각해 봅니다.

다음은 서브노트 작성 이전 워밍업을 위한 핵심문제부터, 서브노트 및 암기노트까지 연계 가능한 **기본 – 심화 – 연구반 공부목표**입니다.

핵심문제	서브노트	암기노트
100~130제	400~450제	
기본반 or 기심반 →	기본반 or 기심반 →	기심반 or 연구반
핵심 위주 전체 흐름 이해	심화, 연계 달릴 준비하기	최종 정비 스퍼트 시작!

36

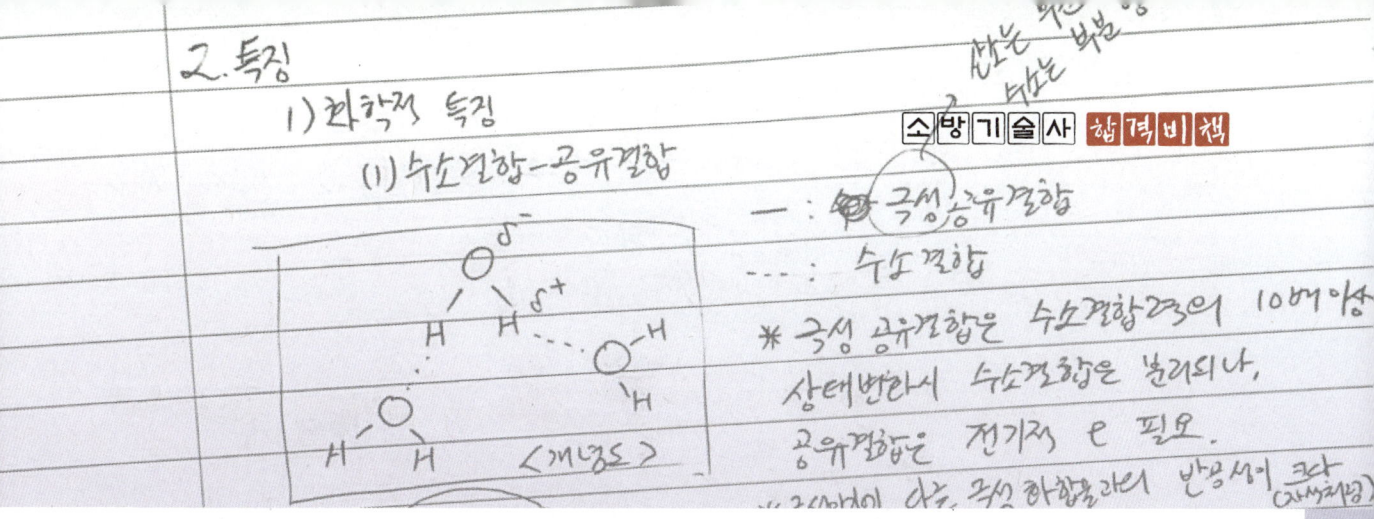

핵심문제

핵심문제란 기본반 진도와 함께 실제 답안 형식으로 작성한 자료입니다. 한 주에 3문제씩 연습하는 형태로 6개월 기준 100~130 핵심문제를 답안 형태로 정리합니다. 핵심문제의 가장 중요한 목적은 기본서 내용 중 가장 중요한 100~130문제를 '답안형태'로 작성할 수 있게 만드는 것입니다.

핵심문제는 양이 너무 많아도 좋지 않고 너무 적어도 좋지 않습니다. ==핵심문제의 목적은 '답안 형태의 작성법을 연습하는 것'== 입니다. 이후 심화반 레벨에서 '주제 위주'로 서브노트를 작성할 것이고, 그 이후에는 핵심문제가 필요 없게 됩니다. 따라서 너무 많이 또는 너무 정확하게 만들 필요가 없습니다.

초반에 암기카드를 작성하시는 분도 있는데, 효율이 매우 좋지 않습니다. ==암기카드는 서브노트 이후 필요한 부분만 제한적으로 만들거나 암기노트로 활용하는 것이 바람직합니다.== 양이 너무 많아 만들기만 하고 사용하지 않을 확률이 매우 높으므로 따라서 암기카드 대신 차라리 답안 연습에 용이한 핵심문제를 추천합니다.

[소방기술사 전병호의 핵심문제 작성 예시]

서브노트는 심화반(또는 기본심화반에서 공부 2년차)부터 작성하는 것이 가장 좋습니다. 공부 1년차 또는 기본반 때 서브노트를 만들게 되면 양이 너무 많아집니다. 거의 기본서를 옮겨 적는 수준입니다.

다회독을 위해서는 서브노트의 양이 기본서의 절반 정도여야 합니다. 즉 선별하고 요약, 압축해서 정리해야 하는데, 기본반 또는 공부 1년차 때에는 전체적인 내용 파악이 되어 있지 않아 효율적인 정리가 매우 어렵습니다.

서브노트는 '문제형식'이 아닌 '주제'로 묶는 것이 좋습니다. 문제 형식이란 하나의 문제에 대해 서론 – 본론 – 결론 형태로 정리해야 하는데, 이런 경우 답안이 정형화되어 응용이 어렵습니다. 또한 하나의 주제, 예를 들어 연소의 3요소라는 주제를 갖고 5가지 이상(연소의 3요소의 각각의 특징, 제어방안, 영향인자, 4요소와의 비교 등)의 문제가 나옵니다. 그리고 이것들을 각각 1문제씩 정리하면 서론 5개, 본론 5개, 결론 5개가 나오는데 양이 불필요하게 많아지게 되므로 하나의 주제 안에 여러 문제들이 '대제목화' 되는 것이 바람직합니다.

서브노트 작성 예시 는 다음과 같습니다.

> 〈주제 : 연소〉
>
> 대제목 1. 연소의 정의와 3요소, 4요소 비교
>
> 대제목 2. 연소의 4요소의 각각의 특징(자세하게 정리)
>
> 대제목 3. 영향인자 및 제어방법

위와 같이 서브노트 2페이지 정도로 압축해서 정리하면 양도 줄고, 위 대제목 중 어떠한 문제가 나오더라도 서로 연계해서 서술이 가능합니다.

서브노트 작성방법 은 다음과 같습니다.

- **A4용지 크기의 링 노트** 구비(편집이 가능한 것). 컴퓨터 파일로도 가능하나 손으로 쓰는 방식을 권장합니다(시험은 컴퓨터로 보지 않습니다).
- **좌측 상단에 '주제'** 를 씁니다.
- 모든 주제의 첫 내용은 한 줄 정의로 시작합니다. 정의는 한 줄로 요약해서 설명할 수 있어야 합니다.
- **대제목** 구분을 통해 여러 문제에 대응할 수 있도록 합니다.
- 내용은 최대한 간단해야 합니다. 주로 **두문자**를 활용하고, 생략된 내용은 작은 글씨로 설명해 놓습니다. (예시 : 온도압력산소화학양론유속연소속도정촉매)
- 서술은 최대한 요약하고 공식, 그림, 표 위주로 작성합니다.
- 반드시 정리해서 나의 언어로 요약해야 합니다. 그리고 나의 생각을 더해 씁니다.
- 기본서 순서와 달라도 됩니다. 재편집도 얼마든지 가능합니다.

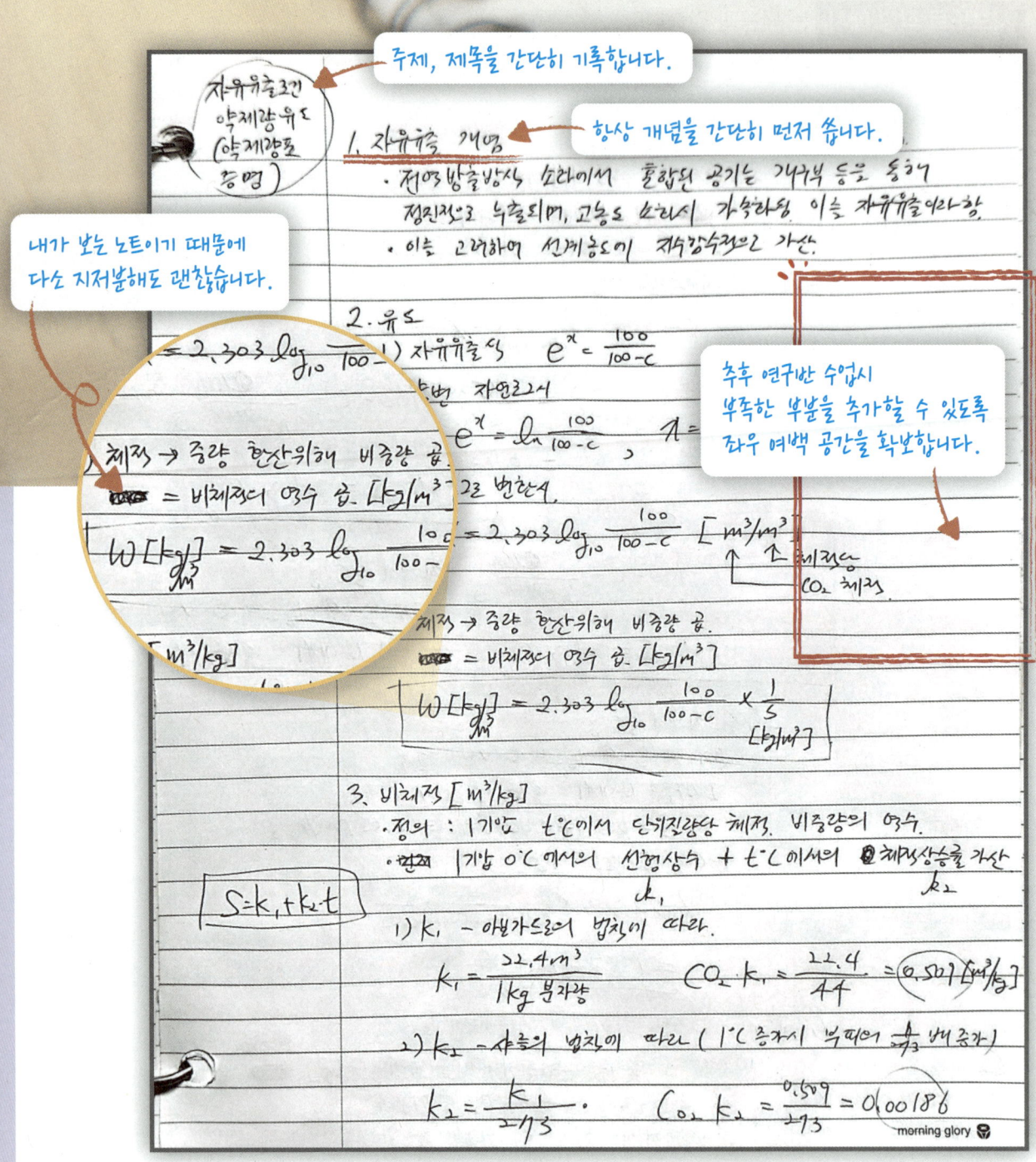

[소방기술사 전병호의 서브노트 작성 예시]

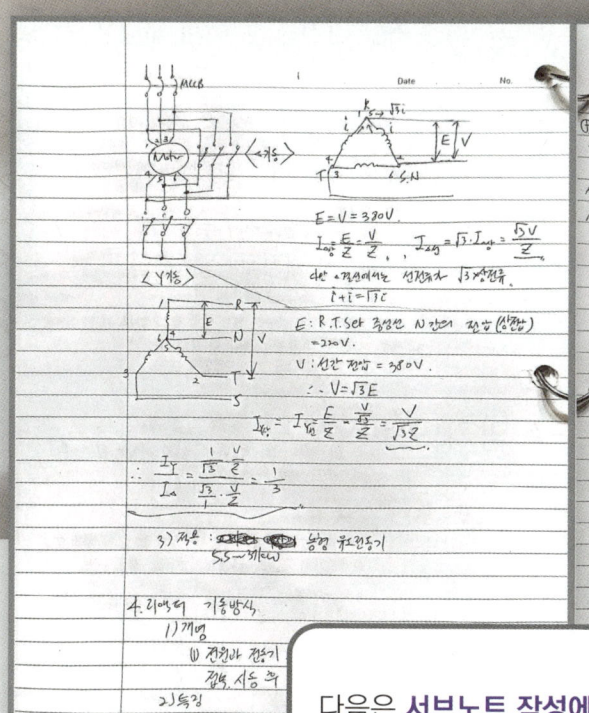
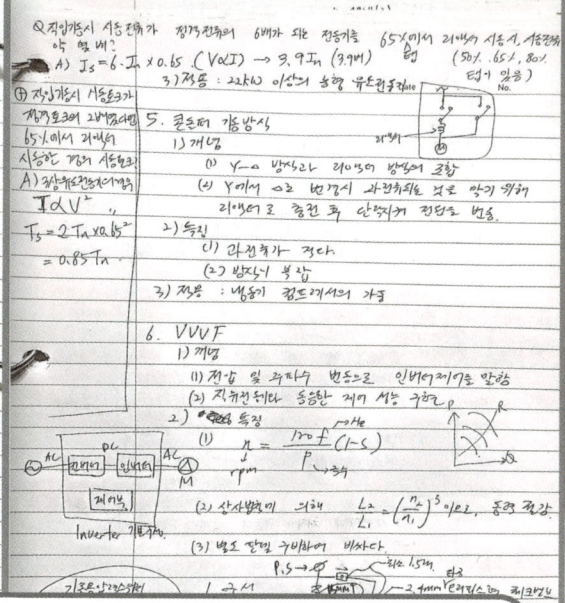

다음은 **서브노트 작성에 참고할 만한 사항**입니다.

- 한 번에 100% 완성은 할 수 없습니다. 부족해도 일단 완성하는 것이 중요합니다.

- 문제 수는 적을수록 좋습니다. 부족하면 필요할 때 채우면 되지만 너무 많아져 버리면 줄일 수도 없고, 처음부터 다시 쓸 수도 없으며, 다회독도 불가합니다.

- 화학식, 화재역학 공식, 건축법 두문자, 절차 등은 나중에 몽땅 모아 따로 한 번 더 정리합니다. 한 장에 모아서 보면 외우기도 편하고, 잘 까먹지 않게 됩니다.

서브노트
기본서 대체용, 다회독용

(1) 아는 내용은 간략히 기입
(2) 외워야 하는 내용을 부각하여 작성
(3) 추후 모의고사, 실전시험 후 보강
(4) 심화반 진도와 함께 최종 완성

암기노트
최종 통째 암기용, 시험장 대비용

(1) 챕터별 암기사항만 단장화(A4 1page)
(2) 집중암기로 실력 대폭 상승효과
(3) 암기노트 전까지는 암기 스트레스 X
(4) 시험 일주일 전 재정리, 집중복습

작성순서 : 서브노트 ➡ 암기노트 작성

암기노트

서브노트를 다 만들었다면, **이제 암기노트를 만들 차례입니다.** '무언가 또 만들어야 해?'라고 생각하실 수 있지만, 둘은 작성에 명확한 목적과 차이가 있습니다.

- 암기노트를 통해 한 챕터(유체역학, 건축방화, 스프링클러 등) 중 외워야 할 것만 한 눈에 들어오게 됩니다. 한 눈에 암기할 것을 보는 것이 암기노트 작성의 핵심입니다.

- 설명은 과감히 생략하고, 오직 암기해야 하는 내용만 정리합니다(공식 및 두문자 위주, 설명은 철저하게 생략!).

- 암기노트 작성 후 암기하게 되면, 서브노트 다회독 속도와 전반적인 내용 암기가 훨씬 용이해지게 됩니다.

암기노트는 암기카드가 아니라는 점을 주의해야 합니다. 공부하는 분들과 상담하다 보면 서브노트를 암기카드처럼 만드는 분들이 있는데, 이는 좋지 않은 방법입니다. 암기카드는 단어 100개, 암기항목 50개 등 내가 한 번에 소화할 수 있는 분량만 만들어야 합니다.

서브노트는 책 전체 내용을 의미하므로, 암기카드로 만들게 되면 소화할 수가 없습니다. 따라서 암기카드는 서브노트 형태로 만들면 안 됩니다. 암기노트는 서브노트와 구분되는 암기만을 위한 노트로, 공식과 화학식, 법령의 두문자, 표 중에서 수치가 들어가는 암기표만 정리하는 것입니다. 따라서 책 전체 내용 중 암기사항만 뽑아서 정리해도 그 양이 A4 용지 20장을 넘지 않아야 합니다. 그래야 전체 내용이 암기되고, 완벽히 세세한 부분들을 암기할 수 있습니다.

위와 같은 방법으로 1년 차 핵심문제, 2년 차 서브노트 및 암기노트 기간을 마치게 되면 연구반인 3년 차 때 서브노트 다회독을 통해 이해력과 암기력을 빠르게 높일 수 있을 것입니다.

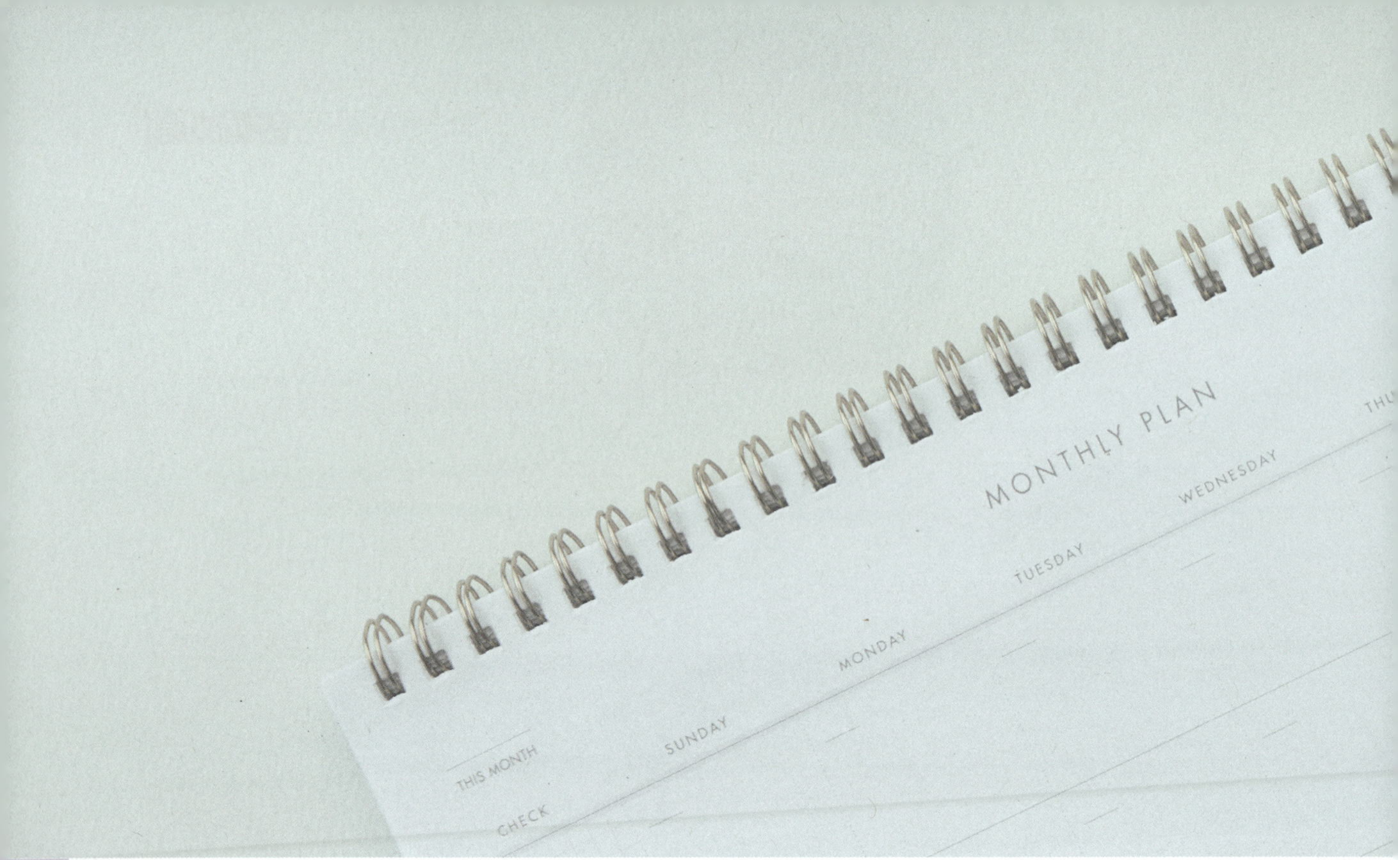

Q4. 시험 3개월 전과 시험 당일 아침에 챙겨야 할 사항이 있나요?

3개월 전

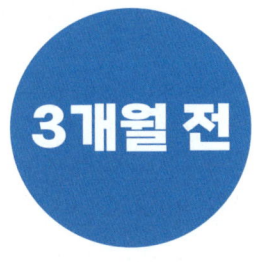

시험 3개월 전에는 서브노트를 최대한 많이 회독하기 위해 루틴을 만듭니다. 다음은 예시 루틴입니다. 시험 기간이 다가올수록 많은 횟수를 반복한다는 점이 특징입니다.

(1) 첫 2달 : 서브노트 1~2회독
(2) 셋째 달 중 3주간 : 서브노트 1~2회독
(3) 마지막 1주 중 5일간 : 서브노트 1회독
(4) 나머지 이틀 간 : 서브노트 2회독

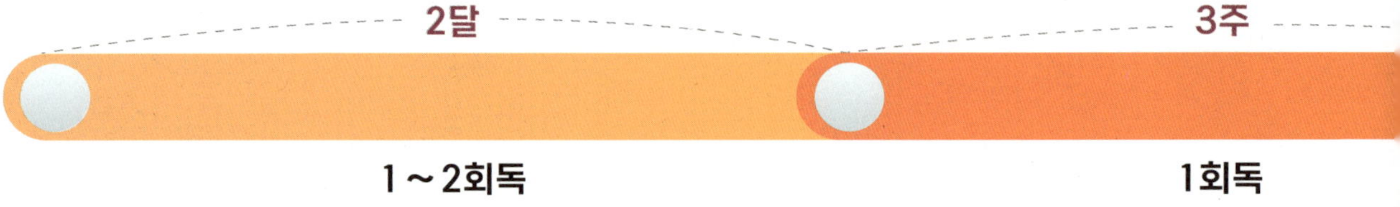

시험 당일

시험 전날은 마무리 단계이므로, 4~5시간 동안 서브노트를 한 바퀴 빠르게 돌립니다. 전날 한 바퀴 반복하는 것은 사법고시 때부터 전해진 합격 비결입니다.

저녁 시간에는 아직 암기가 부족한 사항 및 시험에 나올 것 같으나 약한 부분을 별도 A4 용지 2장 정도에 따로 정리합니다. 해당 정리도 양을 줄이는 것이 포인트입니다.

시험 당일에는 1~2시간 일찍 시험장에 도착하므로, 위에서 정리했던 내용들과 암기노트를 최대한 반복 숙달합니다. 방금 보았던 내용이므로 시험 시간 동안 기억해낼 수 있다는 점이 장점입니다.

5일 — 1회독 — 이틀 — 2회독 — 시험

Q5. 여러 기본서를 한꺼번에 보는 것이 좋나요?

모아 소방기술사, 금화도감 소방기술사, 요해 소방기술사 외에도 정말 여러 가지 기술서적들이 있습니다. 모든 책이 다 달라 보이고, 서술 방향도 서로 다른 것처럼 보일 수 있어 기본서 선정에 고민이 있으실 겁니다. 때로는 여러 가지 책을 동시에 봐야 내용이 탄탄해질 것이라고 생각이 들 때도 있습니다.

하지만 분명히 기억하셔야 하는 것은 하나의 지식을 습득할 때 한 책을 완벽히 소화한 뒤에 다른 책을 보아야 가장 효율적이라는 점입니다. 사실 완벽한 기본서란 없습니다. 만약 완벽한 기본서가 있다고 하더라도 소방기술사 시험내용을 하나도 빠짐없이 담은 책이라면 모든 것을 소화하는 것은 매우 어려운 일입니다.

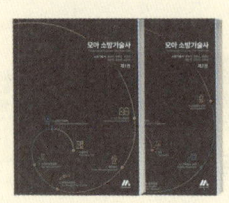 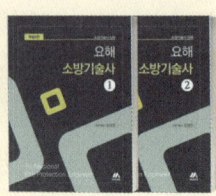 

모아 소방기술사 시리즈
모아 소방기술사 1권 / 2권 개정판
요해 소방기술사 시리즈
요해 소방기술사 1권 / 2권 개정 3판
요해 소방기술사 기출문제집 1권 / 2권

따라서 처음 시작할 때는 단순히 '내가 보기 편한 책'을 고르는 것이 답입니다. 한 단계를 마무리한 후 다음 단계로 넘어가는 것이 적합한 공부방법입니다. 그러니 우선 하나의 책을 완벽히 숙지한 후 점차적으로 공부량을 늘리기 위해 다른 책을 참고하시길 바랍니다. 그래야 전반적인 흐름과 키워드를 파악할 수 있습니다.

간혹 책을 보다보면 서로 내용이 다른 경우가 있는데, 법적인 내용이라면 원문을 찾아서 개선하면 되고, 기술적인 부분이라면 내가 먼저 공부한 책의 가이드를 따르는 것이 좋습니다. 소방기술사 시험에 완벽한 답은 없습니다. 보는 각도에 따라, 전공에 따라, 방향에 따라 다른 답을 기술할 수 있으므로 책마다 다른 내용이 있는 것도 당연합니다.

모아교육그룹에서 출간한 소방기술사 교재들

금화도감 소방기술사 시리즈

금화도감 소방기술사 1권 / 2권 개정 3판
금화도감 소방기술사 기출문제풀이 1권 / 2권 전면 개정판

Q6. NFPA, 화재공학원론, 방화공학실무핸드북 등 공부 범위는 어느 정도인가요?

최근 소방기술사 시험에 NFPA(미국 방화협회) 관련 문제의 출제 비중이 올라가고 있습니다.

그렇다고 해서 NFPA 서적을 같이 공부하실 필요는 없습니다. 내용이 엄청나게 많은 데다 시간도 상당히 소요되기 때문입니다.

이미 많은 부분이 기본서에 포함되어 있으므로 해당 부분만 공부하셔도 양이 많을 것이라고 생각하시고, NFPA에 대한 전반적인 공부는 추후 합격하신 후에 하는 것을 추천합니다.

화재공학

읽어서 도움이 안 되는 책은 없겠지만 가급적 기본서 위주로 공부하시길 권장합니다. 물론 **화재공학원론**이나 **화재공학개론**은 많이 두껍지 않고 기본서의 연소(화재역학) 파트와 동일하므로 가볍게 읽어도 좋습니다.

그러나 선택과 집중이라는 틀 안에서 합격 후에 보는 것도 좋겠습니다. 저는 합격 전에는 보지 않고 합격 후에 구매해서 읽어보았습니다.

기타

상기 책들은 모두 소방 기술분야와 밀접한 관계가 있는 책들입니다. 하지만 이들 책 모두 양이 상당히 많고, 기본서를 뛰어넘는 난이도라는 점에서 합격 후 보기를 추천합니다.

선택과 집중이 필요합니다. 만일 공부한 지 2~3년차가 되는 연구반 수강생이라면 **방화공학실무핸드북**은 한 번 보는 것을 추천합니다.
그러나 SFPE 핸드북이나 전공서적은 내용이 너무 많아 합격 후 보기를 권합니다.

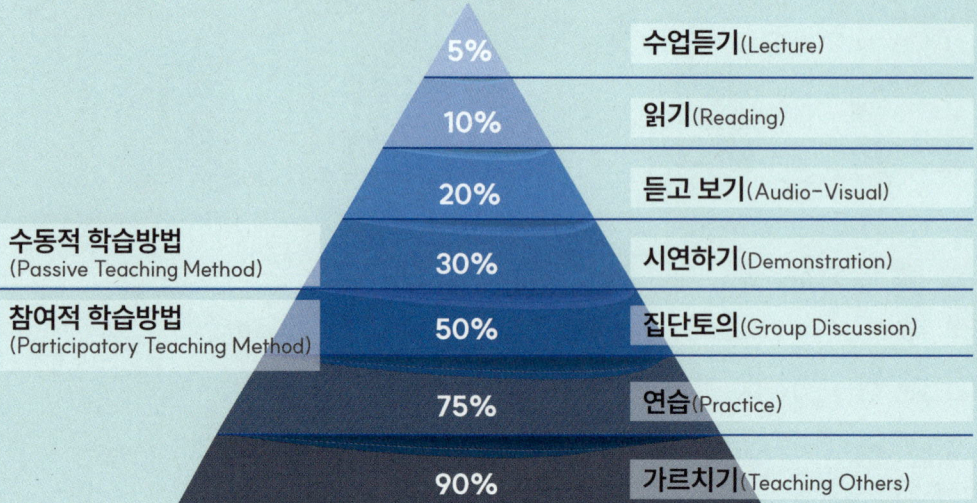

Q7. 수업만 듣고 자습이나 복습을 하지 않는 경우는 어떠한가요?

초기 1년은 가볍게 공부한다고 생각해서 수업만 듣고 복습 및 자습을 하지 않는 경우가 있습니다. 이러한 행동을 하는 이유는 수업을 듣는 행위 자체를 공부라고 착각하기 때문인데, 엄밀하게 수업을 듣는 것은 공부가 아닙니다.

공부란 내 머릿속에 지식을 구조화시키고 각인시키는 과정입니다.

상단에 제시된 그림은 학습 효율성을 연구해 도식으로 만든 '학습 피라미드'라고 합니다. 수업을 듣는 것만으로는 100% 내용 중 5%밖에 남지 않습니다. 이를 30%로 끌어올리려면 복습이 필요하며, 75% 이상으로 올리기 위해서는 반복학습 및 노트정리가 반드시 수반되어야 함을 기억해야 합니다.

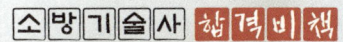

Q8. 답안 작성 연습 없이 책만 보는 '이론 학습식 공부'는 어떠한가요?

기술사 시험은 답안을 직접 작성하는 시험입니다. 따라서 답안작성 연습 없이 공부한다면 핵심을 알지 못한 채 공부하는 것과 같습니다. 결국 우리의 머릿속에 집어넣어야 하는 지식은 "무엇을 써야 하는지"에 대한 것입니다. 답안 작성은 이러한 고민을 우리 스스로 하게 하고, 생각하는 능력과 키워드를 분별하는 능력을 기르게 합니다.

따라서 답안 작성은 뒤로한 채 책만 계속 읽는다면 공부는 했지만 무엇을 어떻게 차례대로 적어야 할지 모르게 될 수밖에 없습니다. 혹 답안을 쓰더라도 일목요연한 구성이 아닌 다소 복잡한 전개의 형태로 글을 쓰게 될 것입니다. 최종 합격을 위해서는 100분 동안 서론 – 본론 – 결론 형태를 갖추어 논리적으로 답안을 작성해야 한다는 것을 꼭 기억하시면 좋겠습니다.

간혹 수업을 수강하며 모의고사 시간에 답안 작성이 아닌 공부를 하시는 분들이 계신데, 반드시 모의시험을 통해 공부 초기부터 답안 작성 요령을 연습하셔야 합니다. 혹 학원에 오기 힘드셔서 인강으로 수강하시는 분들도 모아 '첨삭반'을 강력히 추천합니다.

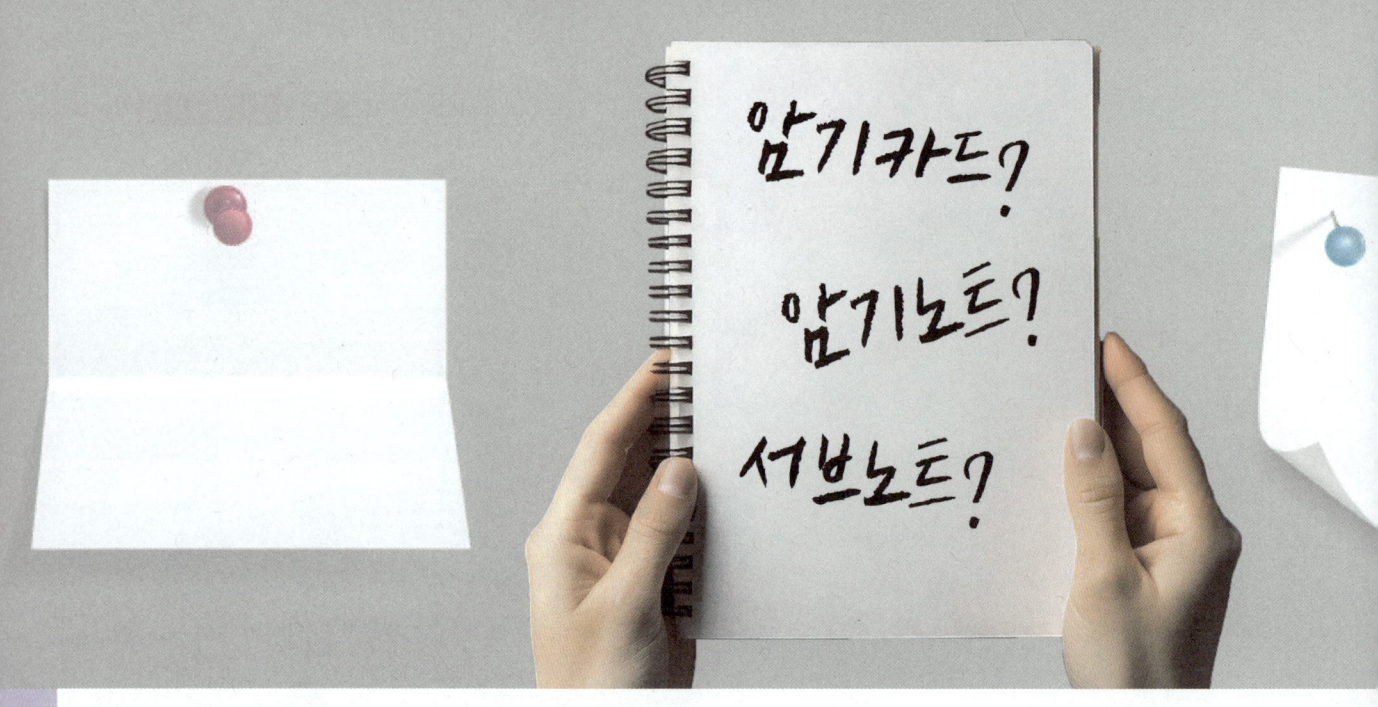

Q9. 암기카드만 보는 경우는 어떠한가요?

혹자는 서브노트나 기본서를 반복하기에는 너무 내용이 많다고 합니다. 충분히 이해되는 대목입니다만, 그렇다고 이러한 공부 방법을 포기하기에는 그 위험성이 너무 큽니다.

전체 내용을 반복하는 것은 이해 위주의 공부 방법의 큰 비중을 차지합니다. 기술사 공부는 결국 이해 기반의 암기가 필요한데, 단순 암기카드만 보는 경우 이해의 비중이 줄어들어 응용력이 떨어질 수 있습니다.

기술사 시험문제는 늘 진화하고 변화합니다. 같은 개념을 묻더라도 다른 시각을 묻거나 더 어려운 내용으로 변화합니다. 따라서 이해 위주의 공부를 해야 응용이 가능합니다. 단순 암기만 하는 경우 좋은 답안이 나오기 힘든 이유입니다. 결론적으로 서브노트와 기본서의 충분한 이해를 위해 충분한 수업 수강과 자기주도적인 공부가 필수라고 말할 수 있겠습니다.

Q10. 암기를 아예 하지 않는 경우는 어떠한가요?

공부한 지 6개월 정도가 되다 보면 전체 내용을 한 바퀴 정도 둘러보게 됩니다. 물론 전체 내용의 대량 암기는 공부한 지 1년 반 정도가 되어서 하는 것이 바람직하고, 6개월차 정도에는 공부하는 해당 주차의 암기내용을 5일간 모아 하루에 암기하면 좋습니다. 서술 내용은 암기할 필요가 없고 공식과 두문자, 수치를 비교하는 표 위주의 암기면 충분합니다. 이후 교재 및 강의를 3번 정도 회독한 후에는 노트정리와 함께 본격적인 암기를 시작해야 합니다.

문제는 공부한 지 1~2년이 되었는데도 암기를 전혀 하지 않는 경우입니다. 기술사 시험은 결국 암기를 해서 쓰는 시험이기 때문에 성적이 오르기 위해선 암기가 필수입니다. 따라서 공부 6개월 차부터는 암기 비중을 일주일에 하루 정도 분배하고, 서브노트 또는 공부노트가 정리된 후에는 전체 내용을 암기할 수 있는 암기노트를 작성해 한 달 정도 암기만 집중하는 것이 필요합니다. 전체 내용을 A4용지 20장 이내로 암기할 사항만 적고 이를 한 달의 시간을 들여 몽땅 암기하게 되면 이후부터는 교재나 서브노트 회독이 빨라지고, 답안을 보지 않아도 작성할 수 있는 정도가 될 것입니다. 그러나 이렇게 하려면 공부 6개월차부터 조금씩은 암기하는 습관을 들여놓아야 합니다.

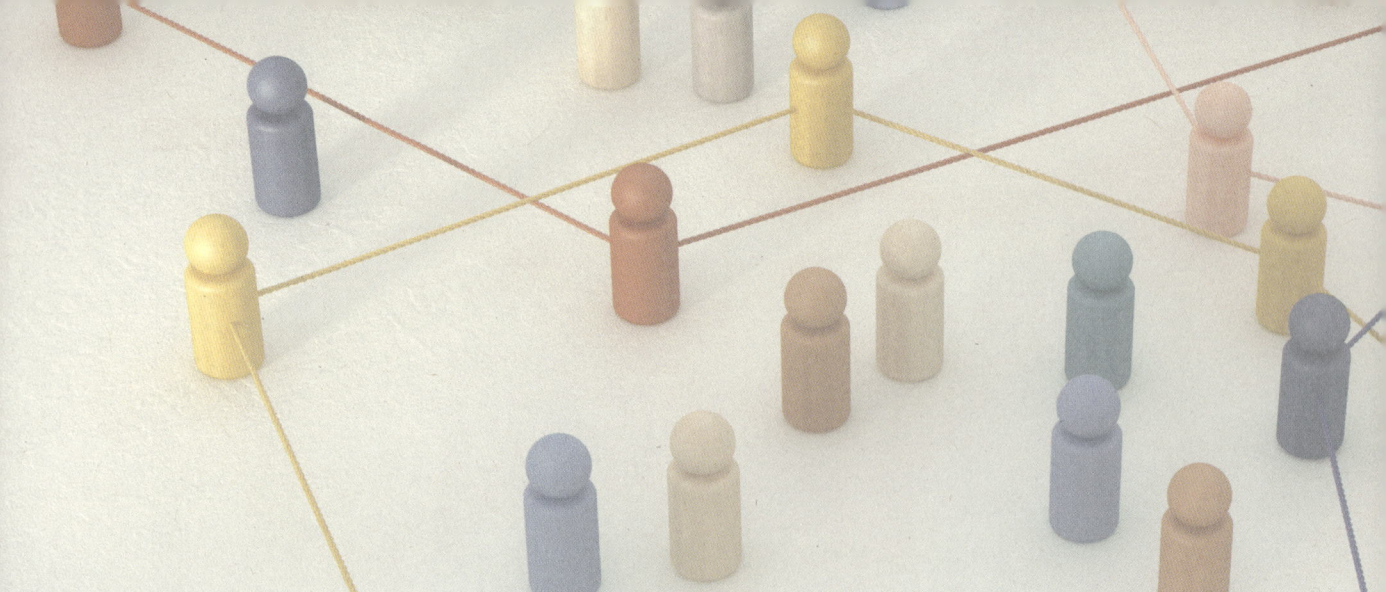

Q11. 책을 통째로 암기하려는 경우는 어떠한가요?

"외우고 돌아서면 까먹어요"라는 얘기를 들을 때가 있습니다. 방금 외운 내용, 또는 책 내용이 기억이 나지 않는 이유는 '핵심 Keyword'를 찾지 않고 문장을 통으로 외우려고 했기 때문입니다. 아무리 머리가 좋아도 문장이나 내용을 통째로 외우면 금방 까먹을 수밖에 없습니다.

소방기술사 시험과 같이 장기적인 시험 공부를 위해서는 제대로 된 암기가 필요합니다. 제대로 된 암기는 '구조화' 작업을 필수적으로 수반합니다. 통째로 암기하려는 습관은 뇌의 구조화를 방해합니다. 이 경우 어렵사리 외운 내용들도 쉽게 휘발합니다. 지식을 받아들일 때에는 각인 또는 구조화가 필요하고, "해석 - 이해"의 단계를 거쳐야 합니다. 이후 핵심 Keyword를 구분해 강조하고, 나만의 언어로 재편집하는 과정이 필요합니다.

예를 들어 다음 내용을 공부한다고 해봅시다.

> 건축법 시행령 제46조(방화구획 등의 설치)
>
> ① 법 제49조 제2항 본문에 따라 주요구조부가 내화구조 또는 불연재료로 된 건축물로서 연면적이 1천 제곱미터를 넘는 것은 국토교통부령으로 정하는 기준에 따라 다음 각 호의 구조물로 구획(이하 "방화구획"이라 한다)을 해야 한다. 다만, 「원자력안전법」 제2조 제8호 및 제10호에 따른 원자로 및 관계시설은 같은 법에서 정하는 바에 따른다.

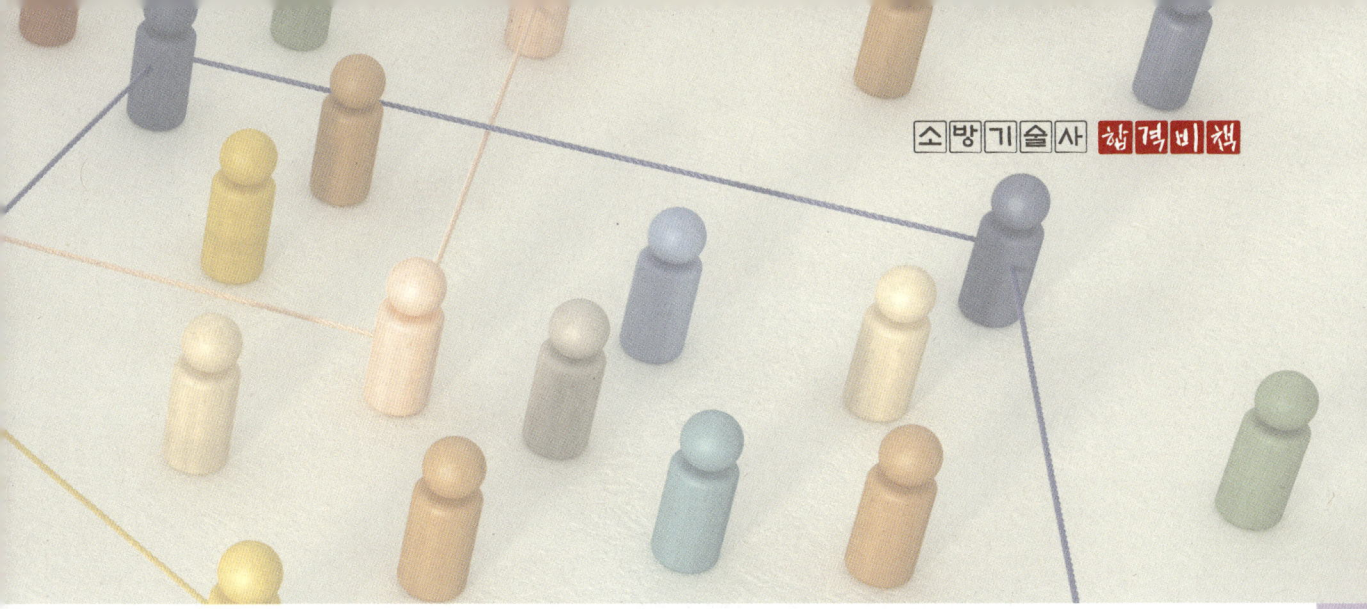

먼저 해당 내용 중 불필요한 사항은 삭제하고, 해당 내용을 이해하는 과정이 필요합니다. 삭제할 부분을 지워봅시다.

> 건축법 시행령 제46조(방화구획 등의 설치)
>
> ① 법 제49조 제2항 본문에 따라 주요구조부가 내화구조 또는 불연재료로 된 건축물로서 연면적이 1천 제곱미터를 넘는 것은 국토교통부령으로 정하는 기준에 따라 다음 각 호의 구조물로 구획(이하 "방화구획"이라 한다)을 해야 한다. 다만, 「원자력안전법」 제2조 제8호 및 제10호에 따른 원자로 및 관계시설은 같은 법에서 정하는 바에 따른다.

불필요한 내용을 지우니, 해당 법은 방화구획의 내용이며 특정구조 건축물 중 특정면적 이상은 방화구획을 한다는 내용입니다. 다만 원자로는 별도 법을 따릅니다.
이후 핵심 Keyword를 구분하고 재편집합니다. 핵심 키워드는 진한 글씨로 표현했고, 재편집은 두 문자로 정리했습니다. 내용은 다음과 같습니다.

> 건축법 시행령 방화구획
>
> → 건축법 시행령의 방화구획 : **주내불 연천**, 원자로는 별도 규정 따름

모든 공부 과정을 이렇게 할 수는 없겠지만, 핵심 내용들은 위와 같은 내용을 거쳐 정리가 되어야 합니다. 간단히 줄이니 암기도 쉽고, 잘 잊혀지지 않습니다. 이해 위주의 공부가 되므로 응용력도 생기고, 공부 내용도 줄어들어 다회독도 쉬워집니다.

Q12. 휴식 없이 무리하게 공부하는 경우는 어떠한가요?

뇌의 집중력은 영양분의 공급과 휴식에 따라 영향을 받습니다. 일정 휴식과 운동, 균형 잡힌 식사와 수면은 그 무엇보다 중요합니다. 일주일에 1번 이상은 휴식을 권장하며, 이것은 운동선수들도 몸의 근육을 기르기 위해 사용하는 방법입니다.

휴식 없는 공부를 지속할 경우 뇌에서 부담을 느끼게 되며, 이것은 슬럼프 또는 번아웃을 일으킵니다. 그래서 일주일에 한 번은 무거운 공부 대신 관련 서적을 읽거나 외출하는 시간을 갖는 것이 좋습니다. 가족과 함께 시간을 보내는 것도 매우 좋은 방법입니다.

공부 중에 하는 휴식의 경우 30~40분에 1번, 약 5분 정도가 적합하며 개인에 따라 편차가 있을 수 있습니다. 다만 반드시 시간을 정해놓고 쉬는 것이 중요합니다. 늘어지는 경우 비효율적인 공부가 됩니다.

이때 반드시 멍하게 있거나 나가 있지 않더라도 몸과 마음을 편안하게 할 수 있는 것이면 무엇이든 좋습니다. 소방 관련 유튜브를 검색해서 보아도 되고, 관련된 서적을 읽는 것도 휴식에 속할 수 있습니다. 요점은 마음이 편안해지는 것입니다.

정리하면 휴식 없이 무리하게 공부할 경우 집중력이 저하되고, 피로가 누적되며, 스트레스가 증가하게 됩니다. 또한 기억력도 감소하고, 동기 부여마저 저하됩니다. 그러므로 일정 시간마다 정기적으로 짧은 휴식을 취하고, 특히 충분한 수면을 취하는 것이 중요합니다. 또한 규칙적인 운동과 건강한 식습관을 갖도록 노력하시길 권합니다.

Q13. 슬럼프 극복 요령을 알려주세요.

공부를 하다 보면 슬럼프는 반드시 오게 찾아오게 됩니다. 슬럼프란 운동선수들이 쓰는 용어로, 꾸준히 노력한 노력에 비해 성적이 나오지 않을 때 오는 무력감, 우울감을 말합니다. 슬럼프에 빠졌을 때 사람들은 흔히 자신을 원망합니다. 가시적인 결과가 나오지 않는 원인을 내부에서 찾는 것입니다.

슬럼프의 위험성은 **'마음의 조급함과 우울함'**을 느끼게 하는 데 있습니다. 조급함과 우울함은 상황을 제대로 판단할 수 없게 합니다. 문제를 진단하고 대책을 세우기보다 공부 결과에만 매달리게 하고, 생각보다 결과가 나오지 않아 의욕도 효율도 떨어지게 되는 것입니다.

이를 극복하기 위한 진짜 원인을 찾으려면, <mark>가장 먼저 외부적인 환경을 바꾸어야 합니다.</mark> 잠시나마 쉼의 비중을 늘리고, 운동이나 산책, 가족 간에 여행을 다녀오는 것과 같은 환기가 필요합니다. 그리고 나의 내면이 조급해지지 않을 때 척박한 공부 환경에서 한 발짝 물러났을 때 비로소 슬럼프의 극복방안을 찾을 수 있는 조건이 됩니다.

이성적인 판단을 할 수 있을 만큼 마음이 회복되었을 때 슬럼프의 원인을 진단합니다. 이때 중요한 것은 공부의 결과가 '나오지 않음'에 집중하는 것이 아니라 '어떻게 이 상황을 해결할 수 있을지' 방법을 찾는 데 있습니다. 왜 점수가 낮을까가 아니라, 어느 영역에서 내가 약하고 어느 부분을 어떻게 보완해야 하는지에 대한 방법론을 고민해 보는 것입니다.

실제로 슬럼프는 성적 또는 결과의 '정체'로 발생합니다. 이때 해결방법은 정체된 성적을 보고 낙심하는 것이 핵심이 아니라는 것은 모두가 알고 있습니다만, 슬럼프에 빠진 사람은 이러한 상황에만 집중하는 경향이 있습니다. 중요한 것은 해결방법입니다. 장애물이 나타났을 때 낙심만 하는 사람은 그 장애물을 넘지 못할 것이지만, 장애물을 연구하고 해결하려는 사람은 결국 더 성장하게 될 것입니다. 그래서 슬럼프가 '성장'의 또 다른 이름이라는 말도 있습니다.

마지막으로, 내가 처음 소방기술사를 공부하게 되었던 시절을 생각해보길 바랍니다. 그리고 어느 정도 성장한 나의 모습을 객관적으로 바라보길 바랍니다. 정체되었다고 느끼지만 실제론 성장해왔고, 올라왔고, 꾸준하게 합격을 향해 다가가는 중이라는 것을 깨닫게 될 것입니다. 모든 실패와 넘어짐이 자산이 되어, 우린 결국 해낼 수 있을 것이라는 마음가짐으로 다시금 책상에 앉아 도전해보도록 합시다.

Q14. 55~59점에서 정체된 경우에는 어떻게 해야 하나요?

"59점을 받는 것보단 차라리 55점이 낫다"라는 말이 있습니다. 금번 시험이 나를 위한 시험이었던 것 같아 꽤나 기대했는데 59점을 맞으면 기대한 만큼 실망과 충격도 큰 법입니다. 이것은 마치 로또 2등에 당첨된 것과 같습니다. 2등 당첨이면 경우에 따라 다르지만 평균 4천~5천 만원 정도 됩니다. 분명 큰 금액이지만, 2등 입장에서는 속상하고 후회되는 마음이 더 큽니다. 숫자 하나만 더 맞으면 1등이 될 수 있었기 때문입니다.

이때 우리가 반드시 마음에 새겨야 하는 다짐은 "59점을 받았다면 당연히 무조건 60점도 받을 수 있다"라는 생각입니다. 다행히 우리가 준비하고 있는 시험은 로또가 아닙니다. 노력한 만큼 결과가 나오게 됩니다. 합격을 못해서 아쉬울 순 있으나, 그렇다고 합격을 못할 점수도 절대 아닙니다. 59점은 오히려 무조건 합격할 수 있는 실력이라는 방증입니다. 그렇다면 공부를 멈춰야 할 이유 또한 없습니다.

만일 55~59점 사이 점수를 받았다면, 지금부터 시작입니다. 지속적으로 이러한 실력을 유지하고 더욱 탄탄히 쌓을 수 있는가에 대한 시험입니다. 합격의 확률은 그 누구보다 높아졌고, 그렇다면 낙심할 시간이 없습니다. 거의 다 왔다고 생각하긴 이르지만, 다시 처음 시작하는 것처럼 굳게 마음을 먹을 때 반드시 기회가 올 것입니다.

Q15. 슬럼프 없이 공부하려면 어떤 마인드가 필요한가요?

> '범사에 기한이 있고 천하 만사가 다 때가 있나니…
> 하나님이 인생들에게 노고를 주사 애쓰게 하신 것을 내가 보았노라'
> (전도서 3장 1~10절)

과정 없는 결과가 없고 수고 없는 결실이 없듯, 슬럼프도 합격의 과정 중 하나입니다. 단순히 긍정적으로 생각하기만 한다고 슬럼프를 피하거나 극복할 수 있는 것이 아닙니다. 현재 나의 상태를 받아들이고, 때로는 쉬어가고, 다시 힘을 내어 극복하려고 노력할 때 슬럼프는 성장의 원동력이 됩니다.

소방기술사 시험에 합격한 사람 중 슬럼프가 없었던 사람은 없을 것입니다. 모두에게 작고 큰 시련과 어려움, 고난이 있었지만 현재에 감사하고 꿈을 꾸어가며 어려운 시련을 견뎠기에 합격이라는 기쁨을 누릴 수 있지 않았는가 생각해봅니다. 꾸준한 노력을 통해 비로소 결실을 맺으시길 응원합니다.

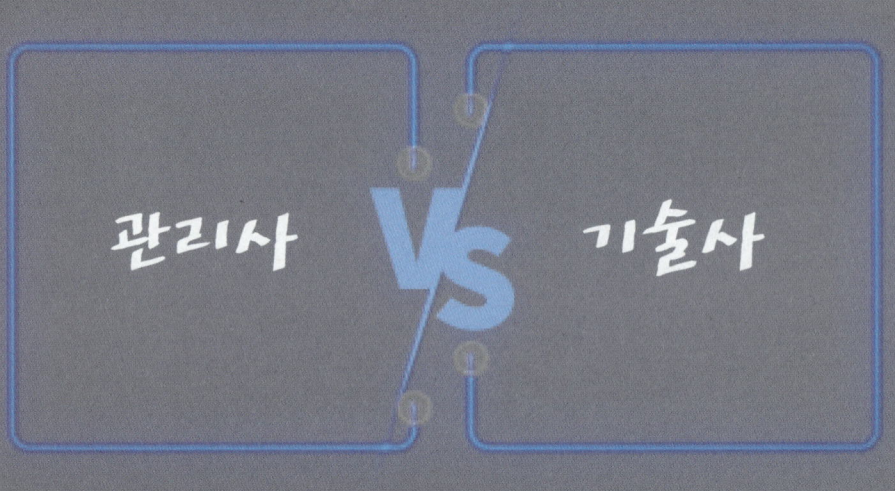

Q16. 관리사 시험 vs 기술사 시험 : 완벽하게 외워야 되나요?

기술사 시험에서도 법적인 문제를 많이 출제하는데 관리사처럼 완벽하게 암기할 필요는 없습니다. 법적인 부분을 기술하되 보기 좋고 간단하게 표를 통해서 표현을 할 수도 있게끔 구성하셔도 상관없습니다. 오히려 보기 좋고 간단하게 구성하면 더 좋은 점수를 받게 될 가능성이 있습니다.

또한 기술사는 현재 적용된 시행 중인 법적인 부분에 대한 이해를 뛰어넘어 문제점을 파악하고, 더 좋은 방향으로 개선안을 제시할 수 있는 통찰력이 얼마나 답안지에 나타내느냐가 중요합니다. 즉, **문제의 요지를 기술하고, 적절한 진단과 대책을 세우는 답안**이 답만 쓰는 답안보다 훨씬 좋은 점수를 받습니다.

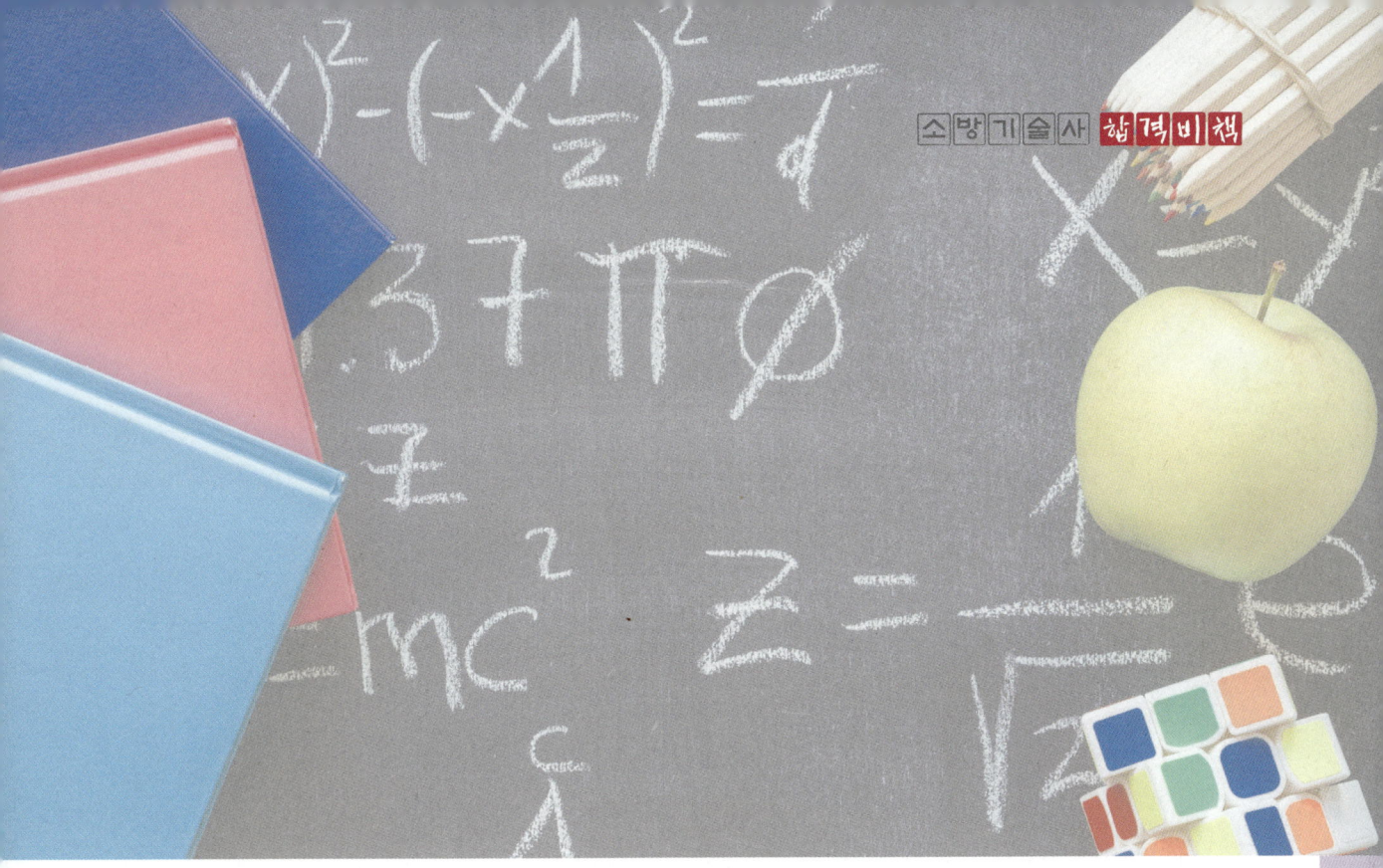

Q17. 계산문제 때문에 포기하고 싶은데 꼭 해야 하나요?

계산에 자신이 없으시면 어려운 문제들은 포기해도 됩니다. 1교시는 3문제, 2~4교시는 교시당 2문제를 버릴 수 있기 때문에 반드시 부딪칠 필요는 없습니다.

다만 계산문제 중에는 공식만 안다면 누구나 풀 수 있는 기본문제들도 출제됩니다. 계산문제를 아예 포기하면 오히려 이 부분에서 페널티를 받은 것과 같게 됩니다. 따라서 <mark>기본 개념문제(과년도 및 기본서 문제)는 반드시 풀어보는 것</mark>이 맞습니다.

<mark>포기하더라도 기본개념은 꼭 학습하라</mark>는 말씀을 드리고 싶습니다. 전기이론, 폭발, 위험물, 계산, 유도 등 어려운 부분들도 기본개념에 대하여서는 설명하고 내 생각을 표현할 수 있어야 합니다. 그리고 약한 부분이 있다면 그 부분은 기초를 더욱 다잡고 가는 훈련이 필요합니다.

소방기술사 시험은 평균 60점 이상을 받아야 합격이지만 실제로 10점 만점에 만점은 7~8점입니다. 이는 합격하려면 평균 80점 이상을 받아야 하는 것과 같습니다. 선택적으로 포기하는 것도 중요하지만, **완벽하지 않더라도 개념화를 시켜 개념을 설명할 수 있어야 합니다.**

Q18. 인강과 실강 중 무엇이 좋은가요?

- **인강의 장점은 빠르게 회독**하는 것에 있습니다. 따라서 기초 단계에서 회독을 필요로 하는 <mark>기본 1년차 때는 인강</mark>만 듣더라도 나쁘지 않다고 생각합니다.
- 다만 <mark>2회독 이후부터는 무조건 실강</mark>이 유리합니다. 답안작성 연습을 해야 할 뿐더러 서브노트 작성 시 실강에서의 경험이 도움이 되기 때문입니다. 인강만 고집할 경우 잘못된 공부방법을 유지해 공부기간이 늘어날 우려가 있습니다. 실강을 나오면서 가능한 부분에 한해서 인강으로 보완하는 방법을 추천합니다.

Q19. 암기가 먼저일까요, 이해가 먼저일까요?

- 사실 이 질문은 '닭이 먼저 vs 계란이 먼저'와 비슷합니다. 둘 다 중요합니다. 그러나 둘 중 비중을 조금 더 둔다면, 저는 이해 위주의 학습을 지향하는 편입니다.

- 사람은 자신의 언어와 지식, 배경으로 이해한 만큼 암기하고 생각할 수 있습니다. 때문에 이해력을 넓히는 만큼 암기력도 올라갑니다.

- 다만 어려운 개념은 과감히 넘기는 지혜가 필요합니다. 초반에는 많은 부분들이 이해되지 않을 것입니다. 당연한 일입니다. 다회독이란 큰 틀 안에서 이해해야 하므로 제한 시간을 정해놓고 이해하는 공부를 권장합니다.

- 암기도 함께 병행되어야 하므로 암기 비중을 낮추면 안되겠으나 본격적인 암기는 서브노트 이후 암기노트 때 완성한다고 생각하시면 되겠습니다. 그 전까지는 이해에 더 많은 비중을 두는 것을 추천합니다.

- 따라서 초반에는 공식, 두문자 위주로 암기하시고 내용 전체에 대한 이해 및 정리를 중점으로 공부하시길 바랍니다.

Q20. 개념 단어 중 영어를 꼭 외워서 써야 하나요?

- 화재하중(Fire Load)이나 플러그-홀링(Plug-Holing)과 같은 영어 개념은 반드시 영어로 쓰실 필요가 없습니다. 다만 쓸 수 있다면 영어로 쓰는 것도 나쁘지 않습니다. 보다 정확한 개념을 알고 있다는 인상을 줄 수 있기 때문입니다.

- 그러나 정확하지 않은 철자나 그 개념을 묻지 않았는데 잘못 쓴 단어의 경우 부정적인 영향이 더 클 수 있으니 주의해야 합니다. 확실한 때는 영어와 병기하거나 영어로 쓰되, 불확실한 경우 한글로 써도 무방합니다.

Q21. 답안 작성 시 차별화가 어려운데 어떻게 해야 하나요?

- 처음 시작하시는 분들은 우선 키워드 암기와 답안작성 형식에 대해서 배워야 하므로 차별화보다는 있는 그대로 쓰시는 것이 낫습니다.

- 답안작성 능력이 어느 정도 숙달이 되어서 본인의 답안이 평범하다고 느껴질 때부터는 차별화에 대한 고민이 자연스레 생깁니다. 그때부터는 우수 답안을 참고하며 여러 영감이나 아이디어를 얻는 것이 중요합니다.

Q22. 제가 의지가 약한데 포기하지 않는 팁이 있다면 알려주세요.

1) 강력한 동기부여가 필요 : 간절함

동기부여와 간절함이 성공을 보장하지는 않지만, 이 성공까지 도달할 수 있도록 도와주는 강력한 디딤돌입니다. 먼저 반드시 자격증을 취득해야 하는 이유를 목록으로 만들어보시기 바랍니다. 그 이유가 명확히 정해졌다면, 앞으로는 '과연 할 수 있을까'보다 '어떻게 할 수 있을까'라고 생각하셔야 합니다. 동기, 간절함, 문제를 해결하려는 의지가 합격의 확률을 반드시 올려주리라 생각합니다.

2) 지속적인 건강관리 : 눈, 목, 허리 등

'건강이 제일의 재산이다'라는 격언이 있습니다. 공부를 하다가 목이나 허리 등에 문제가 생긴다면 공부를 포기할 수밖에 없는 상황이 오게 됩니다. 따라서 1주일에 1~2번 이상 운동시간을 고정하고 휴식과 병행하며 공부하는 습관을 들여야 합니다.

3) 꾸준하게 공부할 수 있는 시간과 장소 지키기

일, 가정, 종교, 그리고 소방기술사 공부를 삶의 우선순위로 배정해야 합니다. 공부가 드라마, 게임, 술 약속보다 후순위로 밀려나면 꾸준함을 지킬 수 없게 됩니다. 일주일에 고정적으로 시간과 장소를 정하고 반드시 지켜야만 꾸준함을 유지할 수 있습니다. 이를 위해 균형 있는 삶의 루틴을 먼저 세우기를 바랍니다.

4) 학원은 강력한 합격 파트너

온라인이 어려운 분들의 공통적인 의견은 '학원을 잠시 끊고 그 시간에 공부를 하려 했는데 공부가 뒷전이 되더라'입니다. 시간은 되돌릴 수 없습니다. 잘 활용할 수 있으면 좋겠지만, 그렇지 않다면 학원 수업은 반드시 필요합니다. 학원 동기분들과 서로 응원하고 정보도 교류하며 함께 공부한다면 성장한 자신의 모습을 볼 수 있습니다.